Konfliktmanagement für Führungskräfte

Claudia Harss, Daniela Liebich, Markus Michalka

ISBN 978-3-8006-3776-8

© 2011 Verlag Franz Vahlen GmbH

Wilhelmstraße 9, 80801 München

Druck und Bindung: Druckhaus Nomos

In den Lissen 12, 76547 Sinzheim

Umschlaggestaltung: Ralph Zimmermann, Bureau Parapluie

Lektorat und Satz: Text+Design Jutta Cram

Spicherer Straße 26, 86157 Augsburg

Gedruckt auf säurefreiem, alterungsbeständigen Papier

(hergestellt aus chlorfrei gebleichtem Zellstoff)

Konfliktmanagement für Führungskräfte

Lösungsstrategien, Mediation, Arbeitsrecht

Claudia Harss, Daniela Liebich, Markus Michalka

Verlag Franz Vahlen München

So orientieren Sie sich im Buch

Folgende Elemente erleichtern Ihnen die Orientierung in diesem Buch:

 In den grauen Kästen mit dem CD-Icon finden Sie Verweise auf Muster, die Ihnen auf Ihrer CD-ROM zur Verfügung stehen.

 Die mit der Lupe gekennzeichneten Kästen enthalten Definitionen wichtiger Begriffe und Beispiele, die das Gesagte illustrieren.

 Zudem finden Sie im Buch eine Vielzahl wertvoller Tipps, die Ihnen bei der Bewältigung Ihrer Konflikte und bei der Vermeidung von Anfängerfehlern helfen können.

Inhalt

Vorwort 7

1 Praxisfälle: Beispiele für Konflikte im Team 9
  1.1 Gisela Weiß – vom Teammitglied zum Chef 9
  1.2 Dr. Herzog – ein zahnloser Tiger als Projektmanager 14
  1.3 Dr. Hunds Team im Kampf um den Arbeitsplatz 19

2 Entstehende Konflikte rechtzeitig erkennen und analysieren 24
  2.1 Der Konflikt-Check 25
  2.2 Konfliktmuster im beruflichen Alltag 29
  2.3 Konfliktpartner identifizieren 42
  2.4 Umsetzung der Konfliktanalyse in den Praxisfällen 52

3 Mit Selbstmanagement zur Konfliktlösung 61
  3.1 Selbstreflexion als Konfliktlösung von innen 62
  3.2 Schritt 1: Eigene Bedürfnisse und Ansprüche erkennen 68
  3.3 Schritt 2: Was sind meine Konfliktbewältigungsmuster? 81
  3.4 Schritt 3: Die Bedürfnisse des Konfliktpartners würdigen 86
  3.5 Schritt 4: Gerechtigkeit im Kopf üben 92
  3.6 Schritt 5: Klarer Standpunkt und Gesprächsvorbereitung 101
  3.7 Schritt 6: Tapfer in die Höhle des Löwen! 108
  3.8 Anwendung der sechs Schritte: Gisela Weiß 113

4 Die Mediation als erfolgreicher Weg der Konfliktlösung? 121
  4.1 Strukturiertes Verfahren der Konfliktlösung 121
  4.2 Für diese Fälle ist Mediation geeignet 126
  4.3 Vorteile der Mediation 129
  4.4 Die Rolle des Mediators und seine Methoden 135
  4.5 So läuft eine Mediation ab 147
  4.6 Umsetzung am Praxisfall Gisela Weiß 160

5. Arbeitsrecht als letztes Mittel der Konfliktlösung? 170
  5.1 Eine andere Aufgabe zuweisen 171
  5.2 In eine andere Abteilung versetzen 176
  5.3 Abmahnung aussprechen 186
  5.4 Einen Aufhebungsvertrag verhandeln 200
  5.5 Den Arbeitsvertrag kündigen 210

5.6 Umsetzung am Praxisfall Gisela Weiß..244

Literaturverzeichnis.. 251

Vorwort

Einige dich mit dem Gegner, solange du auf dem Weg zum Gericht bist.

Der Rat, sich mit dem Gegner zu einigen, bevor der Konflikt richtig eskaliert, ist fast 2000 Jahre alt. Der Autor, wahrscheinlich der Evangelist Matthäus, hatte offenbar schon damals drei durchaus irdische Erkenntnisse, die auch heute noch das Zusammenleben am Arbeitsplatz deutlich genießbarer machen können:

- dass man keineswegs automatisch recht hat, wenn man sich über einen Kollegen, Chef oder Mitarbeiter geärgert hat, und es nebenbei bemerkt auch nicht viel bringt, „recht" zu behalten;
- dass Konflikte in vielen Fällen selbst gelöst werden können und sollten, weil jede weitere Eskalationsstufe ein Mehr an Krafteinsatz und Geld bedeutet. Zugleich sinken mit steigender Eskalationsstufe die Aussichten auf eine wirklich befriedigende Lösung;
- dass der Gegner in den meisten Fällen kein Bösewicht, sondern ein durchaus vernünftiger Mensch ist, mit dem eine Einigung möglich ist.

Freilich gibt es leider auch Fälle, bei denen ein Gang zum Rechtsanwalt nicht mehr zu vermeiden ist. Das Gericht sollte aber unserer Meinung nach die Ultima Ratio, also der letzte Ausweg sein, wenn beim besten Willen keine Einigung mehr möglich ist. Uns wäre es lieber, Sie könnten die Lektüre nach Kapitel 3 beenden. Unser Buch haben wir nämlich folgendermaßen aufgebaut:

In Kapitel 1 schlüpfen Sie nacheinander in die Rolle einer jungen Frau, die von der normalen Kollegin zur Teamleiterin wird, in die eines Projektmanagers in einer Matrixorganisation und schließlich in die eines Abteilungsleiters, in dessen Unternehmen krisenbedingt umstrukturiert und entlassen wird. In allen drei Fällen handelt es sich um Themen, die wir als Berater im Alltag besonders häufig im Coaching, in der Mediation oder vor Gericht begleiten müssen. Die Protagonisten Frau Weiß, Herr Herzog und Herr Hund und seine Mitarbeiter werden Ihnen im Laufe der weiteren Kapitel immer wieder begegnen.

In Kapitel 2 möchten wir Ihnen helfen, Ihren eigenen Konflikt oder – falls Sie Coach, Berater oder Jurist sind – den des Ratsuchenden richtig einzuordnen. Leider erleben wir nämlich im Alltag nur allzu oft, dass „die Falschen" miteinander streiten, weil keiner sich die Mühe gemacht hat zu prüfen, auf welcher Ebene der Konflikt wirklich verursacht wird. Wir beleuchten in diesem Kapitel also vornehmlich die äußeren, situativen Ursachen von Konflikten. Natürlich konzentrieren wir uns dabei ganz besonders auf Situationen und Konstellationen am Arbeitsplatz, in denen auch der friedliebendste und sozialkompetenteste Mensch mit hoher Wahrscheinlichkeit in Konflikte gerät.

In Kapitel 3 geht es dann um Ihr eigenes Konfliktmanagement. Wir fassen Sie dabei nicht gerade zimperlich an und laden Sie dazu ein, gemeinsam mit uns einen tiefen Blick in die eigene schwarze Seele zu tun. (Wer leicht beleidigt ist, sollte dieses Kapitel lieber auslassen.) Natürlich geschieht dies zu Ihrem Besten. Wir sind der Meinung, dass ein vernünftiges Konfliktmanagement nur dann gelingen kann, wenn Sie Ihren Anteil an der verfahrenen Situation kennen und damit fairer und offener, aber auch klarer auf den anderen zugehen können. Dies wird bei dem einen Leser dazu führen, seinen heiligen Zorn ein wenig zu dämpfen, der andere wird im Gegenteil ermutigt sein, endlich einmal die Zähne zu zeigen. Alles in allem finden in Kapitel 3 vor allem diejenigen Leser Tipps und Anleitung, die den Konflikt aus eigener Kraft angehen wollen und können bzw. andere anleiten wollen, dies zu tun.

In Kapitel 4 über Mediation sind Sie vor allem dann richtig, wenn Ihnen zwar an einer friedlichen Einigung oder einem Ausgleich gelegen ist, Sie es sich und Ihrem Konfliktpartner aber nicht mehr zutrauen, die Verhandlung darüber ohne die Hilfe eines neutralen und professionellen Dritten (des Mediators) zu schaffen. Dies dürfte vor allem bei Konflikten der Fall sein, die schon eine lange, kräfteraubende Vorgeschichte haben. Oft wird in diesem Stadium (wenn überhaupt) nur noch schriftlich kommuniziert und praktisch alles, was die andere Seite von sich gibt, als „unverschämte Frechheit" empfunden. Sollten Sie sich bereits in dieser Phase eines Konflikts befinden, raten wir dennoch dazu, die ersten Kapitel des Buches zu lesen, weil die dabei gewonnenen Erkenntnisse auch bei einer Mediation sehr hilfreich sein können.

In Kapitel 5 geht es schließlich um arbeitsrechtliche Mittel, Disziplinarmaßnahmen, Kündigungen und dergleichen. Leider muss auch dies manchmal sein. Aber selbst dann, wenn Sie nicht zum Äußersten greifen, ist es hilfreich, die rechtliche Situation in einem Konflikt zu kennen, um nicht Gefahr zu laufen, einen aussichtslosen und teuren Streit zu beginnen.

Um Ihnen, liebe Leserin, lieber Leser, die Zeit mit unserem Buch nicht nur lehrreich, sondern auch kurzweilig zu gestalten, haben wir immer wieder Tests, Selbstreflexionen, Fallbeispiele, Forschungsergebnisse und sogar den Rat von 14 alten, weisen Menschen über achtzig einfließen lassen und/oder auf der CD-ROM für Sie bereitgestellt. Auch verzeihen Sie uns hoffentlich den gelegentlich etwas saloppen Ton. Ein Ratgeber mit strenger sachlicher Stimme erschien uns einfach zu dröge. (Ihnen hoffentlich auch!)

Wir wünschen Ihnen viel Spaß beim Lesen und hoffen, Sie finden in einem unserer Kapitel den entscheidenden Anstoß, der Sie bei der Lösung Ihres Konflikts weiterbringt!

Claudia Harss, Daniela Liebich und Markus Michalka

1 Praxisfälle: Beispiele für Konflikte im Team

Zunächst laden wir Sie ein, sich ausnahmsweise mal nicht mit Ihrem eigenen Konflikt herumzuärgern, sondern drei Protagonisten in ihren (zurzeit recht ungemütlichen) Berufsalltag zu begleiten. Sie sitzen sozusagen bequem in der Zuschauerloge und können die Vorgänge als neutraler Beobachter von außen verfolgen. Dies ist eine gute Vorübung für die späteren Kapitel, bei denen wir Sie einladen werden, eine ähnliche Position gegenüber Ihrem eigenen „Fall" einzunehmen.

1.1 Gisela Weiß – vom Teammitglied zum Chef

Gisela Weiß arbeitet als Versicherungskauffrau in einer international tätigen, großen Versicherungsgesellschaft. Sie ist seit acht Jahren im Unternehmen beschäftigt und eine beliebte Kollegin. Frau Weiß ist nicht nur fachlich sehr versiert, sondern auch hilfsbereit und geduldig beim Erkennen, Erklären und Lösen von fachlichen Problemen. Ihr Tätigkeitsbereich ist die Abteilung „Verkauf", die sich in Innendienst und Außendienst gliedert. Der Innendienst ist zusätzlich in „Underwriting" und „Sachbearbeitung" geteilt.

Gisela Weiß arbeitet schon immer in der Sachbearbeitung. Das akribische Umgehen mit Zahlen, Berechnungen, gesetzlichen Verordnungen und Vorgaben, die sorgfältige Ausführung von Vorlagen, Verträgen und Unterlagen für die Kunden befriedigt sie immer wieder. Ein kniffliges Berechnungsproblem elegant und bis auf den Cent korrekt gelöst zu haben ist für sie das schönste Erfolgserlebnis. In der EDV ist sie so fit wie keiner sonst. Sie arbeitet auch gerne mit den Kolleginnen und Kollegen zusammen, ist aber eigentlich mehr eine „Einzelarbeiterin". Mit einem der Männer und zwei der Frauen aus dem insgesamt 14-köpfigen Sachbearbeiterteam ist sie auch ein wenig befreundet. Ihr fachlicher Vorgesetzter ist der Teamleiter, Herr Schwarz, der die fachliche Aufsicht über die 14 Teammitglieder hat. Auch er wendet sich häufig mit Fragen an Frau Weiß – in vielen Fragen ist sie ihm überlegen und das weiß er auch. Der langjährige Abteilungsleiter, Dr. Michael Braun, ist der eigentliche Chef des Verkaufs. Er ist sehr stolz auf diese fitte Truppe, die wirklich gute Leistungen bringt und gleich mehrere starke Leistungsträger hat. In seinem anderen Innendienstteam „Underwriting" kommt es hingegen immer wieder zu Konflikten, Unstimmigkeiten und auch zu massiven Fehlern. Natürlich hält auch er viel von Frau Weiß und weiß um ihre hohe Fachkompetenz.

Frau Weiß ist 32 Jahre alt und lebt mit ihrem Partner, der – sehr zu ihrem Leidwesen – keine Kinder haben möchte, in einem Vorort der Großstadt, in der die Unternehmenszentrale ihren Sitz hat. Sie liebt ihren Garten, ihre Katzen und ihre Hobbys Nähen und Stricken, denen sie sich mit der gleichen lustvollen Genauigkeit hingibt wie den Versicherungsverträgen. Täglich fährt sie um 6.10 Uhr mit dem Vorortzug zur Arbeit. Beim gleichmäßigen Rattern der Gleise träumt sie davon, mit ihrem Mann zu verreisen und vielleicht irgendwann einmal Karriere zu machen, mehr Geld zu verdienen und das kleine Haus, in dem sie jetzt zur Miete wohnen, kaufen zu können.

Der erste Teil dieses Traumes wird schneller wahr, als sie es sich vorstellen kann: Bereits im September verkündet Herr Schwarz in einem Meeting, dass er im März des nächsten Jahres das Unternehmen verlassen und mit seiner Familie für einige Jahre ins Ausland gehen werde. Die Stelle der Fachaufsicht im Team „Sachbearbeitung" wird also frei.

Ab sofort verändert, verschiebt und verstrickt sich im Teamsystem einiges. Es brodelt und schlägt Wellen, eine nervöse Unruhe macht sich breit. Es scheint, dass die Kolleginnen und Kollegen die Nasenspitzen erheben, schnuppern und beginnen, sich noch mehr anzustrengen, um ihre Fähigkeiten deutlich zu machen. Man versucht sich zu profilieren. Das ist an sich nicht schlecht – aber die Absicht ist nicht etwa, die Abteilungsleistung zu verbessern, sondern auf die persönliche Performance eigennützig und vorteilssüchtig aufmerksam zu machen. Keine Pause, kein Mittagessen ohne Spekulationen, Gerüchte, mehr oder weniger offen geäußerte Hoffnungen und Befürchtungen.

Michael Braun, der Chef, hält sich zunächst bedeckt. Die Vermutungen überschlagen sich, die Gerüchteküche brodelt. Im guten Arbeitsklima des Teams verdichten sich die Rauchwolken. Acht der Kolleginnen und Kollegen rechnen sich „nicht schlechte" Chancen aus, den Teamleiterjob – wie immer er dann vielleicht aussehen wird – zu bekommen:

- ein Kollege mittleren Alters, weil er am längsten im Team ist, immens viel Erfahrung und gute Kundenkontakte hat
- ein anderer, weil er der Älteste ist und praktisch das natürliche Recht auf die Chef-Nachfolge hat
- zwei weitere, weil sie einst glänzende Assessments mit Aussicht auf Beförderung bestanden haben
- die strahlende, schwarzhaarige Mittdreißigerin, die aussieht wie aus einem Hochglanzmodemagazin, die in Auftreten und Style allen überlegen ist und sich natürlich auch fachlich für up to date hält,
- ein Freund von Frau Weiß, der seit Jahren im Beruf ist, für das Unternehmen im Ausland war und an Genauigkeit und Schnelligkeit in der Vertragserledigung hier von keinem übertroffen wird
- der jung-dynamische „Mario-Barth-Typ", der absolute Liebling von Herrn Braun
- last, but not least: Gisela Weiß

Doch bis jetzt ist weder die eventuell neu geplante Teamstruktur bekannt noch die Form, in der eine neue Teamleitung gekürt werden wird.

Bis Dezember steigt die Spannung. Dann, noch vor der offiziellen Weihnachtsfeier, die in diesem Jahr ein wenig nervös und kühl ausfällt, verkündet Herr Braun den Kolleginnen und Kollegen, dass sich die Struktur insofern ändern wird, als die neue Teamleitung, die im Februar noch von Herrn Schwarz eingearbeitet werden soll, einen etwas erweiterten Befugnisbereich erhält: Sie wird nicht mehr nur fachlicher Vorgesetzter sein, sondern allgemeine Personalverantwortung bekommen, natürlich in enger Absprache mit ihm, Herrn Braun, der sich das sehr „schön" vorstellen kann. Das erweist sich für ihn auch als unbedingt notwendig, da sein Aufgabengebiet „wie Sie alle wissen, immer mehr und immer größer wird". Damit geht natürlich auch eine erheblich höhere Bezahlung einher.

Das Team erstarrt. Eine Frauenstimme erhebt sich: „Wie wird es denn entschieden werden, Herr Dr. Braun?"

„Tja, das wird nicht einfach werden. Also ich persönlich würde den Job mehreren von Ihnen zutrauen. Sie haben alle Ihre gewissen Kompetenzen. Herr Dr. Bunt und ich haben entschieden, dass diejenigen, die Interesse haben, sich bis Anfang Januar bei uns mit einem kurzen Schreiben bewerben können. Wir werden dann zeitnah entscheiden."

Am 4. Januar liegen neun sorgfältig ausgearbeitete, noch etwas nach familiärem Weihnachten duftende Bewerbungen auf Dr. Brauns Schreibtisch. Er sucht nur eine heraus, überfliegt sie und rümpft ein wenig die Nase. Das Schreiben liest sich schon sehr trocken, spröde, etwas langweilig. Formal hat es Gisela Weiß natürlich perfekt abgefasst. Sie betont ausschließlich ihre hohe fachliche Kompetenz und ihr gutes Eingebundensein in das Team. Braun wischt alle Zweifel beiseite und greift zum Telefon. „Hier Michael Braun. Ein gutes neues Jahr, Herr Dr. Bunt! Ich habe die Bewerbungen." – „Auch ein gutes Neues, Herr Braun! Hat sie sich beworben?" – „Ja, klingt zwar nicht sehr euphorisch, aber … halt perfekt." – „Und die anderen?" – „Hab ich nicht gelesen." – „Na, wir wissen ja sowieso, wen wir wollen. Sie wird vielleicht ein wenig Starthilfe brauchen. Die müssen Sie ihr dann bieten, das wird schon klappen, das machen Sie schon! Alles Gute also, viel Glück!"

Braun greift doch noch zu dem ein oder anderen Kuvert. Die anderen Bewerbungen gefallen ihm wirklich nicht besser als die von Frau Weiß. Bunt und er hatten sich sehr schnell für Frau Weiß entschieden, hauptsächlich ihrer hohen fachlichen Kompetenz und Zuverlässigkeit wegen. Sie würde die Abteilung fachlich auf Vordermann bringen. Außerdem würde sie weiter gut zu führen sein und wenig Probleme machen. Das Team schätzte ja schon immer ihre Fachkenntnisse. Braun weiß gar nicht, weshalb er trotzdem so ein leicht ungutes Gefühl dabei hat.

Am 6. Januar klopft es gegen zehn an Frau Weiß' Bürotür. Mit jovial ausgestreckten Armen geht Braun auf die verwirrte Frau Weiß zu: „Meine liebe Frau Weiß, ich darf Ihnen gratulieren. Herr Dr. Bunt und ich haben Sie ausgewählt. Ist das nicht ein guter Jahresbeginn? Sie werden die

Nachfolgerin von Herrn Schwarz! Ich werde es dem Team gleich im Meeting mitteilen. Die Kollegen werden begeistert sein!"

Gisela Weiß ist kurz wie versteinert, dann erfasst sie eine unheimliche Freude. Sie zittert und quietscht ein wenig. „Danke, also danke, super, äh, ich bin ganz durcheinander, danke Herr Dr. Braun …" Ihr Traum aus der Stadtbahn beginnt Wirklichkeit zu werden. Ihre Freundin am Nebenschreibtisch erhebt sich beklommen und gratuliert ihr – ein wenig zu formal vielleicht, aber immerhin.

Gleich darauf im Meeting führt Braun, ein weitsichtiger Chef, die neue Vorgesetzte „auf den Thron". Schwarz zeigt sich verhalten erfreut, er hat es sich schon so gedacht. Die anderen Kolleginnen und Kollegen verstummen, erscheinen kurz wie betäubt und vergessen zu gratulieren.

„Na, eigentlich wusste man es ja, dass die Weiß hier so hoch gehandelt wird." – „Sie ist ja fachlich jetzt nicht sooo schlecht, aber sie ist doch niemals unser aller Chefin!" – „Wie kann denn diese kleine, unscheinbare, junge Frau vom Land in selbst genähten Kleidern uns alle führen? Uns, die wir viel älter sind, mehr Erfahrung haben, länger hier sind, mehr Standing haben, besseres Auftreten, besser reden können, uns besser durchsetzen können?" – „Also ich lass mich nicht von der führen!" – „Die soll sich nur irgendwie hier als Chefin aufführen, dann wird sie mich mal kennenlernen." – „Von der lass ich mir nix sagen, das könnt ihr mir glauben." – „ Und so gut ist sie fachlich auch nicht mehr wie früher mal. Wisst ihr noch, wie sie letzten Juni nicht wusste, dass …" – „Also ich hätte mir dich zum Beispiel gut vorstellen können oder auch dich, aber Gisela???" – „Keine Sorge, die kriegt doch hier kein Bein auf den Boden als Chefin."

Einige Zeit später, es ist Mai: Gisela Weiß fährt ungern zur Arbeit. Sie fühlt sich gemieden, allein, ausgegrenzt. Kollegen, die sie vormals ständig um Hilfe gebeten hatten, deren Fehler sie früher ausgemerzt hatte, bevor sie herauskamen, denen sie Tipps und Ideen gegeben hatte, werfen ihr jetzt die Tür vor der Nase zu. Beim Essen sitzt sie allein, niemand fragt sie mehr etwas, bei Teammeetings hört ihr keiner zu. Sie sitzt in einem kleinen, länglichen, engen Büro, dem hässlichsten Raum auf dem Gang. Auf ihre Ansage, dass sie gerne umziehen würde, weigern sich alle Kollegen, den Platz mit ihr zu tauschen.

Braun zeigt sich eher selten und versucht ihr dann väterlich auf die Schulter zu klopfen, nach dem Motto: „Ich steh hinter Ihnen, Frau Weiß, das wissen Sie und auch die Kollegen." Genau das ist aber der Punkt, der die Kollegen ärgerlich macht, auf Herrn Dr. Braun und auf Gisela Weiß. „Ach, meine Liebe, das kommt schon, das wird schon, lassen Sie den Leuten Zeit, Sie werden schon akzeptiert werden – mit Ihrer Fachkompetenz!" Als weitsichtiger Chef weiß Braun eigentlich, dass er Gisela Weiß' Durchsetzungskraft umso mehr untergräbt, je stärker er sie mit „väterlicher Autorität" von oben unterstützt.

Immer häufiger klopft es an seine Tür, weil sich wieder einer der Kollegen über Frau Weiß beschweren will. Er hört sich die Klagen zwar an, versucht aber nur zu beruhigen, und unternimmt letztlich nichts für oder gegen seinen Schützling.

Gisela Weiß versucht, autoritärer aufzutreten, um sich mehr durchzusetzen. Die Kollegen reagieren aggressiv oder lachen sie aus. Je autoritärer sie wird, desto trotziger verhalten sich die Kollegen, gleich welcher Altersklasse und in welcher Beziehung sie vorher zu ihr standen.

Was immer sie tut, sie wird nicht akzeptiert und die Kollegen zeigen ihr das auch. Sie hat inzwischen bereits körperliche Beschwerden, obwohl sie früher nie krank war! Migräneanfälle, Probleme mit den Bandscheiben, letzte Woche eine Magen-Darm-Grippe und jetzt Zahnschmerzen. Sie geht heute anderthalb Stunden früher, um zum Zahnarzt zu gehen. Der knifflige Vertrag für den Neukunden hat bis morgen Zeit.

Als sie am nächsten Tag an ihren Schreibtisch kommt, sind die Vertragsunterlagen fort. Wütend geht sie von Zimmer zu Zimmer, bemüht sich um einen sachlichen Ton und fragt die Kollegen, wer den Vertrag gesehen hat. Schließlich sagt Herr Rot: „Ja, ich habe ihn mir geholt, weil der Außendienstkollege mich angerufen hat: Der Kunde möchte, dass ich den Vorgang bearbeite, und zwar flott und mit einigen Details, die der Außendienst zugesagt hat." Weiß spürt ihren Adrenalinspiegel steigen, es wird ihr fast ein wenig übel: „Herr Rot, das ist, also das ist ja das Letzte! Das ist eine Unverschämtheit", kreischt sie, ihre Stimme überschlägt sich fast. „Das lasse ich mir nicht gefallen! Hier bestimme ich, wer welche Verträge bearbeitet! Und mir die Unterlagen dann einfach vom Schreibtisch zu nehmen …! Sie bekommen eine Abmahnung! Darauf können Sie sich verlassen! Und wie Sie wissen, Herr Rot, das ist schon die zweite! Das nächste Mal dürfen Sie sich hier verabschieden! Ist das klar!?" – „Gut", antwortet Rot, „dann werden wir uns eben vor dem Arbeitsgericht wiedersehen! Und übrigens – man lässt keine Verträge offen auf dem Schreibtisch liegen!" Weiß schnappt nach Luft: „Er lag in der Mappe und der Raum war abgesperrt." Mit Tränen in den Augen läuft sie aus dem Büro und schließt sich auf der Toilette ein. Die Tränen fließen. Sie braucht eine Viertelstunde, um wieder zu sich kommen. Dann putzt sie sich die Nase, wischt sich das Gesicht ab und kehrt in ihr kleines Büro zurück.

Die Putzfrau war da. Ja, die könnte Rot in den Raum gelassen haben. Gisela Weiß starrt in die Luft. Es gelingt ihr nicht mehr recht, sich zu konzentrieren. Sie kramt ein wenig in der Ablage, versucht, eine Fachzeitschrift zu lesen.

Nachmittags in der Stadtbahn überlegt sie sich, ob das Mobbing ist. Sie weiß einfach nicht mehr weiter. Der Betriebsrat? Aber was sollen die Kollegen für sie tun können? Immer wieder versucht sie vergeblich, sich Hilfe bei Braun zu holen. Auch er ist ratlos. Er genehmigt ihr ein Coaching. Der Coach empfiehlt ihr, an ihrer Persönlichkeit zu arbeiten und vor allem die Angriffe der Kolleginnen nicht persönlich zu nehmen. Gisela Weiß weiß nicht, wie sie an ihrer Persönlichkeit arbeiten kann – und wie soll sie es denn anders nehmen als persönlich, wenn jeden Tag neue Provokationen geschehen? Nicht immer sind sie so stark wie die Situation mit Rot, aber kleinere Kampfansagen gibt es fast täglich. Auf die Aufforderung, ihr ein Schriftstück zu zeigen, sagt beispielsweise der junge Kollege schnippisch: „Wann und wie ich den Vertrag bearbeite, entscheide immer noch ich, verehrte Frau Oberchefin – vielleicht lasse ich ihn, wenn ich fertig bin, noch von Herrn Grün gegenlesen."

Welche Möglichkeiten hat Gisela Weiß? Hat sie überhaupt Chancen, sich in den täglich neuen Konflikten, in die sie mit den Kollegen gerät, konstruktiv zu verhalten? Setzt sie sich durch, reagieren ihre Untergebenen mit Ärger und Frust, die Ablehnung wird eher größer. Setzt sie sich nicht durch und lässt sich „alles gefallen" (wie von dem jungen Kollegen oben), lacht man über sie und sie wird noch weniger akzeptiert. Sie kann nichts „richtig" machen im Umgang mit den Kolleginnen und Kollegen von ehemals. Sie wollen, dass alles falsch ist: wie sie agiert, wie sie entscheidet, wie sie kommuniziert.

Wie kann es gelingen, Win-win-Situationen herzustellen? Situationen, in denen es keine Verlierer gibt? Wer ist der eigentliche Gegner beziehungsweise der Konfliktverursacher? Gibt es eine Möglichkeit, aus diesem strukturell angelegten Konflikt auszusteigen?

1.2 Dr. Herzog – ein zahnloser Tiger als Projektmanager

Johannes Herzog ist ganz euphorisch. Mit 48 Jahren scheint er alle Ziele erreicht zu haben: Endlich raus aus der kleinen altmodischen Apotheke seines Bruders, wo er seit Jahren wie ein Verkäufer tagein, tagaus die Kunden bedienen musste. Als er vor ca. sechs Wochen in der *ZEIT* die Stellenanzeige gelesen hatte, hatte er sich keine großen Chancen ausgerechnet. Doch offenbar ist seine fast dreijährige USA-Erfahrung heute doch was wert! Oder war es seine gute Promotion in Pharmazie? Die frühere, mühevolle Erfahrung mit der Stadtverwaltung im Gesundheitsreferat und wahrscheinlich auch die Jahre als Pharmareferent – all dies zahlt sich jetzt aus!

Herzog hat die öffentlich ausgeschriebene Stelle als Leiter der Zentral-Apotheke für die drei städtischen Kliniken in einer mitteldeutschen Großstadt bekommen. Die oberste Stadtverwaltung hat ihn eingestellt – der Oberbürgermeister selbst sozusagen.

Vor knapp drei Jahren war das Projekt „Apothekenauslagerung" aus den einzelnen städtischen Krankenhäusern vollzogen worden. Herzogs Vorgänger Franz Meister war in Vorruhestand gegangen. Herzogs Eindruck ist, dass Meister einfach ein wenig überfordert war. Nun würde er, Herzog, das Ganze auf „Vordermann" bringen. Eine Aufgabe, wie für ihn geschaffen!

Das Projekt hat zwar nur zwölf Mitarbeiter: pharmazeutisch-technische Assistenten und Quereinsteiger aus verschiedenen Branchen, doch hat Herzog nun eine kleine Führungsaufgabe und ist sein eigener Herr. Endlich einmal kann er selbst entscheiden, eigene Vorgaben machen und seine Meinung umsetzen. Er wird ein guter Chef sein! Er wird freundlich seine Leute motivieren, viel mit ihnen reden, und auf Dauer wird das Team Bestleistungen bringen. Er freut sich auf die Aufgabe. Organisieren kann er seiner eigenen Einschätzung nach sehr gut, und besonders auf die Verhandlungen mit den Pharmakonzernen, die ihm sicherlich zu Füßen liegen werden, freut er sich. Da springt sicher die eine oder andere kleine Einladung oder sogar Reise für ihn und seine Frau heraus …

Überhaupt verdient er jetzt natürlich eine ganze Stange mehr, als er jemals verdient hatte. Sein Bruder konnte nicht zu viel zahlen, aber jetzt: ein Gehalt, von dem Herzog vor einem Jahr nicht zu träumen gewagt hätte! Vielleicht wird jetzt ja doch was aus der Finca auf Mallorca? Eine ganz kleine natürlich nur, aber wer weiß?

Nach den ersten zwei Tagen, in denen auch ein Gespräch mit der obersten Klinikverwaltung und dem Verwaltungsdirektor Dr. König, einem sehr netten Mann, stattgefunden hat, ist Herzog zum ersten Mal ein klein wenig enttäuscht: Wirkliche Personalverantwortung mit Weisungsbefugnis und der Möglichkeit, Mitarbeiter ein- und auszustellen, hat er nur für eineinhalb Kräfte: für eine ganztags und für eine halbtags angestellte pharmazeutisch-technische Assistentin. Beide arbeiten bereits seit Beginn vor drei Jahren in diesem Projekt mit.

Die anderen Kolleginnen und Kollegen sind „Leihkräfte" und „Quereinsteiger" aus verschiedenen anderen Bereich und Projekten.

Da sind z. B. zwei Kolleginnen und zwei Kollegen aus dem Pflegebereich der verschiedenen Kliniken, die aus unterschiedlichen gesundheitlichen Gründen nicht mehr am Patienten arbeiten können. Disziplinarisch zuständig ist für sie nach wie vor ihre Pflegebereichsleitung. Hauptsächlich sind die zwei Männer und zwei Frauen für das Ausfahren und Verteilen der Medikamente und Lagerarbeiten zuständig.

Auch ein EDV-Zuständiger ist halbtags im Projekt beschäftigt – wahrscheinlich weil Meister nicht mehr wirklich fit war mit den neuen PC-Systemen, vermutet Herzog. Weiter gibt es im Projekt „Zentralapotheke" (ZA) vier Mitarbeiter, die Teilzeit arbeiten und aus dem zweiten ausgelagerten Projekt der städtischen Kliniken sozusagen „ausgeliehen" sind, dem Projekt „Logistik", in das alle Hausmeistertätigkeiten und handwerklichen Aufgaben aus den einzelnen Häusern ausgelagert wurden. Dieses Projekt gibt es seit fast fünf Jahren.

Sie alle sind disziplinarisch direkt der Klinik-Holding unterstellt.

Drei weitere Mitarbeiterinnen kommen aus der Klinikverwaltung der verschiedenen Häuser: eine Buchhalterin und zwei Einzelhandelskauffrauen, die disziplinarisch zurzeit noch über ihre „Stammhäuser" laufen.

Die Verwaltung und die EDV werden der vorläufig letzte Bereich werden, der im nächsten Halbjahr in einem dritten übergreifenden Projekt organisiert werden soll.

Das alles bedeutet für Herzog – und er kann seine Enttäuschung nicht wirklich gut verbergen –, dass er über zehn seiner Mitarbeiter nur fachliche, sozusagen „Projektaufsicht" hat und nicht deren disziplinarischer Vorgesetzter ist. Wie wird es ihm gelingen, sie zu motivieren? Wie kann er das gute Arbeitsklima, das unter Meister herrschte, erhalten und trotzdem bessere Leistungen aus den Leuten herausholen? Denn dass er hier erst mal durchgreifen muss, ist ihm völlig klar. Der Laden ist schon ziemlich verschlampt … Aber wie kann das gehen, wenn er weder Belohnungs- noch Sanktionsmöglichkeiten hat? Na ja, man wird sehen. Wenigstens zwei Leute hat er ja direkt unter sich. Die beiden Mädels wird er sich jetzt erst einmal vorknöpfen. Ansonsten wird er sehr klar und zunächst einmal direktiv vorgehen, damit die Leute gleich erkennen, wer hier der Chef ist. Er wird Grenzen setzen und Regeln einführen. Wenn die Leute nicht mitmachen, wird er sich eben an deren Vorgesetzte wenden.

Ein besonderer Dorn im Auge sind ihm die Kollegen aus der Pflege. Sie scheinen ihm nicht nur gesundheitlich angeschlagen, sondern auch sehr demotiviert und wenig belastbar zu sein. Da wird er sich etwas überlegen müssen.

Als weiteres großes und unerwartetes Konfliktfeld erweisen sich in den nächsten Wochen für den hoch motivierten Herzog die Auseinandersetzungen in der Dreieckskonstellation mit den Klinikabteilungsärzten, in einem Fall sogar mit der Klinikdirektion und den Pharmakonzernen.

Etliche Firmen beliefern die Kliniken der Stadt seit Jahren. Mit manchen gibt es Verträge, mit anderen (Meisters Nachlässigkeit sei Dank) keine. Einige, nein, fast alle würde Herzog gerne verändern: die Art der Verträge, die Produkte, die Mengen oder die Preise. Auch würde er gerne einige andere Firmen aufnehmen, mit denen er in der Apotheke seines Bruders gute Erfahrungen gemacht hatte.

Die Ärzte stellen sich quer: manche in höflich knapper Korrespondenz, manche mit aufgebrachten Anrufen.

- „Sehr geehrter Kollege, ich und meine Abteilung bestehen weiter auf Produkt A, D und K. Wir wünschen keine Veränderungen der Produktpalette gegen unseren ärztlichen Rat. Mit freundlichem Gruß …"

- „Dazu sind Sie hier nicht als Projektleitung angestellt! Sie haben hier nichts zu verändern!"

- „Die Preise können Sie runterhandeln, wenn Sie das schaffen in der heutigen Marktsituation. Die Auswahl der Produkte aber treffen wir!"

- „Sie haben die Medikamente nicht auszuwählen, sondern nur zu bestellen, einzukaufen quasi, abzurechnen, zu archivieren, bereitzuhalten und zu verteilen. Schauen Sie lieber zu, wie Sie das in den Griff bekommen. Wenn etwas verändert wird, dann nur über uns Ärzte."

- „Wenn Sie etwas Neues bestellen wollen, müssen Sie zuerst uns überzeugen!"

Herzog ist wütend und frustriert. Er möchte eine offene Diskussion dazu organisieren. Er hat so viele gute Ideen, könnte so vieles besser und günstiger beschaffen. Er hat so gute Kontakte und Erfahrung mit Medikamentengruppen und den verschiedenen Pharmafirmen.

Für die Verbandsmaterialien beispielsweise hätte er eine ganz andere Firma an der Hand, die wesentlich modernere Produkte im Angebot hat. Sie wäre, bei Großabnahme jedenfalls, deutlich günstiger als die jetzige Firma, von der man anscheinend schon seit Jahrzehnten bezieht.

Über den Vorschlag mit der „offenen Diskussion" lächeln die Mediziner nur. „Was soll das sein? Ringelpiez mit Anfassen oder was? Wir können unsere Zeit nicht für Plauderstunden vergeuden, lieber Herr Herzog", informiert ihn der Chefarzt des größten Hauses. Er ist gar nicht mal unfreundlich, aber er und seine Kollegen sind an keinerlei Austausch und Diskussion über Neuerungen interessiert und im Übrigen zeitlich äußerst eingespannt. Herr Dr. Herzog muss tief durchatmen und sich an der Schreibtischstuhllehne festklammern.

„Lass dir Zeit", rät ihm seine Frau. „Die werden deine Qualitäten schon noch erkennen, sich von dir beraten lassen. Du kennst doch die Mediziner, die brauchen immer eine Weile, bis sie jemanden akzeptieren."

Als eines der größten Konfliktfelder entpuppt sich jedoch die Logistik in der Verteilung, vor allem wenn gewisse Medikamente sehr schnell, quasi unverzüglich in ein Haus geliefert werden müssen. Die Lieferungen an die drei Häuser in drei verschiedenen Stadtteilen sind in zwei Standards organisiert: einmal die wöchentlichen „Normalbestellungen" jeder Station in jedem Haus und dann die täglichen „Akutanforderungen". Beide Prozessabläufe, das hat sich der Projektleiter vorgenommen, müssen verbessert werden. Er hat auch schon einige Ideen!

Aber Veränderungen sind schwierig, vor allem wenn nur einer sie für notwendig hält. Wenn die Beteiligten wenig offen und motiviert sind, es weder Anreize noch Einsicht in die Notwendigkeit gibt, sind sie fast nicht machbar. Nun, Herzog sieht das; er ist ein kluger Mann und er will sich Zeit lassen.

Unterdessen jedoch laufen das Telefon heiß und die E-Mails über: Stationen beschweren sich aufgeregt, wütende Ärzte rufen an, die Bereichsleitungen schicken, wie Herzog findet, unverschämte Mails: Nichts klappt! Es entstehen Streitereien, Konkurrenzen, Ablauffehler, Schlampereien, Verwechslungen, Ungenauigkeiten, winzige Pannen und Missverständnisse. Die Verstöße und Mängel im Arbeitsablauf vermehren sich in einem für Herzog kaum tragbaren Ausmaß. Nun ist er sowieso nicht gerade das, was man landläufig „fehlerfreundlich" nennt, aber jetzt wird er immer nervöser. Wie sind diese komplexen, jeden Tag anderen, unterschiedlichen Abläufe zu organisieren? Er hat noch keinen Plan.

Je nach Patientengut, akuten Fällen, großen Unfällen oder Epidemien müssen unterschiedliche Mengen und Arten von Medikamenten sehr kurzfristig verteilt oder zwischen den Häusern ausgetauscht werden, wenn sie im Lager nicht mehr vorrätig sind. Vor allem wenn Medikamente irgendwo ausgehen, trägt dies dem Projektleiter schwere Rügen und Beschwerden ein.

Mehr und mehr ärgert sich Herzog über die Kurzsichtigkeit, Nachlässigkeit, ja manchmal auch Unzuverlässigkeit seiner Mitarbeiter. Er versucht, ihnen ins Gewissen zu reden, zunächst mit Höflichkeit und Bitten. Aber schon bald merkt er, dass dies nichts bringt. Jetzt wird er harsch und unfreundlich, kurz angebunden, ja fast grob, und die Stimme zu laut. Er muss schließlich alle Fehler ausmerzen. Die Leute reagieren trotzig und ängstlich. Alle seine Interventionen scheinen nichts zu nutzen. Er baut Stress und Druck auf und spürt zugleich, wie sich die Mitarbeiter noch mehr verweigern. Die Krankheitsfälle nehmen zu, wodurch sich der Stresspegel für die anderen noch mehr erhöht. Frau Koch, eine der ehemaligen Mitarbeiterinnen aus der Pflege, beschwert sich bei ihrer Vorgesetzten und bittet als Erste um eine Versetzung aus dem Projekt. Dies wird nicht genehmigt.

Als Herzog eines Abends Frau Schneider sehr barsch die Anweisung gibt, sie müsse noch nach Dienstschluss ein Medikament in das Haus an der Neuburger Straße fahren, sagt sie ihm genauso kaltschnäuzig: „Wissen Sie was, Sie haben mir gar nichts zu sagen! Ich geh jetzt nach Hause!" Leider hat sie recht. Herzog hat keinerlei disziplinarische Mittel an der Hand.

Einige Tage später ist gerade wieder die Hölle los, nichts scheint zu funktionieren. Da kommen gleichzeitig zwei Mails an:

„Station 5, die Innere eines der Häuser, hat abgelaufenen Cholesterinsenker bekommen! Wie kann das sein? Wir werden uns bei der Klinikleitung beschweren! Haben Sie Ihre Leute nicht im Griff, Herr Herzog? So etwas darf nicht passieren! Was ist mit Ihrem Qualitätsmanagement? Möchten Sie, dass wir einen Prozess an den Hals kriegen?" Herzog fühlt sich wie ein Schuljunge.

Die zweite Mail liest sich etwas freundlicher: „Leider muss die aus der Verwaltung umbesetzte Kraft, Herr Bauer, ab morgen wegen Personalmangels wieder für drei bis vier Wochen in der Verwaltung im Haus in der Altdorferstraße tätig sein. Mit besten Grüßen …" Ausgerechnet dieser Kollege! Er ist im Projekt einer der wenigen zuverlässigen und auch hilfsbereiten Kräfte.

Alles läuft irgendwie schief, nicht im Sinne der Projektleitung. Herzog weiß nicht, was er ändern kann; er muss es hinnehmen. Er war so guten Mutes und optimistisch angetreten. Er fragt sich, wie wohl Meister das alles gemacht hat. Es lag zwar einiges im Argen, aber immerhin lief der Laden! Aber anrufen und um Rat fragen möchte er ihn doch nicht. Er will sich etwas überlegen, wie er die Leute mehr disziplinieren kann.

Außerdem müssen die Abläufe präziser geplant werden. Er wird die Prozessbeschreibungen neu überarbeiten. Schwierig sind nur die vielen, vielen unvorhergesehenen Abläufe und dass er als Projektleiter eigentlich fast immer die Hälfte des Tages mit Beschwerden und Fehlerkorrekturen beschäftigt ist. Vielleicht könnte er versuchen, zu dem EDV-Kollegen Fischer ein besseres Verhältnis zu bekommen. Er könnte ihm vielleicht zu einem strategischeren Prozessablauf verhelfen. Vielleicht würde er ihn doch mal auf ein Bier einladen …

1.3 Dr. Hunds Team im Kampf um den Arbeitsplatz

Dr. Franz Hund, Abteilungsleiter, kann stolz auf seine Truppe sein: Harry Henze und Timo Berger sind die absoluten Stars der Abteilung „FE II" (Forschung & Entwicklung II) eines Pharmakonzerns in einer deutschen Großstadt. Sie sind 29 und 30 Jahre alt und damit fast die jüngsten Mitglieder des zwölfköpfigen Teams. Inzwischen sind sie dicke Freunde. Beide haben ihr Abi mit 1,5 bestanden und brillante Studienabschlüsse mit Promotion, Harry in Biochemie und Timo in Pharmazie. Harry genießt sein Leben als Single, Timo hat seit drei Jahren eine feste Freundin, mit der er gerade eine Wohnung gekauft hat; bald möchten sie ein erstes Baby. Beide Kollegen sehen sehr gut aus und treten dynamisch auf. Sie sind kreativ, können gut kommunizieren und sind mit vier weiteren Kolleginnen und Kollegen die „High Potentials" der insgesamt hervorragenden Abteilung, die von Hund geleitet wird.

Hund ist Mediziner, 45 Jahre alt und bemüht, das Team partnerschaftlich und demokratisch zu führen. Er hat zwei Führungstrainings besucht, in denen er gelernt hat, auf die oft ein wenig exzentrischen Wissenschaftler seines Teams einzugehen, sie durch Eigenverantwortlichkeit zu motivieren und häufig, meist sehr positives, wohlformuliertes Feedback zu geben. Bei der Moderation kleinerer Konflikte und Unstimmigkeiten ist er gerne behilflich. Er besteht allerdings auf ein paar Grundprinzipien, zum Beispiel genaueste Arbeitszeitnachweise oder das Vier-Augen-Prinzip bei allen wichtigen Veröffentlichungen und Forschungsberichten. Ansonsten hält er sich weitgehend zurück und führt sehr liberal.

Jeder Kollege kann mit Fragen oder Schwierigkeiten zu ihm kommen, er hat für alle Anliegen ein offenes Ohr. Er ist ein „Integrator", der sich sehr sicher ist, seine Sache gut zu machen. Seine Lieblingsmitarbeiter (er hat sie natürlich, auch wenn er es nie zugeben würde) sind sein alter Duzfreund Kurt Dankwart, der zwei Jahre nach ihm sein Medizinstudium abgeschlossen hat und den er vor ca. acht Jahren aus einer Klinik in seine Abteilung geholt hat. Außerdem ist da die reizende Frau Dr. Vogel, Biochemikerin aus den neuen Bundesländern, mit der er öfter ein wenig flirtet. Sie ist, so seine Einschätzung, die fleißigste, zuverlässigste und unkomplizierteste Mitarbeiterin seines Teams. Auch Bruno Bark schätzt er sehr. Der langjährige Kollege konnte über die Jahre die größten Forschungserfolge für die Abteilung einfahren. Dr. Timo Berger, „der Neue" mit der angenehmen Stimme, ist Hund ebenfalls sehr sympathisch. Er ist – wie er selbst – leidenschaftlicher Hobbypianist. Hund liebt Musik; „Musiker sind die besseren Menschen", pflegt er zu sagen.

Hund braucht wenig anzutreiben, zu kontrollieren oder zu kritisieren. Das übernimmt das ehrgeizige Team alles in lockerem, teilweise etwas flapsigem Ton selbst untereinander. Man duzt sich und geht zweimal im Monat zum gemeinsamen Squashspiel ins angrenzende Sportzentrum. Es herrscht Frohsinn. Gerne grenzt man sich von „FE I" ab.

Das Abteilungsteam „FE II" ist auch altersmäßig günstig aufgestellt. Die Kolleginnen und Kollegen sind zwischen 28 und 52 Jahre alt, eine Praktikantin mit 24 ist auch dabei. Mit 28 Jahren ist Frau Maus, eine medizinisch-technische Assistentin, die jüngste feste Mitarbeiterin. Sie ist bereits seit sechs Jahren als Quereinsteigerin im Konzern. Obwohl sie angeblich einen festen Freund hat, ist sie seit einigen Monaten – natürlich heimlich – in Harry Henze verliebt. Das älteste Teammitglied ist Frau Wal. Sie ist seit 18 Jahren in Teilzeit als Teamassistentin beschäftigt. Der Rest des Teams setzt sich aus Pharmazeuten, Ärzten, Chemikern und Biologen zusammen. Sie sind zwischen 30 und 49 Jahre alt. Die meisten haben Wohneigentum und Familien. Wegen sehr guter Bezahlung in dieser Firma, des angenehmen Arbeitsklimas und der guten Erfolge und Profilierungsmöglichkeiten in „FE II" sind die meisten seit mehreren Jahren in der Abteilung. Es gibt wenig Fluktuation.

Eines Tages jedoch beginnt sich der über dem Hexenkessel der Pharmaforschungsküche entstehende Qualm zu verdichten. Normalerweise verflüchtigt sich der Dampf nach getaner Arbeit, löst sich auf und gibt einen strahlenden Sternenhimmel frei, aus dem oft wahre Kometen aufgehen und an dem höchstens einige rosa Wölkchen schweben. (Wir erinnern uns an Hunds Flirt-Bemühungen und den umwerfenden Charme von Harry Henze.) Diesmal werden fette Wolken daraus. Erst kleine Fetzen, Gerüchte sozusagen, die sich aber relativ schnell zu dicken Gewitterwolken über der ganzen Firma zusammenballen – so auch über „FE II".

Personal-Hauptversammlung im großen Festsaal der Firmenzentrale zu Beginn des Jahres: Die 234 Mitarbeiter der insgesamt 14 Abteilungen im Hause, die Führungskräfte und sogar die Praktikanten, Azubis und Trainees sind eingeladen. Wie jedes Jahr tritt die oberste Geschäftsführung vor die Kollegen und spricht mit ernster Stimme über die Marktsituation, die Jahresergebnisse, Bilanzen und Verkaufszahlen sowie die Eckpfeiler der neuen Strategie. Immer nachdrücklicher und ernster wird die Stimme des Vorstandsvorsitzenden, immer atemloser wird die Stille.

Nach eindreiviertel Stunden kommt als letzter Punkt der Präsentation „Ausblick, Maßnahmen und Pläne für das kommende Jahr". Zwar würden noch schwarze Zahlen geschrieben, zwar gehe es der Firma noch gut, aber der Markt entwickle sich bedenklich. Die Gewinne seien in diesem Jahr bereits empfindlich zurückgegangen. Um vorausschauend und strategisch klug zu planen, seien empfindliche Einsparungen in allen Bereichen unumgänglich. Die genaue Größenordnung, in der jede Unternehmenseinheit betroffen sei, werde noch bekannt gegeben. Sicher sei aber bereits jetzt, dass jeder weniger Reisen, weniger Fortbildungen sowie eine Reduktion der Sondervergütungen und Erfolgsprämien in Kauf nehmen müsse. In einigen Abteilungen werde es eine notwendige Anpassung des Stammpersonals geben.

Ein Raunen geht durch die völlig perplexe Mitarbeiterschaft. Entlassungen? Wie kann das sein? Die Firma steht doch gut da! Der gute Name! Es sind doch noch keine Verluste entstanden! Wieso bekommen wir keine Hilfe vom Mutterkonzern, wo wir doch die letzten Jahre einer der erfolgreichsten Standorte in Europa waren? Was soll so eine Firmenpolitik? Wer trifft diese Entscheidungen? Wieso wehrt sich die Geschäftsführung da nicht? Und, und, und …

Die Geschäftsführung bittet um Ruhe. „Meine verehrten Damen und Herren, es ist ja alles noch überhaupt nicht sicher! Was den Personalabbau betrifft, wird man versuchen, sehr sozialverträglich vorzugehen. Und auch erst frühestens in der zweiten Jahreshälfte. Betroffen wären lediglich Abteilungen mit Personalüberhang und zu maximal 15 Prozent. Die momentane Abteilungsstruktur wird vorläufig beibehalten werden. Marketing und Vertrieb werden überhaupt nicht betroffen sein." Die Kollegen fühlen sich wie erschlagen, je nach Temperament deprimiert oder wütend.

Schon am nächsten Morgen fühlt sich alles anders an. Zunächst rücken noch alle zusammen: „Uns wird es schon nicht treffen! Die wären ja verrückt, den Ast abzusägen, auf dem sie sitzen. Ohne neueste Produkte aus der Forschung und Entwicklung kann das Unternehmen einpacken! Wir halten zusammen!" Oder doch nicht? Schon bald mischen sich seltsame Töne in die ersten gegenseitigen Solidaritätsbekundungen: „15 Prozent aus unserer kleinen Abteilung? Das heißt, vielleicht ein bis zwei müssen gehen! Aber wer ist verzichtbar? Ich doch sicher nicht, aber vielleicht …?" Wie durch ein Erdbeben ist das Teamsystem von „FE II" erheblich erschüttert. Der einst so freundliche, ja herzliche, wenn auch zwischen den Männern manchmal etwas ruppige Umgangston ist verändert. Man spricht schon bald nicht nur weniger, sondern der Ton ist auch kälter, um Sachlichkeit bemüht. Kritische Äußerungen klingen auf einmal nicht mehr hilfreich, sondern schneidend, hämisch, verletzend.

Mehr und mehr bemerkt man Fehler in der Arbeitsweise des Kollegen, genießt kleine Misserfolge des anderen. Man ist weniger kooperativ und hilfsbereit. Argwöhnisch wird beobachtet, wer welche Aufgaben bekommt. Methodenfragen werden zu echten Konflikten, ebenso andere Bagatellen – ein verlegter Brief zum Beispiel, ein leicht verspäteter Bericht, und schon bricht ein manchmal lautstarker, manchmal zynisch scharfer Streit aus. Vereinzelt will man sich sogar beim Chef über Kollegen X oder Kollegin Y beschweren. Wenn dieser einen ins Büro ruft, ist man nicht mehr stolz und erfreut, sondern hat ein mulmiges Gefühl im Bauch und in den Knien Pudding. Die Stunde der „Günstlinge" scheint gekommen. Sie versuchen, beim Chef ihre Chancen zu nutzen. Frau Vogel erscheint im neuen Kostüm mit Minirock. (Die lässt wohl keine Waffe aus, wie?)

Hund, dessen Stelle ja nun wirklich sicher ist, scheint völlig mitgenommen und angeschlagen. Der einst strahlend überlegene und souveräne Vorgesetzte wirkt kränklich, gealtert, nervös, hilflos. Das macht manche leicht schadenfroh, andere ärgerlich, einige fühlen sich extrem verunsichert. Gerüchte entstehen. Die Meinung über den eigentlich so beliebten Chef gerät ins Wanken: „So wie der zurzeit auftritt, müssen bei uns sicher drei Leute gehen! Jetzt müsste er mal zeigen, was er draufhat, und für uns einstehen. Er ist einfach nicht Kerl genug, tritt auf wie ein Schlaffi."

Hund zieht sich zurück. Er versucht zu beschwichtigen: „Es ist ja noch nichts sicher." Er kann nichts sagen, er wird sich natürlich einsetzen – für alle! Immer wieder: „Ich weiß noch nichts, weiß nicht mehr als Sie ..." Frau Vogel legt neuen Lippenstift auf. Timo Berger lädt ihn zu einem Klavierabend ein. Der alte Studienkollege wiegt sich in gespielter Sicherheit: „Na, Franz, an deiner Stelle möchte ich jetzt nicht sein! Wann, denkst du denn, wird es erste Informationen geben? Kann ich was für dich tun? Sag es, wirklich, ich helfe gerne!" Er traut sich sogar heimlich im Zweiergespräch die Gretchenfrage zu stellen: „Wen, glaubst du denn, würde es von uns treffen?" Klug, wie er ist, antwortet Hund natürlich ausweichend, gibt keine der bislang vertraulichen Informationen aus der letzten Bereichsleitersitzung heraus. Er hat ja selbst noch keine klaren Anweisungen, noch keinen Plan, nur vage Anordnungen von oben. („Meine Herren, machen Sie nicht die Pferde scheu! Sonst gehen die Leistungsträger, und das wäre das Letzte, was wir jetzt brauchen können!")

Hund schläft schlecht, wird ein wenig unfreundlicher, barscher im Ton, als er sonst war. Schließlich ist es nicht auszuschließen, dass sein eigener Job gefährdet ist. Hinter verschlossenen Türen wurde bereits einmal über die Zusammenlegung von „FE I" und „FE II" diskutiert. Auch hat er seiner Frau anvertraut, dass ihn Gewissensbisse plagen. Wie weit geht die Loyalität gegenüber der Geschäftsführung, die einerseits nach wie vor Höchstleistungen von allen Leistungsträgern verlangt und andererseits so mit offener Information geizt? Soll er seine Leute, die sich größtenteils in Sicherheit wiegen, ins offene Messer laufen lassen? Die nervöse Psoriasis, die er seit einigen Jahren vor allem an Ellbogen, Kniegelenken und Knöcheln hat, breitet sich aus. Das alles geht ihm „unter die Haut". So hilflos, wie die pharmazeutische Industrie dieser Krankheit nach wie vor gegenübersteht, so hilflos fühlt sich Hund im Moment in seiner Position.

Keine Mittagspause vergeht ohne lebhafte, ärgerliche Debatten und auch heftige Diskussionen über das allen immens viel Energie und Motivation raubende Thema „Muss ich gehen?". Längst gehen die Kolleginnen und Kollegen gar nicht mehr gemeinsam in täglich wechselnden, locker plaudernden kleinen Grüppchen zum Essen wie früher, sondern man geht nur mit dem „besten Kumpel", mit demjenigen, dem man am meisten vertraut. Immer wieder versichert man sich gegenseitig, oft ein bisschen scheinheilig: „Dich trifft es ja sicher nicht, weil …". In diesen Paarkonstellationen beginnen auch erste kleinere Intrigen gegen einzelne Kollegen, die allmählich zu massiven Schikanen ausarten. Auf diese Weise versucht man, sich selbst zu beruhigen. „Ich denke halt, der/die xy wird gehen müssen, schließlich …, und das fände ich auch voll o. k."

Harry Henze und Timo Berger sind nicht mehr miteinander befreundet. Die Rivalität um einen kleinen, aber interessanten Auftrag, den Timo vom Chef persönlich übertragen bekommen hatte, war für Harry das Aus. Der Kollege konnte die Aufgabe mit Bravour erledigen, was ihm großes öffentliches Lob einbrachte und ein „Natürlich kommen meine Frau und ich sehr gerne zu Ihrem Klavierabend". Das hat die Freundschaft nicht überdauert. „So etwas von einem hinterhältigen, opportunistischen Schleimer! Vor dem müsst ihr euch alle in Acht nehmen!" Der coole, einst so charmante Harry Henze hat Angst, obwohl er zwei Monate länger in der Firma ist als Timo Berger. Zu viele Karrieresprünge hatte er sich bereits in dieser Firma ausgerechnet. Nun bröckelt sein Selbstvertrauen, was ihn zynisch, streitsüchtig und ein wenig intrigant werden lässt. Auch Janina Vogels tiefer werdende Dekolletés erfüllen ihn eher mit ärgerlichem Sarkasmus als mit männlicher Bewunderung. Er schwört sich, dass er kämpfen wird.

Auch die Forschungsarbeit in „FE II" leidet. Zu viel Kraft, Elan und kreative Initiative sind im Kündigungsthema gebunden. Die neueren Ergebnisse kommen schleppend, oft fehlerhaft, gleichsam desinteressiert, leidenschaftslos zustande. Dadurch entstehen weitere Konflikte zwischen dem sonst auch mal nachsichtigen Hund und dem Team. Der Vorgesetzte der Abteilung ist natürlich gerade jetzt angehalten, seinem Chef beziehungsweise der Konzernleitung beste Ergebnisse vorzulegen – Neuerungen, revolutionäre Erkenntnisse, die dem Konzern moderne Produkte und so neue Erfolge bescheren könnten.

Gibt es Wege aus dieser Krise? Welche Chancen hat ein Vorgesetzter, die Wolken zu vertreiben, die sich durch Angst und Unsicherheit aufgetürmt haben? Wie soll er mit der Fülle von „Kleinkonflikten", die sich zwischen den Kolleginnen und Kollegen anbahnen, umgehen? Hat er noch eine Chance zu motivieren, neue Anreize zu setzen? Wie kann er sein Selbstmanagement verbessern, um wieder Sicherheit geben zu können? Wie wird er souverän und gerecht entscheiden können?

2 Entstehende Konflikte rechtzeitig erkennen und analysieren

Was ist ein Konflikt?

Bevor wir uns mit verschiedenen Konflikttypen beschäftigen, ist es interessant, sich kurz die Wortbedeutung und die Definition des Begriffs „Konflikt" genauer anzuschauen. „Konflikt" bedeutet zunächst „Zusammenstoß", „Widerstreit", „Zwiespalt". Das Fremdwort wurde im 18. Jahrhundert aus dem lateinischen *conflictus* (= Zusammenstoß, Kampf) entlehnt. Verwandt ist es auch mit dem lateinischen Verb *confligere*, was so viel wie „zusammenschlagen, zusammenprallen" bedeutet (*con* = zusammen, *fligere* = schlagen).

> **Definition des Begriffs „Konflikt" nach Hofstätter**
>
> Konflikte sind das Bestehen oder Anlaufen zweier unvereinbarer Meinungen, Bedürfnisse oder Verhaltenstendenzen.

Zwei unvereinbare Impulse können zum einen in einer Person aufeinandertreffen, wenn man z. B. vor der Entscheidung A oder B steht. Es kann aber auch zwischen Personen oder ganzen Gruppen passieren. Man versucht sich dann praktisch gegenseitig in der Auseinandersetzung über gegensätzliche Ansichten zu „(er)schlagen". Das Typische an Konflikten ist, dass jede der Parteien der Meinung ist, im Recht zu sein. Daher sind Konflikte und der Konfliktpartner fast immer negativ besetzt. Wie wir später in Kapitel 3 sehen werden, kann man diese (durchwegs negative) Einstellung hinterfragen. Konflikte – innere wie äußere – sind nämlich auch ein wichtiger Motor für Entwicklung und Erneuerung. Fest steht allerdings: Angenehm sind Konflikte selten! Irgendetwas, von dem man meinte, es sei richtig, man könne darauf zählen, wird plötzlich durch einen zweiten, widersprechenden Impuls infrage gestellt.

Unvermeidliche Konflikte

Die menschliche und natürliche Reaktion ist meist: Es gilt, Konflikte zu vermeiden oder den Gegner möglichst plattzumachen. Leider lassen sich aber Konflikte keineswegs immer vermeiden. In diesem Kapitel befassen wir uns deshalb besonders mit solchen Konflikten, die zu einem hohen Anteil von außen verursacht sind und sich selten ganz vermeiden lassen. Aus unserer Beraterpraxis wissen wir: Verschiedene Konstellationen und situative Faktoren bringen fast jeden an seine Grenzen. Der Akteur ist dabei weitgehend austauschbar.

Wenn Sie an unsere drei Fallbeispiele aus dem ersten Kapitel denken, ist dies in allen drei Fällen weitgehend gegeben. Wenn einer (wie Gisela Weiß) aus dem Team zum Chef aufsteigt, ist es fast immer schwierig, sofort als Chef anerkannt zu werden. Eine Matrixorganisation mit eingeschränkten disziplinarischen Kompetenzen wird es keinem Projektleiter leicht machen. Also auch Dr. Herzogs Kampf hätten die meisten von uns kämpfen müssen. Ein Unternehmen im Umbruch, in dem alle Strukturen infrage gestellt sind, verunsichert zutiefst und ist eine Herausforderung für alle Beteiligten (nicht nur für Dr. Hund und sein Team). All dies liegt also zu großen Teilen in der Natur der Sache und weniger im mehr oder weniger guten/schlechten Charakter der Beteiligten begründet. Um Sie für Konflikttypen und situative Faktoren zu sensibilisieren, machen wir in diesem Kapitel einen Spaziergang durch typische Konflikte im Arbeitsalltag und die verschiedenen Ebenen, auf denen sie (von außen) verursacht sein können.

2.1 Der Konflikt-Check

Zunächst: Woran erkennt man denn, dass man einen Konflikt hat beziehungsweise dass ein Konfliktfall vorliegt, sich eine Streitigkeit anbahnt?

Nun, oft ist es offensichtlich: Man ärgert sich über etwas, was ein anderer von einem möchte oder zu einem gesagt hat. Man ist wütend oder enttäuscht über eine konträre, einem sehr widerstrebende, verletzende Meinung oder Haltung, die jemand einnimmt. Je nach Temperament schreit man sich an, einer beginnt zu weinen oder verlässt schweigend und bleich, jedenfalls wutentbrannt, eventuell Türen knallend den Raum. Ein Konflikt hat sich aufgebaut.

Oft entstehen Konflikte aber auch schleichender, unauffällig sozusagen. Man bemerkt nur, dass man sich nicht mehr gerne in eine bestimmte Situation begibt. Man meidet den direkten Kontakt, schreibt lieber eine Mail, statt den Telefonhörer in die Hand zu nehmen. Man spürt eine nicht ganz erklärliche Wut auf eine Situation oder Person. Man schläft unruhig, hat häufig Kopfschmerzen, die Bandscheiben melden sich (auch Dr. Hund und Gisela Weiß zeigten somatische Symptome). Oft kann man nach Feierabend nicht abschalten, reagiert ungehalten und unfreundlich, auch Familie und Freunden gegenüber. In der Situation selbst und auch außerhalb ist man nervös, unkonzentriert, einzelne Sätze, die jemand gesagt hat, kreisen im Kopf. Es könnte sein, dass man in einem Konflikt steckt, den man noch gar nicht als solchen identifiziert hat.

Symptome

Das passiert, da sehr viele Menschen nicht eindeutig gelernt haben, eigene Bedürfnisse wahrzunehmen oder eigene Ansichten wirklich zu vertreten. Nein zu sagen fällt schwer, und ebenso gelingt es vielen nicht, früh und sachlich klare Grenzen zu ziehen oder den eigenen Standpunkt ernsthaft infrage zu stellen. Also übersieht man oft lange Zeit, was mit einem im Berufsalltag passiert, was Vorgesetzte, Kunden und Kollegen mit einem machen, wofür man „benutzt" wird.

Auslöser

Oft wird man nicht nur ausgenutzt im Sinne von „Der oder die macht das schon!", sondern man wird in eine bestimmte Rolle gepresst, wird zur Mutter- oder Vaterfigur oder zum „kleinen Mädchen". Vielleicht wird man auch zum Sündenbock, der Gott sei Dank immer schuld ist, wenn etwas schiefläuft in der Abteilung. Jedes System – und ein Team ist immer ein sehr intensives System – drängt seine Mitglieder in Rollen, in Positionen, die in irgendeiner Weise dem System dienlich sind. Natürlich hat man selbst einen Anteil daran, aber sehr viel ist zugeschrieben. Diese Beobachtung ist eine häufige Ursache für Konfliktkonstellationen. Allerdings ist es ein oft schwer greifbares Phänomen, das nur durch Außenstehende, einen Coach zum Beispiel, aufgedeckt werden kann.

Wahr-nehmung

Die erste Regel ist also, den Konflikt erst einmal wahrzunehmen, sich zu trauen, sich bewusst zu werden, dass es hier etwas gibt, das einem gar nicht gefällt, einen wirklich ärgert und das man abstellen möchte. Erschwert wird dies häufig dadurch, dass die meisten Menschen Streitigkeiten nicht sehr mögen, regelrecht konfliktscheu sind. Manche Kollegen wiederum treten als fast streitsüchtig auf, machen aus jeder Kleinigkeit eine lautstarke Auseinandersetzung. Das wirkt unangenehm. „So möchte ich nicht sein!" – „Der oder die ist richtig böse!" Die meisten Menschen grenzen sich von angriffslustigen Zeitgenossen ab. (In Kapitel 3 werden Sie sich diesbezüglich selbst kritisch unter die Lupe nehmen.)

Auch ist es gar nicht einfach, aus einem Gewirr von unguten Gefühlen den wahren Konfliktpartner zu identifizieren. Ist es Kollege X oder Kollegin Y? Ist es die gesamte EDV-Abteilung, ist es mein Vorgesetzter oder ist es die Struktur, in der wir alle arbeiten? Vielleicht ist es auch etwas in mir, über das ich mir klar werden müsste.

Analyse

Im Check, also der Wahrnehmung von Konflikten, empfiehlt es sich – nachdem man wahrgenommen hat, dass man sich psychisch oder physisch immer schlechter fühlt –, die verschiedenen Arten und Ebenen, auf denen ein Konflikt angesiedelt sein kann, zu durchleuchten.

Ebene 1: Intrapersonale Konflikte

Der Konflikt spielt sich in der Person selbst ab. In jeder Person gibt es Bedürfnisse, Entscheidungen, Gedanken oder Emotionen, die einander widersprechen. Symptome können zum Beispiel sein:

Symptome

- Unzufriedenheit mit sich selbst
- Unsicherheit, Nervosität
- Unkonzentriertheit, Leistungsabfall
- vermehrte Reibereien mit anderen wegen Kleinigkeiten
- häufig die anderen als böse empfinden (Alle sind gegen mich!)
- Entscheidungsunfähigkeit
- Zerrissenheit, Sich-gespalten-Fühlen
- Gefühl, immer alles falsch zu machen
- Depression, Ärger „in sich reinfressen"
- Introvertiertheit, Grübeln

Ebene 2: Interpersonale Konflikte

Der Konflikt spielt sich (hauptsächlich) zwischen zwei oder mehreren Personen ab. Symptome können zum Beispiel sein:

- verdeckte oder auch offene Aggressionen
- Sarkasmus, spöttische Bemerkungen
- Rückzug, Sich-aus-dem-Weg-Gehen
- Verflachung der Kommunikation auf das Notwendigste (Mail statt Gespräch)
- weitere Missverständnisse (durch Übersensibilität für die Beziehungsebene, man hört bei jedem Gespräch Vorwürfe, Angriffe, Abwertungen)
- intrigantes Verhalten (sich bei Dritten über Herrn/Frau X beschweren)
- körperliche Symptome

Interpersonale Konflikte zeichnen sich besonders dadurch aus, dass sie sehr häufig eine hinter dem offensichtlichen Konfliktanlass und -thema liegende Kernproblematik enthalten, die es zu analysieren gilt. Typisch für interpersonale Konflikte sind z. B. Konkurrenz, Missverständnisse, Intrigen, unterschiedliche Bewertungsmaßstäbe oder Vorstellungen, wie man an eine Sache herangehen sollte. Auch Rollenkonflikte, von denen später noch ausführlicher die Rede sein wird, fallen in diese Kategorie. Schwierig macht den Umgang mit diesen Konflikttypen, dass die Auseinandersetzung leicht eskaliert und fast immer mit unangenehmen Emotionen auf beiden Seiten einhergeht: Ärger, Hilflosigkeit, Angst, Unsicherheit, Enttäuschung, Arroganz, Überheblichkeit usw.

> Achtung: Die meisten Konflikte werden oft vorschnell den interpersonalen Konflikten zugerechnet. Verursacht wurden viele dieser Konflikte aber bei genauerem Hinsehen auf einer der anderen Ebenen.

Ebene 3: Konflikte zwischen Gruppen

Symptome für Konflikte zwischen Gruppen können zum Beispiel sein:

- Gefühl der Stärke in der eigenen Gruppe (geringer Leidensdruck)
- gegenseitiges Sich-hinten-herum-Schlechtmachen
- Spott, Witze über die anderen (Typisch Außendienst!, Typisch Innendienst!), Sarkasmus
- gegenseitige Verweigerung notwendiger Informationen und Ressourcen
- gegenseitige Behinderungen im Arbeitsablauf
- auf das Nötigste reduzierter oder aggressiv verlaufender Kontakt

Symptome

Kernproblematik analysieren

- öffentliche „Hahnenkämpfe" zwischen den Hauptvertretern
- verschärfte Konkurrenz und Wettbewerb
- Rechtsstreitigkeiten (oft wegen Banalitäten)

Abteilungs-rivalitäten

Ein Klassiker sind Rivalitäten zwischen Abteilungen. Im ersten und dritten Fallbeispiel aus Kapitel 1 klang dies bereits an: die Häme über die doofe Underwritig-Abteilung im Fall Gisela Weiß oder die Konkurrenz mit der Forschungsabteilung „FE II" im Fall von Dr. Hund. Besonders nach Firmenfusionen sind Konflikte zwischen den Vertretergruppen der beiden Fusionspartner noch nach vielen Jahren zu beobachten, wenn kein vernünftiger Integrationsprozess stattgefunden hat.

Ebene 4: Organisationskonflikte

Organisationskonflikte (Strukturkonflikte) werden durch einen „Webfehler" in der Organisationsstruktur oder einen Umbruch in allen Strukturen und Abläufen verursacht. Man erkennt sie am leichtesten an der Austauschbarkeit der Personen, die eine bestimmte Funktion oder Position im Organigramm einnehmen.

Symptome für Organisationskonflikte können zum Beispiel sein (oft wie in interpersonalen Konflikten):

Symptome

- Aggressionen zwischen den beteiligten Personen
- Kommunikationsverweigerung
- „Sich-Totarbeiten", Burn-out
- Den Vorgänger hat es auch schon „zerlegt".
- Man kann es nicht richtig machen, jegliches Verhalten ist falsch.
- Intrigen, hinterhältiges Verhalten
- Hilflosigkeit, scheinbare Ausweglosigkeit
- körperliche Symptome

Und hier gleich eine unserer wichtigsten Botschaften:

Konflikte müssen primär auf der Ebene angegangen werden, auf der sie verursacht werden!

Reflexionsfrage:

Auf welcher Ebene ist mein derzeitiger Konflikt hauptsächlich verursacht worden?

- Intrapersonale Ebene: in mir selbst
- Interpersonale Ebene: in der Interaktion mit einem oder mehreren Menschen in meiner Umgebung
- Gruppenebene: Ich bin Teil einer Gruppe, die mit einer anderen rivalisiert oder andere Interessenkonflikte hat.
- Organisationsebene: Innerhalb meiner Organisation gibt es Strukturen, Prozesse und Abläufe, die den Konflikt hauptsächlich verursachen.

Für das Management eines Konflikts, also den konkreten, praktischen Umgang damit, ist es daher unbedingt empfehlenswert, genau hinzuschauen. Wo wurde mein Konflikt verursacht? Eine effiziente Lösung ist sonst fast nicht zu finden (vgl. auch Kapitel 3). Natürlich können in der Folge eines Konflikts mehrere Ebenen betroffen sein. Dann hat der Konfliktträger eben „Läuse und Flöhe". Fatal ist nur, wenn er die wichtigste Ursache seines Konflikts übersieht und sich lange und vergeblich mit dem falschen Konfliktpartner oder einem „Nebenkriegsschauplatz" verausgabt. Die Ebenen, auf denen die Differenzen liegen, werden bei flüchtigem Hinsehen sehr häufig untereinander vermischt wahrgenommen, die Kernthematik nicht beachtet. Zwei Beispiele:

Wichtig: Ursache finden

Übersehener intrapersonaler Konflikt

Ein intrapersonaler Konflikt wird vom Betroffenen als Organisationskonflikt wahrgenommen: „Diese Firma (eine Multimedia-AG) ist einfach fürchterlich in ihrer Struktur, die Arbeit ist chaotisch, ungeregelt von Anfang bis Ende, alles ist unstrukturiert, die Arbeitszeiten sind gar nicht organisiert und nachweisbar, damit sicher ungerecht! Der Chef ist ein entsetzlicher Kreativ-Chaot, für den man nicht arbeiten kann, weil er keine klaren Anweisungen gibt, keine deutlichen Erwartungen formuliert!" Hierbei könnte die Frage eher heißen: „Ist dieser Beruf oder diese Branche, die ein hohes Maß an Eigenständigkeit und Flexibilität erfordert, das, was ich mein Leben lang machen möchte?"

Konflikt auf falscher Hierarchieebene

Häufig wird auch ein Organisationskonflikt wie ein interpersonaler Konflikt ausgetragen: ein Kampf gegen Windmühlen (siehe die in Kapitel 1 beschriebenen Praxisfälle von Dr. Hund und Dr. Herzog). Besonders fatal ist dies, wenn der Konflikt auch noch auf der falschen Hierarchieebene ausgetragen wird. So streitet der Abteilungsleiter z. B. mit dem Projektmitarbeiter aus einer Nachbarabteilung, der unabgesprochen Ressourcen aus seinem Team abzieht. Der richtige Ansprechpartner wäre aber der Projektleiter (hierarchisch auf seiner Ebene), der angeordnet hatte, sein Projekt habe Vorrang vor Abteilungsbelangen.

2.2 Konfliktmuster im beruflichen Alltag

Natürlich finden sich in Firmen, Institutionen und Organisationen jede Form, jede Art und jedes Muster von Konflikten.

Intrapersonale Konflikte

Vor allem anstehende innere Entscheidungen sind intrapersonale Konflikte. Lasse ich mich in den Personalrat wählen oder eher nicht? Gehe ich auf die Freundschaftsangebote des Vorgesetzten ein oder besser nicht? Verträgt sich meine Rolle als Teamsprecher mit der Übernahme eines weiteren, allerdings sehr spannenden Projekts?

> **Chef Jungspund**
>
> Der innere Konflikt eines lange in einer Abteilung tätigen älteren Kollegen, dem man einen jungen dynamischen Chef vor die Nase gesetzt hat, könnte sein: „Nachdem dieser Jungspund, der jetzt mein Vorgesetzter ist, nun über meine Arbeitszeitabrechnungen, Boni, Krankheitsbelege und Ähnliches zu befinden hat, sollte ich doch in Vorruhestand gehen, wie meine Frau und meine Freunde es mir schon länger raten."
>
> Der intrapersonale Konflikt, den der Abteilungsälteste für sich lösen muss, lautet: Kann ich damit leben, dass das natürliche Gesetz „Alt sagt Jung, wo es langgeht" außer Kraft gesetzt ist durch das hierarchische Gesetz „Ober sticht Unter"? Wenn er nämlich monatelang hadert, wenn er Anrufe für diesen Jungspund machen muss, sollte er lieber gehen, weil er sich und dem Unternehmen sonst nur Ärger bereitet. Freilich kann ein einfühlsamer jüngerer Chef dem alten Hasen entgegenkommen, indem er dessen Erfahrung schätzt und seinen Rat sucht.

Bei Konflikten, in denen eine konkrete Entscheidung ansteht, kann es passieren, dass man wie Buridans Esel, der bekanntlich zwischen zwei Heuhaufen verhungerte, endlos hin- und herschwankt. Regen ist nicht besser als Traufe. In allen drei Fallbeispielen tauchte am Rande ein intrapersonaler Entscheidungskonflikt auf: Gisela Weiß fragte sich, ob sie den Betriebsrat einschalten sollte oder nicht, Dr. Herzog überlegte, ob er den Rat seines Vorgängers einholen sollte oder nicht, und Dr. Hund fragte sich, wem er zu mehr Loyalität verpflichtet ist. In Kapitel 3 wird in sechs Schritten systematisch zum eigenen Standpunkt geführt. Der Witz dabei ist, dass durch neue Aspekte und Impulse eine weniger starke Fixierung auf bereits tausendmal Gedachtes stattfindet, was die Entscheidungsfindung total verändern kann. Die Entscheidung wird Ihnen dennoch nicht abgenommen werden, falls Sie gerade zwischen zwei Heuhaufen sitzen. Sie fällt nur dadurch leichter, dass Sie neue und andere Aspekte einbeziehen. (Vielleicht gibt's ja plötzlich einen dritten Weg?)

Weitere konkrete Beispiele für intrapersonale Konflikte, die wir im Beratungsalltag besonders häufig erleben, sind:

Innerer Umbruch

- Innere Umbruchs- und Entwicklungsperioden: Jeder Mensch, der nicht sein Leben lang mit denselben Werten, Zielen, Herangehensweisen und Annahmen über sich und die Welt herumlaufen möchte, durchläuft Phasen des inneren Umbaus. Nach außen wirkt er dann oft gereizt, unzufrieden, wenig selbstsicher, verletzlich, manchmal auch aggressiv oder wenig authentisch. Man könnte sagen: wegen Umbau geöffnet! Das passiert bei lebendigen und offenen Menschen auch ohne sichtbaren äußeren Anlass. Bei fast allen geschieht der Umbau nach kritischen Lebensereignissen (Tod, Trennung, Unfall, schwere Erkrankung usw.). Ein altes Sprichwort sagt: „Wem es schlecht geht, der redet böse." Forschungsergebnisse belegen, dass in solchen Phasen auch die Unfall- und Verletzungsgefahr der Betroffenen steigt. Diese diffuse Ausstrahlung gibt sich wieder, wenn die nächste Entwicklungsstufe erreicht ist. Fast alle Menschen, die in einer solchen

Umbauphase stecken, verursachen Konflikte in ihrer Umwelt und werden vorübergehend durch ihre diffuse Ausstrahlung sehr widersprüchlich wahrgenommen. Für Azubis, Praktikanten, Trainees gilt: Die ganze Pubertät und Jugendzeit ist meist ein einziger intrapersonaler Konflikt des Dauerumbaus, besonders wenn man, wie es in der Natur der Sache liegt, in untergeordneter Position arbeiten muss.

- Als Expatriate im Ausland: Das eigene innere Gerüst an Werten und Erwartungen, wie die Welt funktioniert, gerät nach einer anfänglichen Euphoriephase fast immer ins Wanken. Man ist nur noch umgeben von Menschen, die Dinge, die man für selbstverständlich hält, ablehnen oder anders machen. Hier gibt es so viele Konflikte, dass wir die Schublade in diesem Buch lieber zu lassen. Fast noch schlimmer ist es übrigens, dass nach mühsamem inneren Umbau nach der Heimkehr im eigenen Land auch nichts mehr passt.

Fremde Sitten

Intrapersonale Konflikte können also sehr vielfältig sein und werden oft mit interpersonalen Konflikten verwechselt!

> Intrapersonale Konflikte gilt es zu erkennen und mit sich selbst (eventuell mit einem Coach oder einem klugen Freund) abzumachen!

Wie wir Ihnen in Kapitel 3 zeigen werden, ist es wichtig, diese intrapersonale Ebene überhaupt wahrzunehmen, um ein vernünftiges Konfliktmanagement hinzubekommen. Nicht selten können körperliche Symptome, von Schlafstörungen, Nervosität, Konzentrationsstörungen, Kopfschmerzen bis zu Migräneanfällen, Rückenschmerzen und vieles mehr auftreten und als Signale dienen, dass ein innerer Konflikt vorliegt.

Interpersonale Konflikte

Das derzeit häufigste Beispiel für interpersonale Konflikte am Arbeitsplatz sind sogenannte Rollenkonflikte. Dafür sollten wir erst einmal erklären, was soziale Rollen eigentlich sind. Nach Katz und Kahn sind soziale Rollen „das Bündel von Erwartungen, welche an eine Person in einer bestimmten Position vom Umfeld gestellt werden".

Soziale Rollen

Jeder Mensch hat zahlreiche soziale Rollen inne. Ein Erwachsener bewegt sich im beruflichen und familiären Alltag zwischen etwa 15 bis 20 unterschiedlichen sozialen Rollen.

> Projektleiter Herr Marcel Großmann (38 Jahre) hat folgende Rollen:
> - Elektronik-Ingenieur (Dipl.-Ing.)
> - Firmenmitglied der Firma XY
> - Vorgesetzter im Projekt Z
> - Kollege im normalen Team
> - Mitarbeiter seines Chefs
> - Betriebsratsmitglied (2. Vorsitzender)

- Mitglied des evangelischen Kirchenchors
- Ehemann von Helga Großmann
- Vater von Jasmin (14 Jahre) und Jessica (9 Jahre)
- Sohn von Herbert und Erna Großmann (beide 79 Jahre)
- Bruder von Nicole Kleinmann und Marc Großmann (etwas jünger als er)
- Onkel von Sebastian Kleinmann (7 Jahre)
- Mitglied eines Freundeskreises von ca. 14 Leuten
- einer von zwölf Mietern im Mietwohnhaus in der Eichenallee

Wahrscheinlich ließe sich diese Aufzählung formaler sozialer Rollen, die ein Mensch innehaben kann, noch weiter fortführen. Es ist auch leicht vorstellbar, dass jede dieser Rollen Verpflichtungen (z. B. Anwesenheit bei Elternbeiratsversammlung) und implizite Erwartungen (wenn der Chef reinkommt, zügig das Telefonat beenden) mit sich bringt.

Drei Formen von Konflikten können mit diesen sozialen Rollen passieren:

Drei Konflikt-formen

- **Rollenüberlastung:** Jeder will was von Herrn Großmann. Er hat aber nur zwei Hände und der Tag nur 24 Stunden. Was lässt er weg? (Die Eltern vielleicht? Dann sind die aber sauer und vererben ihr Häuschen dem bösen Vetter Gustaf Gans.)

- **Rollenkonflikte:** Es ist leicht nachvollziehbar, dass die Erwartungen an die verschiedenen Rollen, denen Herr Großmann hier nachkommen muss, nicht nur viel Stress bedeuten, sondern sich untereinander teilweise auch widersprechen können. Die eigenen Mitarbeiter erwarten z. B., dass Herr Großmann sie endlich vor noch mehr Aufgaben schützt, während sein Vorgesetzter im Gegenteil erwartet, dass er noch mehr aus dem Team herausholt. Die Kollegen erwarten, dass er innerhalb der Abteilung seine Aufgaben pünktlich und kooperativ erledigt, die Projektmitarbeiter wollen Zeit für Beratung und Unterstützung von ihm. Im Betriebsrat soll er sich für Belange einsetzen, die eigentlich sowohl dem momentanen Projekt als auch den Vorstellungen und Erwartungen des Vorgesetzten widersprechen. Ach ja, und Jasmin und Jessica sind ja auch noch da. Sie erwarten, dass ihr Papa nicht so viel arbeitet und ihnen abends eine Geschichte vorliest, usw.

- **Rollenambiguität:** Auch kann es passieren, dass eine Rolle unklar definiert ist. Hat sein Chef z. B. klare Ziele formuliert, was bei seinem Projekt bis wann in welcher Qualität erledigt sein soll und wie oft er worüber informiert werden will? Falls nein, ist die Wahrscheinlichkeit recht hoch, dass Herr Großmann den ersten Bericht mit vielen Korrekturen zurückbekommt und beide sich ärgern.

Herr Großmann muss für sich entscheiden, Prioritäten setzen, sich abgrenzen und seine Entscheidungen kompetent kommunizieren. Sein Zeitmanagement sollte möglichst optimal sein. Schafft er das nicht, werden sehr schnell interpersonale Konflikte daraus. Vor allem aber muss er einen guten alten Führungsleitsatz beherrschen: Wer fragt, der führt! Erst wenn Großmann die Erwartungen der Umwelt kennt, kann er Widersprüche, Überlastung und Unschärfen erkennen und durch Gespräche mit seiner Umwelt korrigieren.

Insofern sind Rollenkonflikte primär von außen verursacht (daher interpersonale Konflikte), können aber nur gelöst werden, wenn man zuvor mit sich und dem, was man selbst will, im Reinen ist (intrapersonaler Entscheidungskonflikt).

Neben den Rollenkonflikten sind folgende interpersonale Konflikte im Berufsalltag besonders häufig:

Weitere interpersonale Konflikte

- **Abwertungskonflikte:** Ein Kollege wird von einem anderen abgewertet, diskriminiert, unhöflich oder respektlos behandelt. Viele im Rahmen des AGG auftretende Klagen sind hier anzusiedeln („Was, Frau Rösner, Sie wollen sich auf die vakante Abteilungsleitung bewerben!? Ich weiß nicht, das ist doch nichts für Frauen!"). Besondere Zündkraft können diese Konflikte dadurch erhalten, dass eine reale Ungerechtigkeit oder Abwertung (z. B. schlechtere Bezahlung) tatsächlich besteht und dadurch mehr Zorn und Emotion im Spiel ist, als einer vernünftigen Konfliktlösung guttut (Gefahr, dass sich der mit Recht Fordernde durch Ton und Vehemenz selbst ins Unrecht setzt).

- **Verteilungskonflikte:** Wer bekommt mehr, wer hat die besseren Ressourcen zur Verfügung? Vor allem in Zeiten der Krise – mit eingeschränkten Budgets, nach Kürzungen an allen Enden und Einstellungsstopp – sind Verteilungskonflikte unserer Beobachtung nach fast überall an der Tagesordnung. Was den Ansprechpartner anbelangt, gilt eine klare Regel: Verteilungskonflikte müssen mit dem Verteiler und nicht untereinander ausgemacht werden. Der Satz: „Machen Sie das unter sich aus" zeugt von Führungsschwäche und sollte nur dann akzeptiert werden, wenn es sich um ein extrem reifes Team mit klaren Spielregeln für die Verteilung handelt. Vor allem in Krisen- und Engpasszeiten gibt es auch zwischen sonst zivilisierten Menschen ein Hauen und Stechen, wenn im quasi gesetzlosen Raum das freie Spiel der ungleichen Kräfte entscheiden soll. Der vermeintliche Konkurrent kann auch angesprochen und zum Schulterschluss gebracht werden. („Wir schlagen uns hier die Köpfe ein über eine Sache, die wir gar nicht entscheiden können. Wir können lediglich Vorschläge machen, falls uns das trotz diametral entgegengesetzter Interessen gelingt!")

- **Ziel- und Bewertungskonflikte:** Zwei Kollegen beurteilen die Ziele und allgemeine strategische Marschrichtung oder die Wichtigkeit eines Plans, einer Aktion oder eines Sachverhalts unterschiedlich. Während der eine z. B. auf Qualität setzt, möchte der andere die Geschwindigkeit der Abläufe steigern. Je weiter oben in der Hierarchie Bewertungskonflikte ohne Einigung und Spielregeln schwelen, desto wahrscheinlicher sind genau bei diesen Themen auf allen Hierarchiestufen darunter auch Probleme. Der interpersonale Konflikt wird dann zu einem Organisationskonflikt.

- **Distanzkonflikte:** Im Team gibt es unterschiedliche Bedürfnisse nach Nähe und Distanz. Das passiert übrigens besonders häufig im internationalen Umfeld, weil sich Kulturen hier deutlich unterscheiden. Faustregel: Je westlicher, desto weniger echter persönlicher Kontakt wird in Unternehmen gesucht. (Lassen Sie sich von „Hi Peter, how are you?" nicht täuschen – „you" ist nicht „du"!)
- **Interessenkonflikte:** Zwei unvereinbare Interessen prallen aufeinander. Zwei Mitarbeiterinnen möchten z. B. gleichzeitig in Urlaub. Die Interessen der beiden kollidieren – die eine muss sich an die Schulferien halten, bei der anderen hat der Ehemann nur im August Urlaub.
- **Kommunikationskonflikte:** Missverständnisse im Gespräch, Vermischung der Gesprächsebenen „Inhalt" und „Beziehung". Ein Mitarbeiter sagt z. B.: „Nie haben Sie Zeit für mich!" (Beziehungsbotschaft: Ich fühle mich vernachlässigt. Ich möchte gerne öfter mit Ihnen sprechen und beachtet werden.) Der Chef antwortet: „Das ist sachlich nicht richtig. Letzten Dienstag z. B. haben wir 30 Minuten über Projekt X gesprochen!" (Der Chef hat die Beziehungsbotschaft nicht gehört, sondern nur das Wort „nie".) Hierzu hat Schulz von Thun so viel geschrieben, dass auf seine Bücher verwiesen sei (siehe Literaturverzeichnis).
- **Konkurrenz- oder Rivalitätskonflikte:** Wettstreit um Rangpositionen, z. B. wenn sich mehrere Personen um dieselbe Position bemühen, oft auch nur als Wettstreit um Anerkennung durch den Chef
- **Methodenkonflikte:** Frage, ob ein Projekt in dieser oder in jener Weise angegangen werden soll
- **Ökonomische Konflikte:** Streit um Gelder und materielle Güter
- **Untergruppenkonflikte:** In jedem System gibt es Subsysteme, Alte gegen Neue, Akademiker gegen Nichtakademiker, Verwaltung gegen Entwicklung … Gegebenenfalls werden sie leidenschaftliche Abgrenzungsstreitigkeiten ausfechten.
- **Verhaltenskonflikte:** Wie verhalten wir uns zum Beispiel der Corporate Identity entsprechend? Welcher Dresscode soll eingehalten werden? Wie wird mit Raucherpausen umgegangen? Wird sich geduzt oder gesiezt? usw.

Emotionale Reaktionen

Interpersonale Konflikte gehen häufig mit starken Emotionen einher, mit denen man professionell umgehen muss, damit sie im Job nicht peinlich und unsouverän werden. Wie wir in Kapitel 3 sehen werden, können dabei die individuellen Achillesfersen und Muster reaktiviert werden, die fast jeder in der Kindheit erworben hat und die eher kindliche Bewältigungsmuster (Hilflosigkeit, Trotz) beinhalten. Von Nervosität, Unsicherheit und Angst über Ärger und Wutgefühle, von Minderwertigkeits- und Unfähigkeitsgefühlen zu Überheblichkeit bis hin zum Größenwahn sind alle schwierigen menschlichen Gefühle in interpersonalen Konflikten anzutreffen. Für alle echten interpersonalen Konflikte gilt:

Bewahren Sie Ruhe und lösen Sie interpersonale Konflikte möglichst zügig direkt mit dem Konfliktpartner! Prüfen Sie dabei erst, ob der Konfliktpartner zugleich der Verursacher des Konflikts oder nur ein „Nebenkriegsschauplatz" ist.

Die Lösung von zwischenmenschlichen Konflikten sollte, wenn irgend möglich, fair sein. Keine Demütigungen, „Abwatschereien" oder selbstgerechten Belehrungen, sondern ein offenes, ruhiges Gespräch auf Augenhöhe ist das Ziel. Wenn einer der Kontrahenten sich gedemütigt und „plattgemacht" fühlt, wird das fast immer zu neuen Konflikten führen. Nicht umsonst sagt ein Sprichwort: „Eine gewonnene Diskussion ist fast immer ein verlorener Freund." **Sachliche Gespräche anstreben**

In Kapitel 3 werden wir Ihnen zeigen, wie man zu einer solchen fairen Lösung kommen kann!

Gruppenkonflikte

Konkrete Beispiele:

- Jugendgruppen rivalisieren miteinander,
- Zwei Vereine konkurrieren um Mitglieder.
- Zwei Firmen bemühen sich um mehr Marktanteile.
- Zwei Abteilungen einer Firma rivalisieren, sind unzufrieden mit den jeweiligen Zulieferarbeiten; oft entstehen Zielkonflikte bezüglich Kunden, Projekten, Inhalten.
- Last, but not least dürften im Sport und in der politischen Parteienlandschaft die bekanntesten Beispiele zu finden sein. Dass es hier zwar zur Sache geht, aber dennoch selten zu Übergriffen und Eskalation kommt (wenigstens nicht auf dem Spielfeld), liegt an den klaren Spielregeln und einem Schiedsrichter, der bei Nichteinhaltung einen Platzverweis erteilt. Ein Vorbild, das sich jede Führungskraft, die Konflikte vermeiden will, zu Herzen nehmen sollte.

Bei Gruppenkonflikten ist vor allem interessant, dass es, im Gegensatz zu den anderen Konfliktarten, dem einzelnen Gruppenmitglied darin meistens nicht schlecht geht. Im Gegenteil: Oft ist der Kampf gegen die andere Gruppe sogar wichtig und hilfreich für den Zusammenhalt des Teams untereinander. „Außenfeinde" sind sehr geeignet, das Wirgefühl zu stärken. Meist läuft die konkrete Auseinandersetzung, wenn sie denn in wirklichen sachlichen Streitsituationen notwendig wird, über den Vorgesetzten, der dann vor der Herausforderung steht, für seine Gruppe zu gewinnen. Sehr häufig kann man diese Konflikte nur sportlich nehmen. Tatsächlich ist niemand (außer gelegentlich der Vorgesetzte) wirklich daran interessiert, die Spannungen zu lösen. **Positive Effekte**

Sollten zwei Bereiche einer Firma sinnvollerweise zusammenarbeiten, weil es zahlreiche Schnittstellen und etliche Abläufe gibt, die voneinander abhängig sind, dann ist es eine große Herausforderung für die jeweiligen Chefs, Lösungen für bestehende Differenzen zu finden. Ihre gesamte

Sozialkompetenz, Ihr Fingerspitzengefühl sowie ihre Autorität dürften gefragt sein. Wie Forschungsarbeiten belegen (z. B. Sheriff), ist es hilfreich, wenn Teile des Teams abteilungsübergreifend gemeinsame Aufgaben bekommen und das Ganze auch noch Spaß macht. Eine gemeinsame Teamentwicklung mit spielerischen Anteilen kann hier oft gute Dienste leisten. Ansprechpartner sind auch hier die Chefs der Abteilungen.

Strukturell angelegte Organisationskonflikte

Konflikt-trächtige Strukturen

In Teams und Arbeitsgruppen gibt es eine ganze Reihe von Strukturen, Gegebenheiten und Formalien, die Konflikte prädestinieren oder zumindest sehr wahrscheinlich machen. Konflikte dieser Art sind häufiger, als man zunächst denkt. Sicher haben Sie auch schon beobachtet, dass es bestimmte „Schleudersitzpositionen" im Unternehmen gibt. Egal wer dort frohgemut seinen Job antritt, überlebt maximal einen kurzen Zeitraum. Hier wirken oft Kräfte, die erst auf den zweiten Blick erkannt werden, z. B. ein heimlicher Zielkonflikt: Der Neue soll für Transparenz sorgen, aber das Unternehmen will gar keine Transparenz (Alibifunktion). Manchmal liegt der Konflikt auch schlicht darin begründet, dass im Organigramm ein Denkfehler oder Zielkonflikt steckt, der für jeden, der an dieser neuralgischen Stelle sitzt, äußerst mühsam wird. Wer zum Beispiel zwei Herren dienen muss, wird immer dann, wenn die beiden sich nicht grün sind, Auseinandersetzungen mit dem einen wie dem anderen Chef haben. Es ergeht ihm dann ein wenig wie einem Scheidungskind mit Eltern, die sich offen bekämpfen.

Vordergründig sehen Organisationskonflikte oft aus wie ein interpersonaler Konflikt. In Wirklichkeit entsteht die Reibung zweier unvereinbarer Impulse aber aus der (Un-)Logik der Organisation, und keiner der Betroffenen ist wirklich schuld.

Personen-unabhängig

Man erkennt strukturell angelegte Organisationskonflikte häufig daran, dass die beteiligten Personen austauschbar sind. Wer immer an dieser Stelle/auf dieser Position ist, wird sich bald in Unfrieden, Verwirrung und Streitigkeiten wiederfinden – der Ungeschickte und Streitsüchtige früher, der Sozialkompetente später. Während intrapersonale und interpersonale Streitigkeiten einzelnen Menschen „passieren", einiges mit ihrer Persönlichkeit und dem gegenseitigen Umgang zu tun haben, treten strukturelle Konflikte personenunabhängig in der gleichen Situation auf. Man ist ihnen in dieser Position praktisch ausgeliefert. In der folgenden Checkliste mit elf häufigen Alltagsbeispielen können Sie einmal testen, ob Ihnen einer der Konflikte besonders bekannt vorkommt:

Checkliste: Konflikte	
Alibifunktion: X kommt in ein Unternehmen. Er wurde eingestellt, um „frischen Wind" hereinzubringen (den in Wahrheit aber keiner will). Er kennt weder das Haus noch dessen Kultur. Seine Versuche, mehr Transparenz, schnellere Abläufe oder mehr Kostenbewusstsein ins Unternehmen zu bringen, scheitern am Widerstand der Mitarbeiter und Kollegen. Allgemeiner Tenor: „Der hat ja keine Ahnung!" Langjährige Mitarbeiter haben fast immer das Gefühl, die eigentlichen Machthaber einer Abteilung oder eines Teams zu sein, und fühlen sich dabei irgendwie seltsam sicher und geschützt von ganz oben. Nach der Probezeit oder ein bis zwei qualvollen Jahren spuckt das Unternehmen X einfach wieder aus.	Ganz wie bei uns ☐ So ähnlich wie bei uns ☐ Gibt's bei uns nicht ☐
Unternehmenskulturen mit „Führungsphobien und Strukturdefiziten": besonders häufig im sozialen Bereich oder Non-Profit-Organisationen, in Anwaltskanzleien, bei kleinen Start-up-Unternehmen, die eine kritische Größe (ca. 100 Mitarbeiter) überschreiten. Es gibt zwar einen oder mehrere Geschäftsführer, aber „wir duzen uns alle". Alle tun so, als ob es keine Hierarchiestufen gäbe: „Bei uns sind ja sowieso alle gleichberechtigt." Das Fehlen klarer Spielregeln und Kompetenzen, sodass keiner weiß, wann wer wem was zu sagen oder hinter die Löffel zu geben hat, führt zu Intransparenz und Willkür: „Wo Macht nicht geregelt ist, entsteht Gewalt", sagt Paul Watzlawick und hat damit recht. Schnell entstehen Intrigen, Rivalitäten, Undercover-Machtkämpfe und vor allem Intransparenz. Verdächtig ist es immer, wenn kaum noch jemand seinen Aufgabenbereich klar benennen oder ein Organigramm des Unternehmens aufzeichnen kann. Stellenbeschreibungen fehlen. Keiner weiß wirklich, wofür er zuständig ist und wofür nicht. Sowohl alles nicht Erledigte als auch alle Doppelarbeiten, alle Überschneidungen liefern unendlichen Konfliktstoff. Man fühlt sich ausgenutzt, ausgebootet, ausgeschlossen, abgewertet oder überfordert. In Organisationen mit Führungsphobie gilt das unausgesprochene Gesetz: Hier wird nicht geführt! Das mag angehen, solange noch alle an einen Tisch passen. Wenn das nicht mehr der Fall ist, sind Ineffizienz, Stress und vor allem Konflikte programmiert, zumindest solange noch nicht eine völlig neue Form der Organisation (z. B. via Schwarmintelligenz) die gute alte Hierarchie überflüssig gemacht hat!	Ganz wie bei uns ☐ So ähnlich wie bei uns ☐ Gibt's bei uns nicht ☐

Checkliste: Konflikte			
Jobsharing ohne klare Schnittstellendefinition: Das Organigramm sieht vor, dass zwei Chefs sich eine Stelle teilen. Das gibt es häufig bei Führungskräften, die Familie und Job unter einen Hut bekommen müssen. Ohne ein nahezu perfektes Schnittstellenmanagement (Abstimmung und klare Spielregeln) gibt es hierbei regelmäßig eine ganze Reihe von Problemen: Zunächst ist es ein Leichtes, die Chefs gegeneinander auszuspielen, es gibt einen „Guten" und einen „Bösen", Informationen bleiben auf der Strecke, sie rivalisieren häufig um Kunden- und/oder die Mitarbeitergunst. Vielleicht sind sie auch sehr aufeinander eingespielt, dick befreundet, ein extrem solidarisches Paar – dann hat das Team eventuell keine Chance, eigene Ideen oder auch mal Kritik anzubringen. Oft ziehen sich die Mitarbeiter demotiviert zurück oder bilden einen „Gegenblock" – eine Situation, die jede Veränderung, jede Entscheidung, jede Weiterentwicklung inhaltlicher oder formaler Art sehr schwierig macht. Eine Variante davon heißt „Führen in Teilzeit". Hier treten ähnliche Probleme auf, vor allem wenn die Führungsaufgabe sehr komplex ist.	Ganz wie bei uns ☐ So ähnlich wie bei uns ☐ Gibt's bei uns nicht ☐		
Ein Chef zu viel: Der Bereichsleiter führt nur zwei Mitarbeiter direkt: die Abteilungsleiter A und B. Wenn der Bereichsleiter nicht gerade beim Golfspielen ist, platzt er in die Abteilungssitzungen herein, reißt alles an sich, schwadroniert oder erteilt Aufträge fern jeglicher Realität. Die Mitarbeiter beider Abteilungen gehen in seinem Büro aus und ein. Er erteilt Aufträge direkt in die Abteilungen hinein, ohne sich mit den Abteilungsleitern abzustimmen. All dies nennt man „Bypassing". Eigentlich müsste der Abteilungsleiter Ansprechpartner sein – aber an dem fließt einiges vorbei oder wird ihm aus zweiter Hand mitgeteilt (von unten: „Wussten Sie nicht, dass Herr X die Abteilungsleiterkonferenz abgesagt hat?" Oder von oben: „Frau X und Herr Y haben sich bei mir über Ihren Führungsstil beklagt!")	Ganz wie bei uns ☐ So ähnlich wie bei uns ☐ Gibt's bei uns nicht ☐		
Matrixorganisation ohne klare Abgrenzung und Vorfahrtsregelung, Linie versus Projekt: Wenn es keine klare Vorfahrtsregel gibt, welcher Auftrag im Zweifelsfall für einen Mitarbeiter der Abteilung X, der für einige Monate einem Projekt zugeteilt wurde, Vorrang hat, sind Dauerkonflikte programmiert. Gibt es obendrein nur schwammige Vereinbarungen darüber, wie viele Arbeitsstunden er mit welcher Tätigkeit zubringen soll, arbeitet er sich obendrein tot.	Ganz wie bei uns ☐ So ähnlich wie bei uns ☐ Gibt's bei uns nicht ☐		

Checkliste: Konflikte		
Diener zweier Herren: Zum Beispiel Teamassistenten, Sekretärinnen, Sachbearbeiter, die für zwei oder gar mehrere Vorgesetzte arbeiten sollen. Sie sind ständig mit sich und den Chefs im Konflikt, was zuerst erledigt werden soll und in welcher Weise. Eventuell macht einer der Chefs ständig Zeitdruck, der andere will Perfektion, der dritte erwartet totale Selbstständigkeit und Kreativität, mit der er dann auch nie so ganz zufrieden ist, usw.	Ganz wie bei uns ☐ So ähnlich wie bei uns ☐ Gibt's bei uns nicht ☐	
Schwierige räumliche oder geografische Strukturen: Dies können z. B. unterschiedlich attraktive Räume sein, die dem Team zu Verfügung stehen. Sie schüren bzw. unterstützen Konkurrenzen und Eifersucht. Die Räumlichkeiten in Abteilungen sind oft sehr unterschiedlich – groß, schön, leise, laut, hell, dunkel, kalt, warm, klimatisiert usw. Auch Räume, die weit auseinanderliegen, können Konflikte begünstigen. ebenso Abteilungen mit einzelnen Untergruppen, die in unterschiedlichen Stadtteilen, Orten oder Ländern arbeiten. Insgesamt ist wenig persönlicher Kontakt möglich und es entstehen Informationsdefizite (Kaffeeküche, Flurfunk und Kantinenplausch fallen weg). Mitarbeiter in China werden einfach vergessen (aus den Augen – aus dem Sinn) und ärgern sich zu Recht. Das Gleiche gilt für Kooperationen mit Partnern aus anderen Kulturen. Auch hier sind die Kontaktmöglichkeiten sehr eingeschränkt. Oft mangelt es an Kenntnis über kulturelle Unterschiede. Das führt nicht selten zu Misserfolgen in Verhandlungen, zu Konflikten oder Missverständnissen. In all diesen Fällen sehen die Konflikte zunächst wie normale Gruppenkonflikte aus. Sie sind aber letztlich Resultat der Organisationsstruktur und vor allem der Abläufe.	Ganz wie bei uns ☐ So ähnlich wie bei uns ☐ Gibt's bei uns nicht ☐	
Eine zu große oder sehr kleine Führungsspanne: Sehr große Teams oder Arbeitsgruppen (20 Personen und mehr einem Chef direkt zugeordnet) sind oft nicht leicht zu steuern. Der Chef muss die Personalführung wirklich als eine seiner Prioritäten sehen und dies möglichst auch gerne und mit großem Engagement tun. Vorgesetzte, die nicht verstanden haben, dass sie sich mit der Bewerbung um die Leitung einer großen Abteilung ein Stück von ihrer geliebten Fachlichkeit verabschieden müssen, sind oft keine wirklich guten Chefs. Es gilt, regelmäßig Mitarbeitergespräche zu führen, um beide Aspekte der Führung (Fordern und Anleiten einerseits, Fördern und Entwickeln andererseits) wirklich auszufüllen. Gruppendynamisch zerfallen Gruppen mit mehr als 12 Personen leicht in Untergruppen. In sehr kleinen Teams sind die einzelnen Mitglieder stark aufeinander angewiesen. Oft ist es problematisch, längere Erkrankungen oder „schwierige" Teammitglieder mitzutragen. Die Rolle der Führungskraft ist häufig nicht klar abgegrenzt, da sie meist noch stark im operativen Alltagsgeschäft steckt.	Ganz wie bei uns ☐ So ähnlich wie bei uns ☐ Gibt's bei uns nicht ☐	

Checkliste: Konflikte			

Mehrere Kolleginnen und Kollegen kommen oder gehen gleichzeitig: Zum Beispiel wenn ein Kollege sich in die Rente verabschiedet, eine Mitarbeiterin in Altersteilzeit und eine Kollegin in Mutterschutz geht und ein weiterer Kollege gekündigt hat. Jetzt kommen zu den elf verbleibenden Teammitgliedern relativ gleichzeitig sieben neue Kollegen dazu, plus – wie jedes Jahr – zwei Jahrespraktikanten. Die Gruppendynamik des Teams beginnt sozusagen von Neuem, mit allen Unsicherheiten, Macht- und Profilierungskämpfen, Konflikt- und Auseinandersetzungsphasen. Viele Unternehmen begreifen auch jetzt erst, dass durch die Verschiebung der Alterspyramide in einigen ihrer Abteilungen neuralgische Stellen entstehen, in denen es zwangsläufig zu massiven Fehlerraten und Konflikten kommt, wenn der Know-how-Transfer verschlafen wurde und wichtige Know-how-Träger gleichzeitig das Unternehmen verlassen. Auch wenn eine Abteilung über längere Zeiträume personell unterbesetzt und die Arbeitslast auf Dauer nicht zu schaffen ist, entstehen Zeitdruck, Stress, Fehler und Burn-out-Phänomene. Jeder muss sich auch mit Fieber oder sonstigen schlimmen Krankheitssymptomen in die Arbeit schleppen, weil sonst alles zusammenbricht. Bleibt jemand zu Hause, sind die anderen noch mehr überbelastet. Das alles trübt nicht nur die Stimmung im Team, nicht zuletzt auch deshalb, weil man kaum Zeit für Sozialkontakte und Smal Talk untereinander hat. Auf die Dauer entstehen massive Konflikte.	Ganz wie bei uns ☐ So ähnlich wie bei uns ☐ Gibt's bei uns nicht ☐
Fehlende Vielfalt im Team: Zum Beispiel zwei Frauen und 13 Männer. Oder ein Mann im Team mit neun Frauen (im Sozialbereich, in der Pädagogik und der Krankenpflege recht häufig). Ebenfalls lassen sich, sobald zwei Geschlechter an einer gemeinsamen Aufgabe arbeiten, der Erotikfaktor und gleichzeitig Konkurrenz untereinander nicht ausschließen. Das kann produktiv oder hemmend sein. Zum Beispiel können Eifersucht, Rivalitäten, kurze oder längere Affären oder Projektionen (der will was von mir) entstehen. Dies kann den Teamfrieden empfindlich stören, auch dadurch, dass in vielen Unternehmen Männer und Frauen noch nicht gleichberechtigt behandelt und vor allem bezahlt werden. Besonders dann, wenn ausgerechnet der einzige Mann/die einzige Frau im Team führt, kann es zu Problemen kommen. Ähnliches gilt auch, wenn der einzige Deutsche im Ausland eine Organisationseinheit von Russen, Chinesen oder Amerikanern führt. Das Thema Macht (immer mit einer Führungsaufgabe verbunden) wird dann häufig von Gender- bzw. interkulturellen Konflikten überlagert.	Ganz wie bei uns ☐ So ähnlich wie bei uns ☐ Gibt's bei uns nicht ☐

Checkliste: Konflikte	
Umstrukturierungsmaßnahmen anlässlich einer Firmen-fusion oder Wirtschaftskrise: Nichts ist wie vorher: Das Organigramm, die Abläufe, die Teamzusammensetzung, manchmal sogar der Firmenname ändern sich. Das Unternehmen durchläuft dabei im günstigen Fall einen notwendigen Anpassungsprozess an die Wirklichkeit (Konkurrenzdruck, Internationalisierung, Innovationsdruck usw.) Positiv gesehen: Firmen, die nicht alle paar Jahre eine Phase des Umbruchs wagen, verkrusten und laufen Gefahr, die Realität zu verschlafen und vom Markt zu verschwinden. Das macht es nicht angenehmer für die Mitarbeiter. In Phasen des Wandels herrscht vor allem ein Thema vor: Angst! Sie entsteht entweder, wenn Gerüchte über Entlassungen herumschwirren oder Kündigungen an-gekündigt werden. Existenzielle Unsicherheit ist bekann-termaßen nicht nur der Motivationshemmer Nummer 1, sondern erhöht auch die Konfliktbereitschaft.	Ganz wie bei uns ☐ So ähnlich wie bei uns ☐ Gibt's bei uns nicht ☐

Bitte vergeben Sie für jede Zustimmung „Ganz wie bei uns" zwei Punkte und für jede Antwort „So ähnlich wie bei uns" einen Punkt. Die schlechte Nachricht: Je weiter unten Sie in der Hierarchie Ihres Unternehmens stehen, desto geringer ist die Chance, dass Sie viel bewirken können. Aber es kann immerhin bei Ihrem persönlichen Kon-fliktmanagement helfen, die Verantwortung für auftretende Konflikte nicht bei sich selbst oder anderen Konfliktpartnern zu suchen, wenn ziemlich klar ist, dass Sie und der andere im Konflikt wahrscheinlich austauschbar wären. Vielleicht trägt dieses Wissen allein zu einem versöhnlicheren Umgang miteinander bei.

Aus-wertung

Unter 6 Punkte:

Sie haben einige Problemfelder identifiziert, auf die Sie Ihre Vorgesetzten und Ihr Um-feld wiederholt aufmerksam machen sollten. Vor allem gilt es, auftretende Konflikte sorgfältig dahin gehend zu prüfen, ob deren Ursache nicht in einem der identifizier-ten Problemkreise häufiger Organisationskonflikte liegt. Insgesamt ist das Ausmaß der in Ihrem Unternehmen auftretenden strukturellen Konflikte offenbar einigerma-ßen „normal". Wahrscheinlich stabilisiert sich das Unternehmen gerade oder ist noch nicht in einer neuen Phase des Umbruchs angekommen.

7–10 Punkte:

Hier gibt es offenbar einiges zu tun. Höchste Zeit für einen grundlegenden Wandel. Überlegen Sie sich, ob und wie Sie ihn mittragen können. Schon wenn Sie zu den wenigen Lichtgestalten gehören, die im Flurfunk nicht gegen jeden Versuch der Fir-menleitung, die Firma zu erneuern, anwettern, leisten Sie bereits einen positiven Bei-trag, dass es Ihren Arbeitgeber in einigen Jahren noch gibt. Bei Konflikten sollten Sie versuchen, den Beteiligten klarzumachen, wo der Konflikt wahrscheinlich verursacht ist, um Kleinkriege auf der falschen Ebene zu vermeiden.

11–22 Punkte:

Da haben Sie sich ja einen wahren Traumarbeitsplatz ausgesucht! Im Ernst – hier gibt es so viel zu tun, dass Sie sich überlegen sollten, ob Sie sich das auf Dauer antun wol-len. Faustregel: Je höher Ihr Gehalt, desto mehr lohnt es, die Ärmel hochzukrempeln und an einer Erneuerung der strategischen Ziele, Abläufe und Strukturen in Ihrem Unternehmen mitzuwirken. Dazu werden Sie selbst etliche Konflikte anzetteln müssen, um verkrustete Strukturen aufzubrechen. Dazu werden Sie viel Kraft brauchen!

2.3 Konfliktpartner identifizieren

Nun sollte geklärt werden, wer eigentlich der Konfliktpartner ist, sonst kämpft man eventuell gegen den falschen, sprichwörtlich also gegen Windmühlen, ohne dass sich wirklich etwas verändert. Den ersten Schritt zur Identifikation des Konfliktpartners haben Sie bereits getan, indem Sie überlegt haben, auf welcher Ebene der Konflikt hauptsächlich verursacht wurde. Natürlich ist der wichtigste Gesprächspartner auf dieser Ebene zu suchen. Das gilt auch dann, wenn sich inzwischen sekundär der Konflikt auf einer anderen Ebene mit anderen Personen festgefahren hat. Sie sind ab sofort „Nebenkriegsschauplätze". Diese Erkenntnis sollten Sie ihnen auch so bald wie möglich mitteilen, damit beide „Scheingegner" sich ein wenig im Kampf entspannen können.

Der wichtigste Konfliktpartner ist auf der Ebene zu finden, auf der der Konflikt verursacht wurde:

Intra-personale Ebene

- Intrapersonale Ebene: Hier sind Sie selbst Ihr Konfliktpartner, wenn zum Beispiel eine größere Entscheidung ansteht oder wenn Sie mit Ihrer beruflichen Rolle Probleme haben, die mit anderen Anforderungen oder Ihren Grundwerten kollidiert. Vielleicht haben Sie auch das Gefühl, dass in Ihrem biografischen Kontext etwas anderes ansteht als das, was Sie zurzeit tun.

Inter-personale Ebene

- Interpersonale Ebene: Wenn Sie eindeutig eine Person ausmachen können, deren Meinung mit Ihrer (zunächst scheinbar) unvereinbar ist, haben Sie einen interpersonalen Konflikt. Wichtig ist es hier zu reflektieren, ob sich die Differenzen erledigen würden, wenn derjenige eine andere Person wäre, sich also zu fragen, ob die Streitigkeiten personenabhängig sind. Wenn Sie klar sagen können, dass es mit genau dieser Person etwas zu klären gibt, dann ist sie und sonst niemand Ihr Ansprechpartner. „Sonst niemand" heißt: Weinen Sie sich möglichst nicht bei anderen Kollegen im Unternehmen aus, sondern klären Sie den Konflikt direkt und zeitnah mit dem Kontrahenten. Sie ziehen sonst etliche andere Personen mit hinein und machen aus einer persönlichen Angelegenheit einen systemischen Konflikt.

Gruppen-konflikt

- Gruppenkonflikte: Vielleicht sind es ja auch völlig unterschiedliche Erwartungen oder Diskrepanzen zwischen zwei Abteilungen, von denen Sie eine leiten. Dann liegt ein Konflikt zwischen ganzen Gruppen vor, z. B. als Rivalitätskonflikt. Dieser muss natürlich ganz anders angegangen werden, als wenn nur ein Einzelner aus der anderen Abteilung der Gegner ist. In einem Krieg nützt es auch nichts, wenn einzelne Soldaten beider Fronten sich schöne Weihnachten wünschen und am Tag danach wieder gegenseitiger Beschuss von oben angeordnet wird! Hier müssen die Gruppenanführer ran.

- Organisationskonflikt: Organisationskonflikte sind die Form, in welcher der Ansprechpartner für den Konflikt am schwersten auszumachen und – fast noch schwieriger – anzusprechen ist. Sehr häufig werden dort angelegte Konflikte mit interpersonalen Differenzen verwechselt. Die Instrumente, die im weiteren Lauf des Kapitels vorgestellt werden, können vielleicht mehr Klarheit bringen. Dass Sie das Organigramm Ihres Unternehmens kennen, setzen wir voraus.

(Randnotiz: Organi-sations-konflikt)

Vielleicht denken Sie, das sei doch wohl selbstverständlich und einfach zu erkennen. Täuschen Sie sich nicht: Die Hauptursache für besonders schwierige, langwierige, vermeintlich nicht lösbare Konflikte ist oft die mangelhafte und voreilige Analyse des eigentlichen Gegners, der Ebenen und der Kernproblematik.

Wie finde ich den Konfliktpartner in der komplexen Organisation oder großen Abteilung?

Nachdem Sie bereits recht gut sensibilisiert dafür sind, welche Arten von Konflikten es gibt und auf welchen Ebenen sie sich abspielen, fragt sich der ein oder andere Leser vielleicht noch, mit wem genau er denn auf den verschiedenen Ebenen sprechen soll. Wenn ich mich mit meinem Chef streite, mag ja klar sein, wer mein Konfliktpartner ist. Aber wie sieht es bei komplexen Organisationskonflikten aus? Deshalb geben wir Ihnen in diesem Kapitel noch einige Instrumente an die Hand, mit deren Hilfe Sie den Konfliktpartner noch genauer identifizieren können. Dabei werden naturgemäß die Konflikte, bei denen das Geschehen sehr komplex ist (interpersonale Konflikte in großen Abteilungen, Gruppen- und Organisationskonflikte), die eigentliche Herausforderung sein, weil der Ansprechpartner oft erst auf den zweiten Blick erkennbar ist. Um bei derart komplexen Fragestellungen weiterzukommen, stellen wir Ihnen im Folgenden die Denkweise des systemischen Ansatzes in der Beratung vor.

Der systemische Ansatz bei Organisationskonflikten

Die moderne Organisationsforschung betrachtet Unternehmen meist unter systemischen Gesichtspunkten. Eine gesunde, funktionierende Organisation gleicht einem gesunden Organismus, in dem alle Elemente miteinander in Verbindung stehen und deren Wirken optimal aufeinander abgestimmt ist. Ein funktionierendes System ist also ein Wirkungsnetz, das die einzelnen Elemente des Netzes zu einer Gesamtheit organisiert. Jedes Team innerhalb einer Firma mit ihren Bereichen und Abteilungen ist ebenfalls ein eigenes System (Subsystem), zum Beispiel von Teamleitung, Stellvertretung, drei Ingenieuren, zwei Technikern, einem Sachbearbeiter und einem Teamassistenten. Da alle in gewisser Abhängigkeit voneinander stehen, ist Kommunikation untereinander das wichtigste

(Randnotiz: Wichtig: Kommunikation)

Verbindungselement. Dies gilt für alle lebendigen Systeme. Ohne Informationsaustausch, ohne Rückkopplung und Feedbackschleifen wäre kein natürliches System überlebensfähig. In unserem Körper übernehmen zum Beispiel Hormone und andere Transmitterstoffe diese Funktion. Wer übernimmt sie in Betrieben und Wirtschaftsorganisationen?

Spielregeln

Man unterscheidet offizielle und informelle Kommunikationsspielregeln. Die offiziellen Spielregeln hängen von folgenden Punkten ab:

- Struktur der Organisation (z. B. Hierarchien, Dienstwege, Stellenbeschreibungen)
- Image, das sich eine Firma nach außen gibt
- Corporate Identity – das gemeinsame Verhalten, die gemeinsame Optik, die gemeinsame Art der Kommunikation, nach innen und nach außen, und die gemeinsame Identität

Dazu kommen noch inoffizielle Spielregeln, die nur der „Eingeweihte" kennt, praktisch durch Erfahrung lernt:

- Welches Verhalten ist in der jeweiligen Abteilung, in der jeweiligen Position systemkonform und wird belohnt?
- Wie wird informell informiert und kommuniziert?
- Welche Bündnisse gibt es?

Durch diese informellen, oft verdeckten Regeln können nicht auf den ersten Blick erkennbare Strukturkonflikte entstehen.

System-analyse

Bei der Systemanalyse, die auf der Suche nach einem Konfliktpartner hilfreich sein kann, sind weniger die offiziellen Zusammenhänge von Bedeutung, z. B. wer wem unterstellt ist. Den systemisch Denkenden interessieren die verborgenen Systemregeln und die unsichtbaren Verbindungen zwischen Personen und Abteilungen. Diese können in Form von Abhängigkeiten, persönlichen Beziehungen, Sympathie, Gemeinsamkeiten, Koalitionen oder sonstigen (geheimen) Bündnissen gegeben sein.

Man sollte sich also bei einer Konfliktanalyse nie auf die eigene Person, das eigene Team oder einzelne mögliche Konfliktpartner konzentrieren, sondern versuchen, den Gesamtkontext im Auge zu haben. Das muss nicht immer das gesamte Unternehmen sein, aber meist ist viel mehr betroffen als der eigene Bereich. Wir stellen also den Blick ganz bewusst auf „Fernglas", nicht auf „Lupe", und betrachten einmal das gesamte System. Vielleicht schalten wir noch ein wenig auf „unscharf" – so sehen wir plötzlich, wenn auch verschwommen, eine dritte, zuvor verborgene Dimension, die informellen Aspekte.

Zwei wichtige Werkzeuge unserer Beratungsarbeit, die Systemzeichnung und ein Set von systemischen Fragen, haben wir für Sie herausgesucht, damit Sie sich dieser Herausforderung stellen können.

Systemzeichnung

Eines dieser Werkzeuge ist die Systemzeichnung: Malen Sie sich einmal Ihr jetziges Arbeitssystem auf ein nicht zu kleines Blatt Papier. (Sie können auch Kärtchen oder Glasuntersetzer nehmen und auflegen, sie lassen sich gut verschieben.)

Zunächst geht es um Nähe und Distanz und eventuell darum, wohin wer schaut. Wer steht nah beieinander, wer eher weiter weg oder ganz draußen? Wer schaut wen direkt an? Wer hat zu niemandem oder nur einseitigen Kontakt? Wie viele Elemente Ihres momentanen Systems Sie dazu nehmen, hängt von Ihrem Organisationsfeld und von Ihrer persönlichen Fragestellung bzw. Ihrer Zielsetzung ab.

Die Elemente und Betrachtungsweisen sind folgende:

Elemente

- Welche Hierarchieebenen sind relevant?
- Welche Unternehmensbereiche gibt es (Einkauf, Vertrieb, Verwaltung usw.)?
- Welche Subsysteme gibt es (Junge, Alte, Akademiker, Nichtakademiker usw.)?
- Informelle Subsysteme: Freundschaften und sonstige Seilschaften
- Wer hat was mit wem, wer protegiert wen?
- Wie sehen die Beziehungen aus (offener Konflikt, versteckter Konflikt, wenig Kontakt, ambivalente Beziehung, leichte bis normale Verbindung, enge Verbindung, Freundschaft, Bündnis, Koalition)?

Zeichnen Sie die Qualität der Verbindungen zwischen die einzelnen Elemente in der Systemzeichnung. Vielleicht gibt es auch einzelne Elemente, zwischen denen gar keine Beziehung besteht. Auch das ist aussagekräftig. Es geht dabei nicht um Richtig oder Falsch, sondern um Ihre persönliche Empfindung.

Wenn Sie nun auf Ihre Darstellung schauen, wird Ihnen vermutlich einiges auffallen. Vielleicht gibt es Aspekte, die Sie bisher noch nicht wahrgenommen haben, z. B. dass dieser oder jener Kollege gar nicht mit Ihnen solidarisch sein kann, weil er damit sein Bündnis mit einem anderen aufgeben würde. Oder dass diese Kollegin wahrscheinlich sehr gerne enger mit Ihnen arbeiten würde, denn sie fühlt sich etwas aus Ihrem Kreis ausgeschlossen.

Systemische Fragen

Eine weitere Möglichkeit der Analyse von interpersonalen und/oder Strukturkonflikten sind systemische Fragen, eine Art Eigenbefragung, ein Nachdenken über die offensichtlichen und verborgenen Tücken des Systems, in dem Sie arbeiten. Natürlich können Sie dies auch gemeinsam mit einer vertrauten Person tun.

Systemische Fragen

Den Kontext analysieren:

Kontext-
analyse

- Worum geht es? Wie heißt der Konflikt? Geben Sie ihm einen Namen.
- Bei welcher Zahl liegt der Konflikt auf einer Skala von 0 bis 10 (0 = völlig harmlos, 10 = extrem intensiv)?
- Wer hat die Kompetenz, hier mitzureden?
- Wer hat das Problem?
- Angenommen, ich würde die Position, die ich jetzt habe, verlassen: Hätte mein Nachfolger höchstwahrscheinlich denselben Konflikt?
- Wer hat ernsthaft Interesse an einer Lösung?
- Wer hat Interesse, dass es zu keiner Lösung kommt?
- Was bedeutet das im Bezug auf die Art, wie ich das Thema angehe?
- Was wäre eine mögliche Lösung?
- Welche Versuche gab es bereits, um diese Lösung zu erreichen?
- Bis wann möchte/könnte ich den Konflikt behalten? Wann sollte er gelöst sein?

Einfach mal fantasieren:

Fantasieren

- Angenommen, der Konflikt hätte sich morgen aufgelöst: Was wäre dann?
- Für wen wäre das gut, für wen eher schlecht?
- Wofür ist der Konflikt allgemein gut? (Bitte drei bis fünf positive Aspekte nennen.)
- Was könnte/müsste ich tun, um den Konflikt zu verstärken?
- Angenommen, wir würden uns nicht mehr streiten, sondern zusammentun: Wen würde das (sehr) ärgern?

Mit dem Kopf des anderen denken:

In den
anderen
hinein-
versetzen

- Wie schätzt mein Chef diesen Konflikt ein, wenn ich ihn danach fragen würde?
- Wie würde mein Konfliktpartner diesen Konflikt beschreiben?
- Was ist sein Ziel?
- Was sind seine Argumente?
- Wenn ein Außenstehender die Konfliktsituation beobachten würde, was würde er feststellen?

Worum geht's wirklich?

Worum
geht es?

Mit geeigneten, ein wenig hintergründigen Fragen können Sie auch bei interpersonalen Konflikten zur Kernproblematik gelangen, z. B:

- Wenn wir den benannten sachlichen Konflikt gelöst haben, wird das unsere Beziehung verändern?
- Was ist an diesem Konflikt gut für mich und was für meinen Konfliktpartner (z. B. dass ich meinen Ärger formulieren kann und ein wenig davon loswerde)?

- Würde ich den Konflikt lieber eskalieren oder deeskalieren?
- Was müsste geschehen, damit ich mit X nie mehr einen Konflikt habe (z. B. über unsere gegenseitige Eifersucht reden)?
- Wie würden die anderen Systemmitglieder unseren Streit beschreiben? (Achtung: Meist haben die Kollegen die Hintergrundproblematik längst erkannt!)

Besonders beim interpersonalen Konflikt, beim scheinbar ganz normalen Konflikt zwischen zwei oder mehreren Menschen, ist es von großer Bedeutung zu reflektieren, ob der gezeigte, praktisch „oberflächliche" Sachverhalt des Streits wirklich der eigentliche Konflikt oder nur ein auf die sachliche Ebene verschobener Vorwand ist, um ein anderes Interesse zu bedienen. In Kapitel 3 wird noch genauer hierauf eingegangen.

So viel zur Suche nach dem eigentlichen Konfliktpartner bzw. zur Reflexion, ob der Konflikt in der Struktur der Organisation angelegt ist. Wenn Letzteres der Fall ist, können Sie sich nur entweder an die nächsthöhere Hierarchieebene wenden oder sich die informellen Regeln und Bündnisse des Systems klarmachen und dann in geeigneter Weise handeln.

Der Fall Manfred S.: klassischer Organisationskonflikt mit vielen Nebenkriegsschauplätzen

Nach Gisela Weiß, Dr. Herzog und Dr. Hund werden Sie jetzt Bekanntschaft mit einem weiteren Protagonisten machen: Manfred S., der uns seinen (echten) Fall freundlicherweise für die Vorstellung unserer Analyseinstrumente zur Verfügung gestellt hat.

Als „Servicemann" in einer Firma im norddeutschen Raum (europäischer Mutterkonzern in Zürich), die Markenprodukte und Maschinen rund um „Tisch und Küche" anbietet, hat Manfred S. (28 Jahre) einen beneidenswert guten Ruf bei den Kunden. Er ist äußerst fachkompetent und sehr eloquent im Umgang mit den Gastronomen und den Küchengeschäftseinkäufern deutschlandweit. Bereits nach anderthalb Jahren holt man ihn in die Zentrale, wo er „Serviceleiter Deutschland" wird. Damit ist er die jüngste Führungskraft des insgesamt ca. 2100 Mitarbeiter starken Unternehmens. (In der Serviceabteilung Deutschland arbeiten ca. 105 Leute.)

Warum sein Ex-Chef und Vorgänger – echt ein prima Kerl – die Firma verlässt, weiß Manfred nicht. Es interessiert ihn auch nicht weiter. Er ist so viel unterwegs gewesen in letzter Zeit, dass er von diesen Interna wenig mitbekommen hat. Er freut sich sehr: Endlich kann er etwas bewegen in den, wie er findet, etwas veralteten Strukturen. Er wird sich bemühen, als Erstes die vielen Missstände abzustellen, die von den Kunden ständig moniert werden. Manfred hat sich gewaltig getäuscht!

Manfred: „Die Probleme für die Kunden – mit den Küchenmaschinen vor allem – nehmen kein Ende! Unser Service ist total überfordert, zu wenig geschult. Überhaupt sind wir zu wenig Leute. Die Kunden haben einen Geräteausfall nach

*dem anderen. Viele sind inzwischen mit der Qualität der Maschinen recht un-
zufrieden."*

*Sein Vorgesetzter: „Mein Lieber, kümmern Sie sich bitte ausschließlich um Ihren
Bereich! Wann und wie ausgereift ein Maschinentyp ist, davon haben Sie, bitte
schön, wenig Ahnung! Als Techniker sollten Sie sich darüber nicht mal ein Urteil erlauben! Schließlich sind Sie kein Ingenieur – wir haben da hervorragende
Leute!"*

*Manfred: „Da haben Sie recht, aber dann brauche ich im Service wirklich besser
geschulte Leute. Sie müssen fachlich mehr verstehen und auch mit den Kunden
reden können. Das sind ja fast nur Anfänger, die dann auch noch zum vollen
Stundensatz verkauft werden!"*

*Sein Vorgesetzter: „Nun werden Sie mal nicht anmaßend! ‚Training on the Job‘
war immer unsere Devise. Wenn Sie damit nicht zurechtkommen, sind Sie hier
falsch. Qualifizieren Sie die Leute doch selber, wenn Sie alles besser wissen und
dazu in der Lage sind!"*

Manfred hat das Gefühl, einen interpersonalen Konflikt mit seinem Vorgesetzten zu haben. Die Kollegen von der Qualitätssicherung sind im
Prinzip der gleichen Meinung wie Manfred. In den Betriebsversammlun-
gen halten sie sich allerdings eher zurück. Manfred macht hier als Einziger vor der Geschäftsführung den Mund auf. Keiner der Kollegen springt
ihm zur Seite. Er stellt sie wütend zur Rede: „Warum habt ihr mich denn
nicht unterstützt wie abgesprochen?" Betretenes Schweigen.

Auch hier ärgert er sich, besonders über Einzelne. Seine Servicemitarbei-
ter fordert Manfred wiederholt und in verschiedenen Variationen auf:
„Ihr müsst euch kundenfreundlicher verhalten, mit den Leuten reden,
Verständnis und Entgegenkommen zeigen, wenn schon die Geräte nicht
stimmen!" Er gewinnt auch bei ihnen nicht gerade Blumentöpfe dafür.
Man glaubt fast, sie empfänden die verärgerten Kunden als Feinde. Manfred hat das Gefühl, auch mit einzelnen seiner Mitarbeiter verschiedene
interpersonale Konflikte zu haben.

Bei der Geschäftsleitung kommt Manfred mehr und mehr in den Ruf
eines Querulanten. Die Mitarbeiter, die meisten viel älter als Manfred,
nehmen ihn inzwischen nicht nur nicht so richtig ernst, sondern arbeiten
zum großen Teil gegen ihn. Zur Mitarbeit in interessanten Projektteams
wird er schon lange nicht mehr aufgefordert. Seine große Hoffnung ist
der Besuch der obersten Firmenleitung aus der Schweiz. Die sollen offen
und natürlich sehr erfolgsorientiert sein. Da wird er seine Anliegen vorbringen. Kurz vor dem Termin schickt man ihn auf eine sehr wichtige,
nicht verschiebbare Dienstreise. Die Kollegen haben weder den Mumm
noch das Interesse, auch nur einen Punkt seiner langen Liste mit Verbesserungsvorschlägen vorzutragen.

Keine Sorge – die Geschichte geht nicht so schlecht aus, wie man befürchten könnte. Manfred S. verlässt kurz darauf die Firma, wie schon sein
Vorgänger. Er gründet eine eigene Service-GmbH, in der er seine Vor-

stellungen umsetzt. Die Kunden laufen scharenweise zu ihm über, und inzwischen treffen die Verluste die alte Firma doch empfindlich. Welch eine Genugtuung! Bald darauf hat er ein persönliches Gespräch mit der obersten Geschäftsleitung der alten Firma in Zürich. Sie machen ihm ein hervorragendes Übernahmeangebot. Der Geschäftsführer Deutschland muss gehen, nachdem er auch noch monatelang wegen Bandscheibenproblemen in Krankenhaus und Reha war.

Welche Konflikte lagen bei Manfred S. auf welcher Ebene vor?

Zunächst einmal war es sicherlich auch ein intrapersonaler Konflikt für Manfred, ob er die Firma verlassen sollte oder nicht oder ob er in entsprechenden Gesprächssituationen den Mut haben sollte, die Missstände öffentlich anzusprechen. Die Frage, ob man eine Streitsituation angehen soll oder nicht, eskalieren oder deeskalieren soll, ist immer ein kleiner Konflikt in der Person selbst. Wäre Manfred ein Streitgockel, dem ähnliche Geschichten schon wiederholt passiert sind (in anderen Firmen), bestünde ernsthaft Anlass, die eigenen Macken und Konfliktbewältigungsmuster sehr genau anzusehen und eventuell ein Coaching oder eine Therapie zu beginnen. Dies ist aber nicht der Fall.

Analyse

Vielleicht liegt ja hier ein Konflikt zwischen Gruppen vor, der Serviceabteilung und der Produktion (Gruppenkonflikt)? Betrachten wir also diesen Fall. Systemische Fragen, mit denen man sich der Gruppenkonfliktdynamik nähern kann, sind zum Beispiel:

- Wer von beiden Abteilungen hat welches Problem, welche Meinung, welche Haltung?
- Wer hat Vorteile davon, dass wir Konflikte miteinander haben? Was ist für wen gut daran?
- Wer hat Nachteile davon? Welche?
- Für wen sonst innerhalb des Betriebs – außer unseren Abteilungen – ist es eventuell vorteilhaft, dass wir im Konflikt miteinander stehen?
- Was wird für wen besser oder anders sein, wenn wir unsere Differenzen erledigt haben, wenn wir gut kooperieren?
- Welches Thema hätte eventuell die einzelne Abteilung innerhalb ihres Teams, wenn der „Außenfeind" wegfiele?
- Was müssten beide Gruppen jeweils tun, um die Konfliktsituationen zu verstärken?
- Gab es Zeiten, in denen diese Konflikte nicht auftraten, und was war da anders?
- Welche Ressourcen gibt es in jeder der beiden Gruppen, die hilfreich sein könnten, um die Probleme zu lösen?

Wenn Sie alle Fragen anhand des Fallbeispiels von Manfreds Firma durchgespielt haben, müsste eigentlich deutlich geworden sein: Ein Gruppenkonflikt ist es nicht, solange die Firmenleitung hinter der Produktion steht, und das ist (trotz aller sonstigen Mängel) offensichtlich der

Fall. Für die Produktion ist es höchstens ein Ärgernis, dass die Serviceleitung unzufrieden ist und an ihrer Leistung herummäkelt. Das tangiert die Produktion aber wenig, solange nicht auch von oben Beschwerden und Rügen kommen. Hier liegt kein Interessenkonflikt zwischen den Gruppen vor, sondern eine Fehlsteuerung von oben.

Nun zur Frage, ob es sich hier um einen Konflikt zwischen zwei oder mehreren Personen (interpersonaler Konflikt) oder um einen in der Firmenstruktur angelegten Konflikt (Organisationskonflikt) handelt.

Natürlich kennt Manfred das übliche Organigramm und könnte überprüfen, ob einer der „logischen Webfehler" aus der Checkliste „Konflikte" (s. o.) ins Auge sticht (z. B. Abteilung zu groß, disziplinarische Zuordnung ungeklärt usw.). Dies ist nicht der Fall. Aber es gibt ja nicht nur offizielle, sondern auch inoffizielle Spielregeln in einer Organisation. (Wer hat mit wem welche Leiche im Keller? Was sind unausgesprochene Spielregeln und Tabus?) Hier macht sich Manfred als Nächstes auf die Suche.

Systemzeichnung

Eine gute Hilfsmöglichkeit hierzu ist in Manfreds Fall eine Systemzeichnung oder Systemaufstellung (z. B. mit Bierdeckeln). Manfred hätte sich eventuell viel Ärger und Frust erspart, wenn er dies schon früher gemacht hätte. Die hier stark vereinfachte Zeichnung seiner Situation sieht etwa so aus:

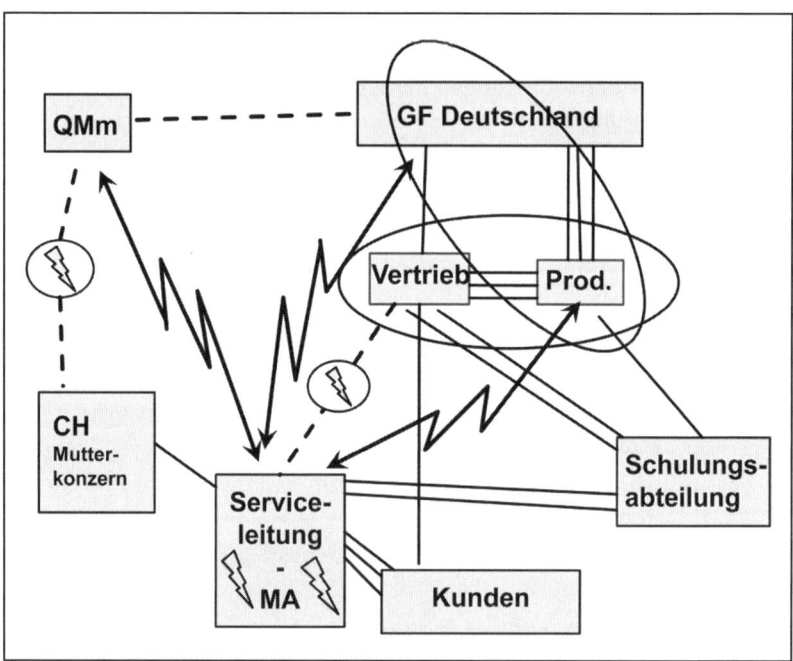

*Problemanalyse des Organisationskonflikts von Manfred S.
mit einer Systemzeichnung*

Die Interpretation:

- Der Geschäftsführer Deutschland ist zwar der Vorgesetzte aller Bereiche und Abteilungen, hat aber nur im Produktionsleiter einen wirklich solidarischen Mitarbeiter. Sie waren an derselben Hochschule, haben kurz nacheinander in der Firma angefangen, die Familien, besonders die Ehefrauen, sind locker befreundet. Die beiden bilden eines der informellen Subsysteme.

- Der Vertriebs- und der Produktionsleiter bilden ein weiteres Subsystem, was auf ihrer gemeinsamen Vergangenheit in einer Konkurrenzfirma beruht, die beide gleichzeitig vor elf Jahren verlassen haben. Außerdem sind beide passionierte Golfspieler und verbringen jede freie Minute gemeinsam auf dem Golfplatz. Auch im Job spielen sie sich die Bälle zu und verhalten sich gegenüber „Angreifern" hundertprozentig solidarisch.

- Von Zürich aus wird der Produktionsleiter neutral bis kritisch beobachtet, vor allem seit die Beschwerdehäufigkeit steigt. Auch die Schulungsabteilung beobachtet die nachlassende Qualität mit Misstrauen. Aber der Chef der Produktion wiegt sich, nicht zu Unrecht, mit seinen beiden guten Verbindungen und seiner langjährigen, anfangs auch recht erfolgreichen Betriebszugehörigkeit in Sicherheit.

- Der Chef der Schulungsabteilung hat einen guten Draht zum Vertrieb, mit den Verkaufsschulungen macht er den meisten Umsatz. Neuerdings hat er auch zum Serviceleiter bessere Kontakte. Er könnte ihn unterstützen, dass die Serviceleute noch mehr Fortbildungen verschiedenster Art bekommen. Seine Abteilung könnte noch wachsen.

- Die Qualitätsmanagementabteilung steht nur wenig verbunden zwischen der deutschen Geschäftsführung und der Schweiz. Ihre Position im Konzern ist labil. Offiziell ist sie natürlich wichtig, inoffiziell ignorieren sie die meisten. Die Serviceleitung allerdings hat eine konflikträchtige Beziehung zur Qualitätssicherung. Manfred S. kommt mit Forderungen.

- Die Schweizer Konzernleitung hat eine etwas unbefriedigende Beziehung zur deutschen Geschäftsführung. Bislang war man zufrieden, aber seit drei Jahren geht es ein wenig bergab, was natürlich an der allgemeinen Konjunkturschwäche liegen kann. Das Qualitätsmanagement arbeitet unbefriedigend, was aber noch nicht thematisiert wurde. Die Serviceleistungen gehen qualitativ zurück – es gab schon vereinzelte Beschwerden von Kunden darüber in der Schweiz –, aber dort soll ein recht engagierter junger Chef sein. Vielleicht bewirkt der ja was.

- Und Manfred, der neue Serviceleiter? Er hat einen offenen Konflikt mit dem Produktionsleiter, weil er dessen Qualität anzweifelt. Er hat einen weiteren offenen Konflikt seit dem Gespräch mit dem Geschäftsführer Deutschland, der ihn für einen ehrgeizigen Querulanten hält. Er hat außerdem einen verdeckten Konflikt mit dem Vertriebsleiter, von dem er naiverweise noch nichts gemerkt hat. Erstens äußert er sich gelegentlich nicht gerade solidarisch mit Produktion und Vertrieb den Kunden gegenüber, die das an den Vertrieb weitergeben. Zweitens hält dieser Chef natürlich zu seinem Freund aus der Produktion. Mit der Qualitätssicherung hat er seinerseits einen Konflikt, da er findet, dass sie sich nicht genügend einsetzt, ihre Arbeit nicht tut.

Mit einzelnen seiner eigenen Leute hat Manfred fast täglich Auseinandersetzungen. Das bedeutet, dass es auch in seinem eigenen Bereich durch die unerwünschten „Aufweckversuche" brodelt.

Nach der Analyse der Systemzeichnung wird relativ klar, dass der tapfere, engagierte Manfred mit seinen gut gemeinten Verbesserungsvorschlägen hier keinen Orden gewinnen kann. Gut, dass er sich nach einem kleinen intrapersonalen Konflikt entschlossen hat zu gehen – wie auch schon sein Vorgänger – und sich selbstständig zu machen.

Mögliche Lösungsansätze

Was hätte er sonst tun können? Er hätte den Konflikt mit dem Vertriebsleiter erkennen und ausräumen müssen. Es hätte sicherlich viele Punkte gegeben, an denen sich die beiden hätten solidarisieren können. Es müsste viele gemeinsame Interessen geben. Weiter hätte er sich eventuell noch intensiver mit dem Schulungsleiter verbinden sollen. Er hat sein Alter, seine Ausbildung, beruflich die gleichen Interessen, nämlich dass die Mitarbeiter mehr und besser geschult werden. Den Konflikt mit der Qualitätssicherung konnte er sich sparen, denn sie ist hier inoffiziell eher unwichtig. Auch die guten Beziehungen zu den Kunden hätte er natürlich noch ein wenig mehr nutzen können, zum Beispiel indem er sie motiviert, sich bei der deutschen Geschäftsführung und in der Schweiz zu beschweren. Wirklich schwierig wurde es dadurch, dass die eigenen Leute nicht hinter ihm standen. Dies dürfte einmal durch sein jugendliches Alter und zweitens durch seine hohen Ansprüche und seinen Ehrgeiz entstanden sein. Ein struktureller Konflikt, der fast nicht lösbar erscheint.

2.4 Umsetzung der Konfliktanalyse in den Praxisfällen

Gisela Weiß, die Chefin aus dem Team

Wenn Gisela Weiß ihre Situation lösen wollen würde, könnte dies so aussehen:

Zunächst würde sie überlegen, welche Konfliktmuster beteiligt sind. Wenn sie sich dabei bereits überlegt, ob sie einen Versetzungsantrag stellt oder sogar ganz kündigt, befindet sie sich in einem intrapersonalen Konflikt. Aber so weit ist es ja eventuell noch nicht.

Systemzeichnung

Beim Anlegen einer Systemzeichnung würde sie erkennen, dass sie außer der engen Verbindung zu Dr. Braun, die aber für ihre eigene Position nicht nur hilfreich ist (Neid und Eifersucht bei den Kollegen; zudem untergräbt die enge Chefbeziehung ihre eigene Autorität), nur zu Herrn Grün, dem Dienstältesten, eine noch halbwegs positiv gefärbte Beziehung hat, sagen wir eine einzelne Verbindungslinie. Er hat ein wenig Mitleid mit der jungen Kollegin. Auch zu ihrer früheren Freundin Rosa läuft noch eine wenigstens gestrichelte Linie. Sie verhält sich ambivalent. Ansonsten hat Gisela Weiß nur „Blitzverbindungen", also konflikthafte Beziehungen, oder gar keine. Die 13 Kolleginnen und Kollegen, also das Team, stehen weit von ihr weg und wahrscheinlich von ihr abgewandt.

Die „Blitzverbindungen" zeigen interpersonale Konflikte mit den einzelnen Teamkollegen an. Betrachtet man die Gesamtsituation, könnte man aber auch auf die Idee kommen, dass ein struktureller Konflikt vorliegt. Höchstwahrscheinlich hätte fast jeder der neun ebenfalls hoch qualifizierten Leute, die sich Anfang Januar beworben hatten, jetzt ähnliche Probleme und Konflikte wie Frau Weiß. Sie wäre also fast austauschbar in dieser Position. Aber eben nur fast – mit der Struktur ist alles in Ordnung in diesem Unternehmen. Ein Bewerber von außen hätte das Problem nicht gehabt. Es ist eben doch ein interpersonaler Konflikt – wenn auch einer, dessen situative Eingangsbedingungen es in sich haben und der deshalb regelmäßig vorkommt.

Interpersonale Konflikte

Hinzu kam, dass die Entscheidung zu unvermittelt – zu wenig kommuniziert, zu wenig transparent – gefallen ist. Der Vorgesetzte hatte die Auswahlkriterien zu wenig deutlich gemacht und die strukturelle Schwierigkeit der Situation nicht metakommuniziert. Durch die nicht unerhebliche finanzielle Höhergruppierung und die neue Personalverantwortung mit Weisungsbefugnis hat die neue Teamleitungsfunktion noch besondere Bedeutung bekommen.

Die Kernproblematik der Konflikte, die Frau Weiß nun hat, ist die starke Konkurrenz-, ja Rivalitätssituation, in die sie die Vorgesetzten gebracht haben.

Es bestehen eine Reihe von widersprüchlichen Erwartungen an sie in der Position einer Teamleiterin, die sich zusammenfassend etwas so lesen:

Widersprüchliche Erwartungen

- **Erwartungen des Teams:** „Zeig, dass du zu Recht unsere Chefin bist. Auch wenn du jünger bist, musst du besser sein (sei erfahrener, tritt souveräner und besser gekleidet auf, sei durchsetzungsstark, leite uns an, sei unser Klassensprecher beim Chef usw.)." Auf der einen Seite soll sich Gisela kollegial verhalten („Glaub ja nicht, dass du etwas Besseres bist! Spiel dich ja nicht als Chefin auf!"). Wasch mich, aber mach mich nicht nass! Wie soll das gehen?

- **Erwartungen des Chefs:** „Nimm mir die/alle Führungsaufgaben ab (führe eigenständig, halte mir die Meute vom Hals, du machst das schon!)." auf der einen Seite: „Wenn es Probleme gibt, kann jeder jederzeit auf meinem Schoß sitzen und sich ausweinen (das Team darf bei mir petzen, ich empfange jeden und führe nach wie vor heimlich mit, und dir, liebe Frau Weiß, traue ich auch nicht zu, dass du das als Persönlichkeit packst, sonst würde ich dich auf ein Führungsseminar statt zum Coaching schicken)." Also auch hier widersprüchliche Erwartungen und inkonsequentes Verhalten des Chefs (Rollenkonflikt).

- **Unklare Rollendefinition der Teamleitungsfunktion:** Darüber hinaus hat der Chef es versäumt, die neue Rolle des Teamleiters zu definieren und allen Beteiligten gegenüber klar zu kommunizieren. Die Rolle hat sich schließlich erheblich geändert (früher nur Fachvorgesetzter, jetzt auch disziplinarische Führung). Damit einher gehen konkrete Verhaltensänderungen für jeden (Dr. Braun ist gar nicht mehr Ansprechpartner für das Team, Gisela Weiß kann bei Spielregelverstößen Abmahnungen geben, führt Gehaltsfindungsgespräche, gibt klare Ziele für das Team vor usw.). All dies ist völlig nebulös geblieben. Man nennt dies „Rollenambiguität" (fehlende Informationen über Rollenerwartungen). Auch die Kriterien, warum Gisela Weiß als Teamleiterin ausgewählt wurde und nicht ältere, erfahrenere oder mit anderen Gaben gesegnete Teammitglieder, wurden nie transparent gemacht. Damit ist sie in ihrer Rolle zwar ernannt, aber nie legitimiert worden.

- **Erwartungen von Gisela Weiß an sich selbst:** „Ich will eine Führungsposition (Abstand zum Team, andere führen, loben, kritisieren, fördern und fordern)." Auf der einen Seite: „Ich will mitspielen wie bisher (eigentlich soll sich nichts ändern im Verhältnis zu euch)."

Kurzum: Gisela Weiß befindet sich in einem klassischen Rollenkonflikt „vom Teammitglied zum Chef", der intensive zwischenmenschliche Differenzen produziert (interpersonale Konflikte).

Sieht man sich noch weitere einzelne systemische Analysefragen dazu an, wird die Situation noch deutlicher:

Systemische Fragen

- *Wer hat das Problem?* Alle Beteiligten.
- *Wer hat Interesse an der Problemlösung?* In der Situation jetzt nur Gisela Weiß selbst, eventuell Dr. Braun. Das Team will an seinem Verhalten nichts verändern, seinen Ärger und seine Enttäuschung ausleben.
- *Welche Lösungsversuche gab es bisher?* Keine ernsthaften, es wurde nur auf der sachlichen, oberflächlichen Ebene agiert.
- *Bis wann sollte der Konflikt gelöst sein?* Gisela Weiß muss zügig eine Lösung einleiten und Dr. Braun dazu ins Boot holen.
- *Wofür könnte diese Konfliktsituation gut sein?* Dr. Braun zum Beispiel dürfte gelernt haben, dass ein Vorgesetzter, der aus einem sehr kompetenten Team erwächst, problematisch sein kann. Die andere Abteilung im Bereich „Underwriting" freut sich, dass sie nicht mehr im Zentrum der Kritik steht. Gisela Weiß spürt, vielleicht zum ersten Mal in ihrem Leben, dass sie persönlich an sich arbeiten muss.
- *Was kann Gisela Weiß tun, um den Konflikt zu eskalieren oder zu entschärfen?* Das erfahren Sie in Kapitel 3!

- *Angenommen, der Konflikt würde sich völlig auflösen und die Abteilung wieder wunderbar arbeiten: Wer würde sich ärgern?* Die „Underwriter" und alle „Hardliner", die Frau Weiß doch ein klein wenig ihren Erfolg neiden.

- *Wie schätzt der Chef die Konfliktsituation ein?* Er bagatellisiert, will nicht hinschauen, verdrängt. Er spielt auf Zeit, da er selbst ein wenig hilflos ist.

- *Wie schätzt Giselas Mann den Konflikt ein?* Zwiespältig, er versteht ihn nicht genau. Er ist sauer auf die Firma und auch auf Gisela, die das alles mit sich machen lässt. Er ist aber froh um das gestiegene Familieneinkommen und ermutigt Gisela daher durchzuhalten.

- *Was ist das Ziel des Konfliktpartners, des Teams?* Allen im System, vor allem den Vorgesetzten, zu beweisen, dass dies die falsche Entscheidung war. Den Ärger über die gefühlte Zurücksetzung loszuwerden, für den es sonst kein Ventil zu geben scheint. (Hier liegt ein wesentliches Potenzial für die Konfliktlösung.)

Natürlich liegt außerdem der Verdacht nahe, dass Gisela Weiß sich bislang nicht optimal verhalten und eigene intrapersonale Konfliktmuster mit in die Situation eingebracht hat. Wie diese schwierige Konstellation gelöst und bereinigt, die Konflikte gemanagt werden könnten, lesen Sie in den Kapiteln 3 und 4.

Dr. Herzog in der Klinikapotheke

Hier haben wir einen nahezu klassisch in der Struktur angelegten Organisationskonflikt: Matrixorganisation mit ungeklärten Vorfahrtsregeln. Darin befindet sich Dr. Herzog, der Apotheker, der zunächst sehr euphorisch die Klinikapotheke einer mitteldeutschen Großstadt übernommen hat.

Organisationskonflikt

Aus diesem strukturell angelegten Konflikt erwachsen auch ihm, wie bei Gisela Weiß, zahlreiche interpersonale Konflikte: Er kämpft mit den Chefärzten der Klinik, den Pflegedienstleitungen, seinem Vorgesetzten, der Klinikdirektion selbst und natürlich seinen eigenen Mitarbeitern, die überweise gar nicht seine richtigen Untergebenen sind. Auf der anderen Seite debattiert, verhandelt und kämpft er auch noch mit der Pharmaindustrie. Er hat Versprechungen gemacht, andere Firmen akquiriert, von denen er jetzt nicht kaufen darf. Er hat vorschnell bewährte Konzerne vor den Kopf gestoßen, Medikamentenabnahmen reduziert und einiges mehr.

Die Kernproblematik ist, dass er als Projektleiter nicht an der hierarchischen Linie vorbei kann, wohl aber für die Qualität verantwortlich ist. Er möchte vieles verbessern, Prozesse optimieren, aber keiner hat Interesse daran, niemand unterstützt ihn.

Außerdem hat Dr. Herzog parallel zur gegebenen Konfliktsituation mehrere intrapersonale Konflikte – Entscheidungen, Kompetenzgrenzen in

Führungssituationen, Rollenunsicherheiten, Frustrationen, die es auszuhalten gilt. Hieraus wiederum entstehen zwischenmenschliche Konflikte. Zuallererst stellt sich für ihn die Frage: Soll er kämpfen oder klein beigeben? Wie in aller Welt kann er sich bei seinem Personal durchsetzen, es motivieren, ohne dass er Sanktions- oder auch Belohnungsmöglichkeiten hat? Das erscheint Dr. Herzog völlig außerhalb jeder Machbarkeit. Sowohl seine Führungskompetenz als auch seine persönliche Empathie- und Kommunikationsfähigkeiten stoßen hier an massive Grenzen. Ein intrapersonaler Konflikt mischt also kräftig mit und macht es nicht besser!

Weiter breitet sich in ihm mehr und mehr eine große Unsicherheit darüber aus, welche Befugnisse er in seiner beruflichen Position überhaupt hat. Eine Stellenbeschreibung gibt es nicht. Mündlich sagt ihm Dr. König – oft sehr freundlich und jovial – mehr Kompetenzen zu, als er dann in der Praxis zugestanden bekommt. Ist es vielleicht eine Frage der Zeit? Er fühlt sich abgewertet, nicht ernst genommen. Dabei hat er doch eine zentrale, wichtige Position im gesamten städtischen Klinikum!

Kurzum: Dr. Herzog befindet sich in einem strukturell angelegten Organisationskonflikt (Hauptproblem 1), der sowohl interpersonale (Nebenkriegsschauplatz) als auch den zentralen intrapersonalen Konflikt (Hauptproblem 2) für den Projektleiter produziert. Er hat also „Läuse und Flöhe". Eine äußere Struktur, die jeden ins Schwitzen gebracht hätte, ihn aber in besonderem Maße, weil er persönliche Macken mitbringt.

Systemzeichnung

Zeichnet man das Kliniksystem zu dieser Zeit in einer Systemzeichnung auf, so sieht man gleich, dass abgesehen von einer dünnen (weil unzuverlässigen) neutralen Verbindungslinie zu Dr. König, dem obersten Klinikdirektor, und einer normalen einspurigen Verbindung zur Logistik, dem zweiten Projekt des Klinikums, nur konflikthafte Beziehungen bestehen – oft sogar von beiden Seiten aus. Herzog wird inzwischen als absoluter Querulant und Nörgler gesehen. Sehr schwierig macht die Situation, dass auch im eigenen Projektteam sehr viele interpersonale Konflikte mit ihm, dem Projektleiter, bestehen.

Systemische Fragen

Zur weiteren Systemanalyse nun wieder ergänzend einige systemische Fragen, um die Konfliktlage noch deutlicher zu machen.

- *Wie heißt der Konflikt?* „Auf verlorenem Posten"?
- *Wer hätte die Kompetenz mitzureden?* Dr. König, der Klinikdirektor, eventuell die einzelnen Chefärzte – und Dr. Herzog selbst natürlich.
- *Hätte ein Nachfolger, wenn Dr. Herzog den Job wieder kündigen würde, den gleichen Konflikt?* Wenn er den gleichen Qualitätsanspruch und Ehrgeiz hat, ja!
- *Wer hat das Problem und ein ernsthaftes Interesse, es zu lösen?* Dr. Herzog, und leider nur er.
- *Wer möchte, dass es nicht zur Lösung der Differenzen, also mehr Autonomie und Entscheidungsfreiheit, für Dr. Herzog kommt?* Die Chefärzte und die

langjährigen Pharmaindustriepartner, natürlich auch einzelne seiner Mitarbeiter, die mehr Leistung bringen müssten.

- *Wie könnte ein Lösung aussehen?* Schritt 1: Alle Beteiligten müssten Interesse an einer Lösungsfindung haben, was bislang nicht gegeben ist.
- *Welche Lösungsversuche gab es bereits?* Einfach zu handeln, nicht zu fragen und in den eigenen Reihen verstärkt durchzugreifen.
- *Wofür ist der Konflikt gut?* Eine geringe Chance für Strukturverbesserungen, zum Beispiel auch die Erkenntnis, dass Stellenbeschreibungen notwendig sind, Führungserfahrungen für Dr. Herzog, „ungefährliche" Widerstandsmöglichkeiten für die Mitarbeiter.
- *Angenommen, es würde dem Projektleiter gelingen, sich mit den Chefärzten zu verbünden, gemeinsam von neuen Pharmaaufträgen zu profitieren und sein Team zu „befrieden", wen würde das ärgern?* Die „alten" Pharmafirmen und eventuell einzelne wirklich „leistungsreduzierte" Mitarbeiterinnen und Mitarbeiter, denen es jetzt ganz gut geht.
- *Was könnte Dr. Herzog tun, um den Konflikt zu verstärken?* Mehr und mehr selbstständig agieren – akquirieren, einkaufen und umstrukturieren, ohne zu fragen.
- *Wie schätzt der Klinikdirektor wohl die Konfliktsituation ein?* Er denkt, alles wird sich einrenken. Der Projektleiter wird sein Aufgabengebiet schon bald begreifen und einhalten. Er will nicht recht hinschauen.
- *Wie würden die Konfliktpartner den Konflikt beschreiben?* Die Chefärzte erkennen die Situation nicht als Konflikt. Die alten Pharmapartner fühlen sich bedroht, wissen aber, dass „der Neue" kaum eine Chance hat – zu gut sind ihre (teilweise persönlichen) Beziehungen zu einzelnen Chefärzten.

2.4.3 Dr. Hund und der eventuell anstehende Personalabbau

Die Situation, in der Dr. Hund ist, beschreibt man ebenfalls als einen strukturell angelegten Organisationskonflikt: Das Unternehmen befindet sich im Umbruch. Es gibt einen vage angekündigten Personalabbau.

An den psychosomatischen Beschwerden, die beim Abteilungsleiter auftreten, kann man gut den intrapersonalen Anteil der Konfliktsituation ablesen. Auch er hat Angst, fühlt sich hilflos, hofft, nie entscheiden zu müssen, wen es treffen wird. Jeden Tag hofft er auf die alles entlastende Information von oben: „Kein Personalabbau, nur allgemeine Einsparungen." Aber es ist nichts zu hören. Aus Angst etwas halbherzig, aber doch regelmäßig bemüht er sich um Kontakt zu den Kollegen der Konzernspitze, die sich ihrerseits seinem Empfinden nach abschotten und kein besonderes Interesse an den „kleinen Kümmernissen" der Abteilungsleiter haben. Der intrapersonale Anteil, den Dr. Hund hinsichtlich seiner Handlungsmuster zum Konflikt beiträgt, ist normal. Auch der stärkste, gesündeste Mensch wäre in dieser Situation bald an den Grenzen seiner Belastungsfähigkeit angelangt. Allerdings hat Hund intrapersonal einen echten Ent-

Intra-personaler Anteil

scheidungskonflikt, bei dem es um eigene Werte geht: Wem schuldet er Loyalität? Seinen Mitarbeitern, die er frühzeitig informieren sollte, wer und wie viele über die Klinge springen müssen, oder der Unternehmensleitung, die Schweigepflicht verhängt hat, um die Pferde nicht scheu zu machen?

Verhalten gegenüber Untergebenen

Die interpersonalen Streitigkeiten zwischen den Kollegen bekommt Dr. Hund nur am Rande mit, aber sie verstärken seinen Ärger über deren unsouveränes Verhalten. „Das sind doch alles gestandene, kluge Leute, die müssten doch mit so etwas umgehen können! Sparmaßnahmen sind ja schließlich nicht so ungewöhnlich heute! Sie würden auch alle sofort neue Jobs finden. Wirklich kindisch!" Dann meldet sich wieder der verständnisvolle, fürsorgliche „Papa-Chef" in ihm: „Ehrlich gesagt, ich verstehe es! Ich will ja selbst keinen hergeben!" Zu deutlich spürt er, dass es bei den immer häufiger werdenden Auseinandersetzungen hinter offenen Bürotüren nicht mehr um sachliche Methodenfragen oder kleinere Differenzen um chemische Analyseergebnisse geht. Er fühlt, dass eigentlich er hier zuständig wäre, weiß aber nicht wirklich, wie – außer gelegentlich zu beschwichtigen und zu beruhigen, auch wenn er selbst gerne wüsste, wie es mit ihm weitergeht. Er hat immer weniger Lust, mit den Leuten zu sprechen, und ertappt sich dabei, einzelnen Mitarbeitern aus dem Weg zu gehen. Gut, dass er sich ertappt. Denn persönliche Präsenz des Chefs ist jetzt so nötig wie nie. Auch der Kapitän eines Schiffes im Sturm kann sich nicht einfach mit dem Kommentar „Unter diesen Umständen kann ich nicht führen!" zurückziehen. Gerade jetzt kommt es auf ihn an. Er muss die Unternehmensleitung drängen, frühzeitig und offen zu kommunizieren, und nach unten Sicherheit und Ruhe signalisieren.

Kurzum: Dr. Hund befindet sich in einem Organisationskonflikt, der ihm einen eventuell noch nie gekannten intrapersonalen Konflikt beschert:

- Wie verhält sich hier ein guter Vorgesetzter?
- Wie werde ich entscheiden, wenn es so weit kommen sollte?

Systemzeichnung

Würde man versuchen, eine Systemzeichnung anzufertigen, hätte man wahrscheinlich größere Schwierigkeiten. Alles ist zu sehr in Bewegung, zunehmend chaotisch und auch schwer klar zu platzieren. Dr. Hund selbst rotiert zwischen der Konzernspitze und seinem Team, dreht sich praktisch hin und her, schaut aber meistens zur Seite, nach außen, der Abstand zu den Teamkollegen vergrößert sich.

Die Teammitglieder wuseln durcheinander, bilden verschiedene Zweier- und Dreiergrüppchen, lösen sich wieder, einzelne beißen um sich, laufen wie aufgeschreckte Hühner herum. Hier findet real das statt, was wir bereits auf der individuellen Ebene beschrieben haben: ein Umbruch, in dem alte Strukturen und Spielregeln vorübergehend aufgelöst sind, bevor etwas Neues entstehen kann.

Immer wenn Angst, Stress und Aufregung Kernthema in einer Gruppe sind, wenn die eigene Existenz bedroht ist, verhalten Menschen und Tiere

sich zunächst instabil und in Bewegung. Auch die Positionen dem Vorgesetzten gegenüber sind höchst ambivalent: Man hofft auf ihn, versucht,
sich bei ihm lieb Kind zu machen. Andererseits ärgert man sich in Grund
und Boden über sein unsouveränes Verhalten. Man streicht ihm um den
Bart und schnappt abwechselnd nach ihm. Wendet er sich einem Teammitglied besonders zu, könnte man durchdrehen. Am liebsten würde
man den Rivalen ausschließen, sich selbst in die Nase beißen, den Vorgesetzten anbrüllen, ihm vor die Füße spucken. Aus „normalen" gebildeten
Erwachsenen wird schnell eine Horde verzweifelter Kinder. In diesem
Fall würde eine Systemzeichnung genauso chaotisch aussehen wie die
Realität.

Versuchen wir es mit einigen systemischen Fragestellungen:

- *Worum geht es? Wie heißt das Problem?* Existenzangst bei den Teammitgliedern, Versagensangst beim Vorgesetzten.

- *Wo liegt die Konfliktsituation auf der Skala von 0 bis 10?* Bei 8,5.

- *Wer hat das Problem?* Alle Beteiligten im Unternehmen und natürlich
der Vorgesetzte Dr. Hund und sein Team.

- *Wer hat die Lösungskompetenz?* Die Unternehmensleitung im Großen
und Dr. Hund in der Verantwortung für sein Team.

- *Wer hat ernsthaft Interesse, dass es zu einer Lösung kommt?* Alle, wenn die
Lösung in ihrem Sinne ist.

- *Wer hat Interesse, dass es nicht zu einer Lösung kommt?* In diesem Fall
wohl niemand.

- *Was wäre eventuell eine sinnvolle Lösung?* Notwendige Entlassungen
schnellstmöglich zu kommunizieren, für eine faire Kommunikation
(Warum ausgerechnet du?) und – falls möglich – auch für Abfindungen zu sorgen. Hierzu müsste Hund Klarheit über die Anzahl der
Personen, die es in seiner Abteilung trifft, einfordern und, mit gutem
arbeitsrechtlichen Wissen gerüstet, eine Entscheidung treffen. Damit entfiele die Angst bei den anderen, die entsprechenden Kollegen
könnten sich darauf einstellen.

- *Welche Versuche gab es bislang zur Lösung?* Zu wenige! Halbherzige
Kontaktversuche zur Konzernspitze und Beschwichtigung des Teams.

- *Gibt es positive Aspekte rund um die Konfliktsituation?* Die Mitarbeiter
müssen sich ihrer tatsächlichen Arbeitsqualität bewusst werden und
ihre Performance verbessern. Auch im größten Konzern gibt es keine
Sicherheit, weil Geld nicht vom Himmel fällt. Nur eine Organisation,
die markt- und realitätsangepasst agiert, überlebt. Insofern sollten alle
Beteiligten froh sein, dass das Unternehmen etwas tut, um zu überleben, auch wenn der Umbruch alle hart trifft. Auch werden die Grenzen in Hunds Führungskompetenz deutlich. Er hat noch zu lernen!
„FE 1" freut sich, dass sie nicht mehr ständig mit der Super-Perfor-
mance von „FE II" verglichen werden. Sie haben auch Probleme, bei
ihnen ist aber relativ eindeutig, wer gehen wird.

Syste-
mische
Fragen

- *Paradoxe Frage: Was müssten die Konzernleitung und Dr. Hund tun, um die Situation für alle noch schwieriger zu machen?* Den Entscheidungszeitraum noch mehr hinauszögern und die Anzahl der wahrscheinlich zu entlassenden Personen über ein kritisches Maß erhöhen (zu viele und die Falschen werden entlassen, dann werden künftige Aufträge schlechter bewältigt und es geht erst richtig den Bach hinunter). Der Abteilungsleiter müsste sich noch weiter zurückziehen, noch unklarer kommunizieren, seine „Lieblinge" noch deutlicher machen.

- *Wie würde der Konfliktpartner (Konzernspitze) die Konfliktsituation beschreiben?* Als normal. So etwas geschieht heute immer wieder und überall. Das muss man aushalten können. Man erlebt sich als fair, es so früh angekündigt zu haben.

Weitere
Analysefragen

Was könnte sich Dr. Hund zur Analyse des Konflikts noch fragen?

- Bis zu welchem Datum müssen eine Entscheidung getroffen und eine Lösung gefunden sein?

- Geht es ihm bei der Frage „Loyalität zur Unternehmensspitze vs. Loyalität zum Team" wirklich nur um ein ethisches Problem oder sind niedere eigene Motive im Spiel? (Dazu sollte er vielleicht Kapitel 3 lesen!)

- Was wäre der Worst Case, der geschehen könnte?

- Was wäre auf der Beziehungsebene zu tun, um den geringsten Schaden anzurichten?

- Der Abteilungsleiter könnte versuchen, sich bewusster, deutlicher in die einzelnen Kollegen einzufühlen, zu spüren, was mit ihnen los ist. Sich fragen: Wie fühlt sich ihre Situation an?

- Er sollte sich ehrlich fragen, durch welches Verhalten er selbst die Situation wirklich eskaliert oder deeskaliert.

- Welche Kompromisse (Abfindungen, Zwischen- und Übergangslösungen) wird er anbieten können?

- Was ist gut daran, eine Lösung oder Entscheidung hinauszuschieben?

Auch zu diesem Fall gibt es eine Reihe von Lösungsmöglichkeiten unter psychologischen und vor allem rechtlichen Aspekten. Lesen Sie dazu die Kapitel 3 und 5.

3 Mit Selbstmanagement zur Konfliktlösung

Wie bereits deutlich wurde, werden viele Konflikte erst einmal vorschnell als „von außen verursacht" wahrgenommen: der egoistische Kollege, das unfähige Management, die unfairen Methoden der Konkurrenz usw. Dummerweise liest vermutlich keiner dieser Bösewichte dieses Buch und wird sich daher bis auf Weiteres ähnlich eklig Ihnen gegenüber verhalten wie in der Vergangenheit. Mit anderen Worten: Sie waren vielleicht wirklich nicht der Verursacher des Konflikts, aber Sie haben in fast allen Fällen maßgeblich Einfluss darauf, wie sich die Dinge weiterentwickeln. Durch Ihre Einstellung, Ihr weiteres Verhalten, aber vor allem dadurch, wie sehr Sie den Konflikt für sich „auf die Reihe gebracht haben". Das geht nur durch Selbstreflexion. Die Kernbotschaft zu Beginn dieses Kapitels lautet daher: Natürlich gibt es ein „Außen" – aber zunächst sind Sie gefordert!

Dafür gibt es in diesem Kapitel ein Lernprogramm in sechs Schritten. Bevor wir Sie auf Ihren Konfliktpartner „loslassen", werden Sie dabei einige Denkarbeit leisten müssen. Die Ziele dabei sind:

- Ich stelle mich dem Konflikt, gehe ihn aktiv an, statt still vor mich hin zu leiden.   **Ziele**

- Bevor ich mich in die Höhle des Löwen begebe, bin ich mit mir so weit im Reinen, dass ich der Sache, mir und meinem Gegenüber gerecht werde.

- Ziel ist es nicht, den anderen in die Pfanne zu hauen, sondern mich fair zu verhalten: Das kann durchaus bedeuten, berechtigte Ansprüche zu stellen oder Grenzen aufzuzeigen, aber in einer höflichen, klaren und fairen Form.

- Dazu gehört auch, berechtigte Anliegen des Gegners zur Kenntnis zu nehmen und bereit zu sein, diese in die Konfliktlösung mit einzubeziehen.

- Am Ende geht es darum, all die Kraft, Nerven und Energie, die ich derzeit in den Konflikt stecke, wieder für erfreulichere Dinge zur Verfügung zu haben. Es geht nicht darum, dass sich alle lieb haben (schließlich ist dies hier kein Ratgeber für zerrüttete Partnerschaften). Es geht schlicht darum, einigermaßen störungsfrei arbeiten zu können und dabei einander gegenseitig nicht zu sehr auf die Nerven zu gehen.

Sollten Sie sich mit diesen Zielvorgaben einigermaßen einverstanden erklären können und motiviert sein, den Konflikt aus eigener Kraft zu lösen, sind Sie in diesem Kapitel richtig. Wenn Sie hingegen das Gefühl haben, ohne Hilfe von außen schaffen Sie es nicht, sollten Sie besser gleich zu Kapitel 4 weiterblättern, wo Sie sich informieren können, was ein erfahrener Mediator für Sie tun kann. Wenn Ihrer Meinung nach selbst eine Meditation nichts mehr bringt, dann ist die Ultima Ratio, juristische Schritte einzuleiten (Kapitel 5). Allerdings empfehlen wir auch dann, dieses Kapitel durchzulesen, damit Ihr Ziel „Gerechtigkeit" und nicht „Selbstgerechtigkeit" ist, wenn Sie zum Rechtsanwalt gehen.

6-Schritte-Programm

Die Zutaten für das 6-Schritte-Programm, das Sie in diesem Kapitel durchlaufen werden, sind folgende:

- Ihr aktueller Konflikt

- Erkenntnisse aus Forschungsarbeiten (Konfliktforschung, Stressforschung, Hirnforschung)

- die in Kapitel 2 dargestellten Konfliktebenen und -typen

- unser Ältestenrat: Wir haben 2008 und 2009 25 Personen über 80 zu ihren wichtigsten Lebenserfahrungen befragt und ihre wichtigsten Tipps in der Fachzeitschrift *ManagerSeminare* veröffentlicht. Die Aussagen des Ältestenrats, die gut zum Thema des Buches passen (Konflikte, kritische Situationen, Mumm, den Mund aufzumachen), finden sich in Kapitel 3. Sie decken sich gut mit aktuellen Forschungsbefunden sowie mit überliefertem Erfahrungswissen aus verschiedenen Kulturen (z. B. Sprichwörter, Aussprüche berühmter Dichter und Denker). Ihre Kurzlebensläufe sind für interessierte Leser übrigens auf der CD-ROM unter der Überschrift „Ältestenrat" gespeichert.

- viel Denkarbeit Ihrerseits, angeleitet durch passende Übungen zu jedem der sechs Schritte

- eine Sickerpause von ca. 48 Stunden, in der Sie keinesfalls weiterlesen sollten

- ein guter Freund mit einem hellen, kritischen Kopf, der Ihnen zu einigen Themen ehrlich seine Meinung sagt (Ihr Partner oder ein Kollege mit Mumm tun es auch!)

- Gisela Weiß, Dr. Herzog und Dr. Hund aus Kapitel 1

- Ihre Bereitschaft, nicht nur vor der Türe des anderen, sondern zunächst (auch) vor der eigenen Türe zu kehren

3.1 Selbstreflexion als Konfliktlösung von innen

Wie wir bereits in Kapitel 1 an den Fallbeispielen gesehen haben, wird ein Konflikt regelmäßig von recht unangenehmen Gefühlen begleitet: Irritation, Ärger, Hilflosigkeit, Angst, mit anderen Worten Emotionen, die durchaus mit mehr oder weniger ausgeprägten körperlichen Symptomen einhergehen. Außerdem können Konflikte viel Zeit und geistige Energie fressen, durch Grübeleien, nächtliches Wälzen im Bett, Rachegedanken und wiederkehrende Gespräche mit (inzwischen wahrscheinlich auch schon hinlänglich genervten) Kollegen, Ehepartnern und Freunden.

Man könnte es auch so ausdrücken: Wer etwas spürt, hat ein (das) Problem. Grund genug also, erst mal bei sich nachzusehen, was eigentlich passiert ist, statt den Konflikt sofort dem/den anderen in die Schuhe zu schieben. Dieser andere ist Ihnen vielleicht seelenruhig auf die Füße getreten, ohne es überhaupt zu merken, geschweige denn den Vorgang als Problem oder Konflikt zu erkennen.

Mag sein, dass der ein oder andere von Ihnen an dieser Stelle empört einwenden möchte: Typisch Psychologen! Da wird man gepiesackt und zur Weißglut getrieben durch Abteilung X oder Person Y und dann bekommt man den weisen Ratschlag, Nabelschau zu betreiben! Keineswegs, liebe Leser. Wir fangen das Konfliktmanagement deshalb bei Ihnen an, weil es einfach klüger ist, sich selbst besser verstanden und damit letztlich im Griff zu haben, bevor man in den Ring steigt. Schlimm genug, dass Sie Ihr Gegenüber und dessen Motive nie zur Gänze kennen und verstehen können, die Rechnung beim Konfliktmanagement also letztlich ohne den Wirt machen müssen. Aber müssen es gleich beide am Konflikt beteiligten Wirte sein, deren Motivation und Reaktionen Sie nicht verstehen?

Was passiert eigentlich mit Ihnen, wenn Sie sich in einem Konflikt befinden? Drücken wir es zunächst ganz einfach in einem Bild aus.

Stellen Sie sich vor, Sie haben sich im Lauf Ihres Lebens mit zunehmender Erfahrung ein Haus gebaut, in dem Sie derzeit leben. Das Haus besteht aus

Gebäude aus Annahmen

- Annahmen darüber, wer Sie sind, welche Eigenschaften, Werte, Stärken und Schwächen Sie haben,
- Spielregeln, die Sie für sich und ihre Umwelt für gültig halten,
- Annahmen über Kollegen, Freunde, Familienmitglieder (wer sie sind, wie sie sind) und damit verbundene Erwartungen, wie sich jeder dieser Personen in bestimmten Situationen wahrscheinlich verhält.

Es leuchtet ein, dass es sich in diesem Haus umso besser leben lässt, je mehr Ihrer Erwartungen und Annahmen realitätsangepasst sind. Auch kann es nicht schaden zu verstehen, aus welchen „Bausteinen" das Haus besteht. Anders ausgedrückt, beim Konfliktmanagement hilft es, „selbstbewusst", d. h. sich seiner selbst bewusst zu sein, damit man eigene Irritationen und Verstimmungen besser versteht und nicht alles vorschnell auf den anderen schiebt.

Wer seine Stärken und Schwächen kennt, ist mit etwas nüchterner Selbstreflexion nicht lange beleidigt, wenn der Chef ihm einen Job nicht gibt, für den er nicht geeignet ist. Wer versteht, dass sich von klein auf gelernte Werte und Spielregeln in verschiedenen Kulturen unterscheiden, wird mit etwas Nachdenken nicht ernsthaft versuchen, einem chinesischen Geschäftspartner anzukreiden, dass er ein anderes Verständnis davon hat, wie verbindlich eine mündliche Preiszusage ist. Er wird vielmehr sein Verhalten der Situation anpassen und dem Chef berichten: „Die mündliche Zusage haben wir, das heißt wir sind noch im Boot, aber wir sollten uns Spielraum für Nachverhandlungen lassen." Und wer sich seiner heimlichen Erwartungen an den Chef bewusst ist, erkennt leichter, dass er über das Ziel hinausschießt, zu viel erwartet, und bekommt sich schneller wieder ein, wenn der jüngere Kollege den spannenden Job bekommt.

Stärken & Schwächen

Wie gesagt, eine realistische Einschätzung der Umwelt und von sich selbst führt dazu, dass es sich in diesem selbst gezimmerten Haus einigermaßen realitätsangepasst und stressfrei leben lässt – aber nicht für ewig. Wenn Sie sich in letzter Zeit nachts im Bett gewälzt, gegrämt und geärgert haben, wenn Sie emotional und heftig reagiert haben, dann ist das ein ziemlich sicheres Zeichen dafür, dass ein Umbau angezeigt ist: Ihr „Haus", Ihre Annahmen darüber, wie Sie selbst sind und wie die Umwelt sein sollte, hat sich als nicht ganz richtig erwiesen. Es hat einen Riss und Sie sollten prüfen, woran das liegt. In Kapitel 2 hatten wir das Thema bereits angesprochen.

Stirb und Werde!

Dummerweise stellen sich manche Annahmen über die Umwelt als falsch oder zumindest nicht in allen Situationen zutreffend heraus. Es müssen ständig kleinere Anpassungen am vermeintlich festen Gebäude aus Erwartungen und Annahmen über sich und die Umwelt getroffen werden, damit man der Realität gerecht wird und adäquat reagiert. Das geflügelte Wort von Johann Wolfgang von Goethe „Stirb und Werde!" trifft den Kern dieses lebenslangen Entwicklungsauftrags.

Ein Chef muss für die Belange der Mitarbeiter da sein! Diese Überzeugung ist beispielsweise ein Stein im Haus, das sich der Mitarbeiter von der Realität geschaffen hat. Der alte Chef hat die Erwartung weitgehend erfüllt; damit war die Realität im Einklang mit der Vorstellung des Mitarbeiters. Mit dem Nachfolger hat sich jedoch die Realität verändert: Der neue Chef ist zwar grundsätzlich wohlgesinnt, zurzeit jedoch selbst unter massivem Druck und hat eine andere Auffassung von seiner Rolle als Vorgesetzter. Obendrein wurde er über einen Vorgang falsch informiert und ist nun weniger gnädig. Die Erwartung des Mitarbeiters, dass der Chef ihm jederzeit ein offenes Ohr schenkt, wird also mit hoher Wahrscheinlichkeit enttäuscht.

Wer hier auf seiner Erwartung beharrt, statt den Versuch zu unternehmen herauszufinden, was realistisch wann erwartet werden kann, wird aus dem „Beleidigtsein" nicht mehr herauskommen. Statt sich einer Täuschung darüber, wie die Welt und man selbst angeblich funktioniert, zu entledigen, verharrt man in einem „angeknacksten" Erwartungshaus, durch das der kalte Wind der Realität pfeift. Mit anderen Worten, man weigert sich, an sich selbst zu arbeiten, eigene Vorstellungen zu revidieren und das Haus damit wieder etwas gemütlicher und wohnlicher zu gestalten. Emotionale „Dauerbrenner" wie Schlaflosigkeit, Hass, Angst und Schrecken sind damit Dauergäste.

Besonders harte Arbeit ist natürlich zu leisten, wenn ein kritisches, einschneidendes Ereignis eingetreten ist. Dies kann sowohl einem selbst (z. B. Tod einer geliebten Person, eigene schwere Erkrankung) als auch einem ganzen Unternehmen (z. B. Umsatzeinbruch durch eine Wirtschaftskrise, Fusion mit einem anderen Unternehmen, komplette Umstrukturierung) passieren. Dabei geht es dann oft nicht mehr um „kleinere Reparaturarbeiten", sondern das ganze Haus stürzt ein. Nichts ist wie vorher. Annahmen darüber, wie man selbst ist, erweisen sich als falsch, man kennt sich selbst nicht mehr! Nichts scheint mehr zu gelten, Verhaltensstrategien, Spielregeln greifen nicht mehr.

Im Arbeitsbereich können solche tiefen Erschütterungen z. B. auch dann passieren, wenn zwei langjährige Geschäftspartner sich trennen und ihre Firma irgendwie aufteilen müssen. Auch der Verlust des eigenen Arbeitsplatzes kann zu einer schweren Identitätskrise führen. Für eine richtige Einschätzung der Situation oder der eigenen Reaktion gilt es zu wissen:

- Shit happens! Unser Ältestenrat (Sie erinnern sich, wir haben 25 alte Menschen über 80 befragt) hat im Einklang mit der Forschung (z. B. von Holmes und Rahe) bestätigt, dass es im Leben mindestens drei- bis fünfmal zu richtigen Katastrophen kommt, nach denen zunächst mal nichts mehr wie zuvor erscheint. Dabei wird nach einem anfänglichen „Nicht-wahrhaben-Wollen" ein schmerzhafter Prozess der „Demontage" alter Überzeugungen und Muster ausgelöst, der über verschiedene Phasen zu einem „Neubau" des eigenen Erwartungshauses führt. In der Phase des inneren Umbaus sind alle Arten von negativen Gefühlen und Selbstzweifel normal. Nach außen sind Betroffene dann oft gereizt, misstrauisch und verletzlich. „Wegen Umbau geöffnet" hatten wir diesen Zustand in Kapitel 2 benannt. Auch kommen oft negative alte Erfahrungen und Muster aus der Kindheit hoch (in der manches noch nicht oder falsch „eingebaut", sprich auf die Reihe gebracht wurde, was nun wieder aufbricht). Das Sprichwort aus der Antike „Wem es schlecht geht, der redet böse" deutet darauf hin, dass Menschen im Umbau oft Konflikte provozieren.

Shit happens

- Weigert man sich, die Realität anzuerkennen und sich zu verändern, droht jahrelanger Dauerstress. Statt einzusehen, dass man selbst, der andere, die Dinge anders sind, als man es glaubt, wird viel Energie mit der „Schuldfrage" zugebracht, ein Konzept, das weder zur persönlichen Entwicklung noch zu einem tragfähigen Konzept für den Umgang mit Konfliktpartnern sinnvoll beiträgt.

Realität anerkennen

- Gelingt der Umbau, ist man nach einer Phase von etwa zwei Jahren wieder so stabil, dass das Leben ganz ordentlich ist. Die Betroffenen fühlen sich wieder stark, optimistisch und gereift, weil sie neue Elemente in ihrem „Haus" eingebaut haben und der Wind nicht mehr hereinpfeift. Glücklicherweise ist dies häufig der Fall.

Gelungener Umbau

- Die nächste Irritation kommt wie das Amen in der Kirche. Ein einigermaßen stabiler Zustand ist nur so lange gegeben, wie Innen- und Außenwelt optimal zusammenpassen. Der Kreislauf beginnt von Neuem oder, wie der Dichter Ernst Jandl so treffend formulierte: So lang Luft geht raus und rein, ist kein Ausruhen nicht!

Ewiger Kreislauf

Konflikte als Entwicklungschance

Wie also sind negative Gefühle und Konflikte zu bewerten? Letztendlich kann man an all diesen Beispielen unschwer „das Gute im Schlechten" erkennen: Äußere Umbrüche, massive Kritik von außen, aber durchaus auch eine innere Unzufriedenheit sind immer Anlass, kleinere oder größere Korrekturen an der eigenen Persönlichkeit vorzunehmen. Ein Mensch, der hierzu in der Lage ist, wird im Allgemeinen als wandlungsfähig, selbstkritisch, flexibel und offen bezeichnet. Oft gelingt es diesen Menschen besser, richtig heftige Konflikte zu vermeiden, weil sie schlicht nicht ins Messer laufen oder rechtzeitig in kleinen Schritten gegensteuern.

Regelmäßig „ausmisten"

Wie tief der nötige Umbau ist, hängt vom Ausmaß der Erschütterung ab. Gott sei Dank geht es nicht darum, bei jedem kleineren Konflikt oder Ärgernis die gesamte Persönlichkeit dranzugeben. Dies ist selbst nach schweren Schicksalsschlägen äußerst selten der Fall. Es geht eher um ein regelmäßiges „Ausmisten" von falschen, starren Bildern und Erwartungen, die nicht mehr „realitätstauglich" sind und ein konstruktives Konfliktmanagement behindern. Dass dabei auch völlig neue Impulse durch den Konfliktpartner kommen können, zeigt eine bisher nicht erwähnte Ableitung des Wortes „Konflikt" aus den lateinischen Worten „con" (zusammen) und „fluere" (fließen), auf die der über 80-jährige Arzt Dr. Manfred Jucho aus unserem Ältestenrat hinweist. Wo zwei Flüsse zusammenfließen, gibt es natürlich Turbulenzen, widerstreitende Strömungen, aber es entsteht auch etwas Neues, Starkes.

Störquellen beim Konfliktmanagement

Wer immer noch meint, er könne sich immer und jederzeit auf die Richtigkeit des eigenen Handelns im Konfliktfall verlassen, dem seien noch ein Paar Fehlerquellen aufgezeigt, die sich bei der Konfliktlösung einschleichen können:

Missglücktes Konfliktmanagement

Stellen wir uns der Einfachheit halber den Fall vor, dass zwei Kollegen sich in die Wolle bekommen. Beide haben ein „inneres Gebäude" von mehr oder weniger gefestigten Erwartungen darüber, wie sie selbst und die Welt funktionieren, im Gepäck, wenn sie gemeinsam in die Teamsitzung schreiten. Beide haben das berechtigte und menschliche Bedürfnis, im Team Status und Anerkennung zu finden, worüber sie allerdings nicht weiter nachdenken. Beide haben feste Muster, auf Konfliktpartner zu reagieren, die ihnen zwar ab und zu schon mal rückgemeldet wurden (Du gehst immer gleich hoch!), die sie aber nicht wirklich zu ändern oder zu verstehen versucht haben. Beide haben persönliche Achillesfersen in ihrer Geschichte erworben, die sie in manchen Situationen wie von einer Tarantel gestochen hochgehen lässt: Beim einen ist es die bevorzugte kleine Schwester, die sich immer in den Vordergrund gespielt hat, beim anderen waren es die roten Haare, deretwegen er als Kind oft nicht mitspielen durfte. Beide gehen davon aus, dass sie schon verstanden haben, worum es geht und welches verwerfliche Ziel der Kontrahent verfolgt. Beide haben nicht erkannt, um welche Art von Konflikt es sich hier handelt, auf welcher Ebene er verursacht ist und wer der eigentliche Konfliktpartner wäre. Daher ist es schon fast egal, dass beide zu allem Überfluss das, was sie aus den Sätzen und nonverbalen Signalen des Gegenübers verstanden haben, mit dessen tatsächlich intendierten Botschaften verwechseln und gleichzeitig meinen, sich selbst verständlich und klar ausgedrückt zu haben (siehe Kapitel 2: Kommunikationskonflikte). Nun geht die Post ab:

Im Moment geht es angeblich nur um die Sache. Der eine meint, man solle bei der Präsentation beim Kunden das gelungene Projekt X als Referenzprojekt vorstellen. Der Kollege widerspricht heftig und emotional, weil ein völlig offenes Vorgehen in diesem Fall doch viel besser und zielführender sei. Die beiden werden lauter, unterbrechen sich gegenseitig, bis der Chef dazwischengeht und das Thema auf eine Weise löst, die ihm (als einzigem im Team) einigermaßen sinnvoll erscheint: Ich glaube, ich gehe erst mal allein zum Kunden und präsentiere ihm unsere Firma und ihr Produktportfolio! Alle schweigen betreten. Die besten Zeiten des Chefs sind leider vorbei: Er ist ein Dauerredner vor dem Herrn und Powerpoint und „Beamergerödel", wie er es nennt, sind Spuk und Teufelswerk für ihn. Mit dem Auftrag wird es dann wohl nichts, denn der CEO des potenziellen Kunden ist 38 Jahre alt, ungeduldig und „technophil". Durch das missglückte Konfliktmanagement gibt es nur Verlierer: Keiner der beiden Kontrahenten hat sein Ziel erreicht. Der Chef muss alleine zum Kunden und wird beider Zeit verschwenden, weil der Auftrag sowieso futsch ist.

Wir behaupten, die Sache wäre anders verlaufen, wenn wenigstens einer der beiden Streithähne eine der folgenden Fehlerquellen im Vorfeld erkannt hätte, statt sich in einem Strom von Emotionen in ein Hickhack verwickeln zu lassen.

- Eigene Bedürfnisse und Erwartungen: Beiden ging es nicht nur um die Sache, sondern auch darum, Anerkennung zu finden und/oder mitspielen zu dürfen. Wer das eigene Bedürfnis klar erkannt hat, kann es auch benennen und erhöht damit die Chance, sich durchzusetzen: Ihr Lieben, letztes Mal war ich außen vor beim Projekt, aber diesmal würde ich sehr gerne mitspielen und den Chef zum Kunden begleiten! Oder – noch besser – zu erkennen, dass ein eigenes Bedürfnis hier der Sache nicht dienlich ist und in einer anderen Situation ausgelebt werden sollte. [Typische Fehlerquellen]

- Eigene Muster beim Umgang mit Konflikten (Du gehst immer gleich hoch!) wurden im Vorfeld nicht bedacht. Daher konnte nicht gegengesteuert werden.

- Der eigentliche Konfliktpartner wurde nicht erkannt. In diesem Fall geht es nur vordergründig um die Art der Kundenpräsentation. Tatsächlich geht es darum, wer zum Kunden darf, also um einen Verteilungskonflikt. Verteilungskonflikte sollten mit dem Verteiler ausgetragen werden, und zwar am besten im Schulterschluss mit dem Konkurrenten (s. Kapitel 2).

- Es wurde nicht erkannt, dass der Konkurrent kein rabenschwarzer Bösewicht ist, sondern vermutlich genauso berechtigte Interessen hegt wie man selbst. Der Chef hat es sich reichlich leicht gemacht, als er nicht klipp und klar gesagt hat: „Ich möchte, dass X zum Kunden mitkommt", sondern implizit die Botschaft vermittelt hat: „Macht das unter euch aus: Auf dass der Stärkere gewinnen möge!"

Gleichzeitig mit der Lösung von alten Denkmustern ordnet sich manches, was zuvor irritierte, und wird verzeihlich: Jetzt verstehe ich, warum der Kollege derart hochgegangen ist! Mit etwas Abstand erkennt man die neuen Zutaten zum Problem, die sich meist rasch zu neuen Lösungsansätzen entwickeln, z. B.: Warum eigentlich nicht mit dem Kollegen zum Kunden gehen statt mit dem Chef? Wir beide würden den Auftrag wahrscheinlich bekommen.

Auch wenn man selbst all dies begriffen hat, ist der Kontrahent möglicherweise noch nicht so weit in der Konfliktanalyse (was man ihm zugestehen muss!). Aber mit etwas Einfühlung könnte man ihn vielleicht abholen und ein Gespräch mit ihm führen, das zu einem konstruktiven Ende führt. Voraussetzung ist allerdings, dass mindestens einer das Tempo rausnimmt, nicht ausrastet, Verständnis für die Sicht des anderen hat und einen konstruktiven Vorschlag für das weitere Vorgehen einbringt, z. B. gemeinsamen Plan aushecken, wie man den Chef davon überzeugt,

- dass man gemeinsam zum Kunden geht,
- dass künftig ein klares Wort vom Chef erwartet wird, wen er dabeihaben will, oder
- dass der Chef darauf achtet, dass beide Mitarbeiter abwechselnd zu ihrem Recht kommen.

Je besser ein Vorschlag durchdacht ist und je mehr er die reale Bedürfnislage des Konfliktpartners berücksichtigt, desto größer ist die Chance, dass er angenommen wird.

Es kann sich also durchaus lohnen, erst zu denken und dann zu handeln. Falls Sie anderer Ansicht sind, schlagen Sie bitte gleich Kapitel 5 zur rechtlichen Beratung auf. Vermutlich haben Sie bereits eine recht lange Leidensgeschichte hinter sich und jetzt einfach die Faxen dicke!

Wollen Sie hingegen noch einen Versuch unternehmen, den Konflikt aus eigener Kraft zu lösen, sind Sie herzlich eingeladen zu sechs Schritten, mit denen wir Sie bis in die Höhle des Löwen, Ihres Konfliktpartners, begleiten.

3.2 Schritt 1: Eigene Bedürfnisse und Ansprüche erkennen

Wie wir am Beispiel der beiden Kollegen, die sich in der Teamsitzung in die Wolle bekamen, gesehen haben, lohnt es sich, genau hinzusehen, worum es im Konflikt wirklich (noch) geht. Vordergründig geht es vielleicht um die Art und Weise, wie eine Aufgabe angegangen werden soll, ob Variante A oder Variante B besser wäre . Darunter verbergen sich aber nicht selten verschiedene Schichten von persönlichen Anliegen und Bedürfnissen, um die es ebenfalls geht. Nur manche davon sind dem Betroffenen bewusst. Sie werden aber auch dann nicht offengelegt, weil es irgendwie peinlich oder wenig opportun erscheint.

> **Beispiel: Bedürfnisse statt Sachdienlichkeit**
>
> Das ganze Team ist verstimmt, weil sich ein Kollege einen größeren Dienstwagen „erschlichen" hat, als ihm in seiner Position zusteht. Er argumentiert auf der Sachebene: „Liebe Kollegen, ich habe nur deshalb einen größeren Dienstwagen, weil ich bei unseren Topkunden repräsentieren muss" (Sachargument: Kunde, eigentliches Bedürfnis: Status). Die Kollegen sind aber trotzdem sauer, denn sie argwöhnen (nicht ganz zu Unrecht), dass noch andere Bedürfnisse im Spiel sind: Der Kollege trägt nur Markenklamotten und treibt sich in seiner Freizeit am liebsten auf dem Golfplatz herum. Wahrscheinlich geht es gar nicht nur um die Kunden, sondern um „Status" und Außenwirkung.

Wie in diesem Beispiel gerät jeder Streit zwangsläufig zum Teil in eine Themaverfehlung, wenn eigentliche Motive und Bedürfnisse verschwiegen werden. Eine Einigung hinterlässt den Konfliktpartner „säuerlich", weil er den Braten riecht: Natürlich leuchtet das Kundenargument irgendwie ein. Was lässt sich schon dagegen sagen! Aber so ganz nimmt man es dem Kollegen nicht ab, dass er es bedauerlich findet, dass nicht allen im Außendienst ein so toller Wagen zugestanden wird. Und auch der stolze Fahrer, der (bewusst oder unbewusst) den Konflikt vermeiden wollte, als er den Kollegen das Kundenargument und den Chef vorgeschoben hat, fühlt sich nicht wirklich wohlgelitten im Kreis der Kollegen, obwohl er doch genau das vermeiden wollte mit seiner Argumentation.

Der Arzt und Psychotherapeut Dr. Christian Mayer spricht in einem solchen Fall von einem „Pyrrhussieg". Der Fahrer wollte einen hohen Status (Bedürfnis 1: Ich bin was Besonderes – findet mich alle toll!) und trotzdem Nähe (Bedürfnis 2: Ich bin einer von euch, ich brauche das Auto nur wegen der Kunden). Beides sind durchaus berechtigte Bedürfnisse, aber leider nicht gleichzeitig zu erreichen. Der Kollege versucht, den unangenehmen Teil der Auseinandersetzung (Warum nimmst du dir mehr heraus?) einfach aus der Diskussion herauszuhalten und erringt damit einen leichten Sieg, der ihn aber letztlich noch mehr Sympathie kostet.

Hätte der Kollege sich die Zeit genommen, seine Bedürfnisse vorab selbstkritisch zu analysieren, hätte er vielleicht eine andere Strategie gewählt, oder gar frech und entwaffnend ehrlich die Flucht nach vorn ergriffen: „Ja, ich gebe zu, das ist nicht gerecht, dass ich jetzt als Einziger so einen Wagen fahre. Das war zu keinem Zeitpunkt als Aktion gegen euch geplant, aber ich bin halt ein elender Angeber und liebe schicke Autos über alles! Davon abgesehen werdet ihr sicher zugeben, dass bei den Kunden, die ich derzeit betreue, eine super Außenwirkung nicht übel ist – und zwar für uns alle!"

Wider-
sprüchliche
Bedürfnisse

Auch wenn Sie mit dieser extrem offenen Variante nicht einverstanden sind, denn das ist in der Tat die selbstbewussteste, aber auch ehrlichste Antwort, hätte ein „Bewusstmachen" der Bedürfnisse vielleicht zur Wahl eines anderen Verhaltens geführt, z. B. doch lieber einen Mittelklassewagen auf Arbeitgeberkosten zu nehmen (dem Bedürfnis nach Nähe zum Team wird dienstlich der Vorzug gegeben) und sich dafür privat das neueste Smartphone mit allem Schnickschnack zu leisten (Statussymbol aus der eigenen Kasse).

Eigene Bedürfnisse kennen

Fest steht: Nur wenn ich meine eigentlichen Bedürfnisse kenne, kann ich deren Erfüllung in der Auseinandersetzung wirksam und bewusst verfolgen. Wer sich hier der Reflexion nicht stellt, dem passieren emotionale Ausbrüche und schräge Diskussionen aus Versehen, weil seine Argumentation nicht authentisch wirkt oder Bedürfnisse unkontrolliert „hochpoppen" und vehement ihr Recht fordern.

> **Frage zur Selbstreflexion**
>
> Mit welchen Argumenten haben Sie im aktuellen Konflikt Ihren Standpunkt vertreten?

Unerfüllte Bedürfnisse und Emotionen

Eigene Bedürfnisse erkennen und benennen? Wie soll das gehen, wenn man kein geübter Psychologe ist? Noch dazu wenn manche der Bedürfnisse gar nicht bewusst sind?

Der klinische Psychologe Prof. Klaus Grawe weist in seinem Buch „Psychologische Therapie" auf die Relevanz motivationaler Aspekte (also menschlicher Bedürfnisse als Handlungsauslöser) im Konfliktfall hin. Wie er unterscheiden viele jüngere Forschungsarbeiten vor allem vier Motivgruppen:

Vier Motivgruppen

- Lust und Unlustvermeidung (hier sind körperliche Bedürfnisse aller Art angesprochen)
- Bedürfnis nach Kontrolle, Orientierung (hier geht es um Sicherheit)
- Bedürfnis nach sozialer Bindung einerseits, Autonomie andererseits
- Bedürfnis nach Selbstwerterhöhung und Selbstwertschutz

All diese Bedürfnisse sind wissenschaftlich mittlerweile sehr gut belegt, bis hin zur neurophysiologischen Ebene. Über all die spannenden Forschungsarbeiten zu berichten wäre aber leider eine Themaverfehlung (schließlich haben Sie dieses Buch wahrscheinlich nicht gekauft, um in die Tiefen der Hirn- und Verhaltensforschung einzutauchen). Dennoch sollten Sie verstehen, warum es sinnvoll ist, sich im Konfliktfall mit Ihren Bedürfnissen und denen Ihres Partners auseinanderzusetzen, und ein paar praktische Anhaltspunkte für diese Reflexion an die Hand bekommen. Wir haben uns daher entschlossen, Ihnen an dieser Stelle ein sehr bekanntes und äußerst praxistaugliches Modell anzubieten, das zwar nicht mehr ganz taufrisch ist, aber unserer Ansicht nach mit Recht immer wieder zitiert wird.

Wir sprechen von der Motivationspyramide des Sozialforschers Maslow, die wir Ihnen unten in für unsere Zwecke leicht verfremdeter Form anbieten. Sie werden erkennen, wie gut dieses Modell in manchen Aspekten zu den oben genannten Bedürfnissen der neueren Forschung passt.

Maslow-Pyramide

Maslows Theorie lässt sich salopp mit Brechts Satz „Erst kommt das Fressen, dann die Moral" zusammenfassen. In erster Linie geht es ums eigene, nackte Überleben, das jedem Menschen einleuchtenderweise am wichtigsten ist. Alle weiteren Bedürfnisse sind abstrakter und kommen erst dann zum Tragen, wenn die Grundbedürfnisse erfüllt sind. Als erste Orientierung taugt die Idee sicherlich recht gut. Bei den meisten Menschen dürfte das Fressen wirklich vor der Moral kommen. Dass es bei Einzelnen eine andere Priorisierung der Bedürfnisse gibt und woran das liegt, werden wir später untersuchen.

Um zu erfahren, worum es einem selbst und/oder dem Konfliktpartner wirklich geht, lohnt es sich, alle Stufen der Motivationspyramide von Maslow einmal unter dem Aspekt „Konfliktmanagement" zu betrachten. Nehmen Sie sich hierfür ruhig etwas länger Zeit und sehen Sie genau hin. Denn zum einen lösen Sie den Konflikt nur dann dauerhaft, wenn Ihr eigentliches Bedürfnis zu seinem Recht kommt, und zum anderen werden Sie nie ganz offen und authentisch argumentieren, wenn Untertöne mitspielen, zu denen Sie nicht stehen können, die aber jeder andere hört! Deshalb gehen wir auf jedes der Bedürfnisse etwas länger ein. Nutzen Sie das Angebot, dabei in sich zu gehen.

Maslows Bedürfnispyramide: Um welches Bedürfnis geht es im Konflikt wirklich?

Grundbedürfnisse – das nackte Überleben

Essen, schlafen, Sex, Abwesenheit von Lärm, Hitze, Kälte, räumlicher Enge (ergonomische Faktoren) – bei Tieren würde man sagen „artgerechte Haltung" – stehen auf der untersten Ebene. Wenn hier eine Störung oder ein Mangel auftritt, wirkt er unter Umständen stärker ins Konfliktgeschehen hinein, als den Beteiligten bewusst ist.

Nahrung

Wer kurz vor dem Verhungern ist, dem ist alles egal. Er will nur noch eines: essen! Dass dabei selbst Sicherheitsbedürfnisse hintanstehen müssen, hat unser Ältestenrat eindrucksvoll durch Erinnerungen aus dem Zweiten Weltkrieg bestätigt: Da wurden gegen das strengste Verbot der Nazi-Wächter Schweine in der Garage geschlachtet, obwohl diese laut die Nachbarschaft zusammenschrien und drakonische Strafen drohten.

Ergonomische Faktoren

Eigentlich dürften die Grundbedürfnisse in unserer heutigen Gesellschaft weitgehend erfüllt und kein Thema mehr sein. Leider ist dem aber nicht so. Denn allzu oft werden die ergonomischen Grundbedürfnisse vergessen. Es wird übersehen, wie sehr Stressoren wie Hitze, Kälte, Lärm, räumliche Enge starke emotionale Reaktionen hervorrufen können. Von einer Pflegedienstleiterin, die gerade acht Stunden Nachtdienst hinter sich hat und nun bei der morgendlichen Übergabe schreien muss, weil die Baustelle nebenan ihr ohrenbetäubendes Gerattere fortsetzt, ist kein optimales Konfliktmanagement zu erwarten.

Sexualität

Auch bei den sexuellen Grundbedürfnissen erlebt oder beobachtet man immer wieder, wie Kopf und Kragen riskiert werden, um diesem Grundbedürfnis zu frönen. „Reißt mich von hier aufs Blutgerüste – Ein Augenblick im Paradies ist nicht zu teuer mit dem Tod gebüßt!" ließ beispielsweise Schiller seinen Don Carlos beim verbotenen Rendezvous mit der Stiefmutter ausrufen. Was so manche Politiker höchsten Ranges ausriefen, als sie mit Sekretärinnen, Praktikantinnen oder anderen Gespielinnen ihren Job riskierten, kann nur spekuliert werden. Wie häufig nicht erfüllte sexuelle Bedürfnisse als verborgenes, kleingeredetes Motiv für massive Ehekräche (bei denen es scheinbar um Belangloses geht) verantwortlich sind, davon wissen Paartherapeuten ein Lied zu singen.

Sicherheit

Sind die Grundbedürfnisse erfüllt, stehen auf der nächsten Stufe Bedürfnisse nach Sicherheit: körperliche Unversehrtheit, dauerhafte Absicherung der eigenen Existenz (z. B. Job, Versicherungen, Rentenansprüche). Vor allem in Zeiten der Krise oder Umbruchsituationen geraten menschliche Beziehungen am Arbeitsplatz unter Druck: Verteilungskonflikte über spärliche Ressourcen, eine hohe Arbeitsbelastung und Zukunftssorgen setzen allen Beteiligten gleichermaßen zu und sorgen für ein angespanntes Klima. Plötzlich taucht der Begriff „Mobbing" wieder häufiger in der Fachpresse auf. Arbeitsverhältnisse und Kooperationen, die vorher schon unter keinem guten Stern standen, werden zur Sollbruchstelle.

Viele dieser Phänomene lassen sich mit einem Blick auf Maslows Bedürfnispyramide recht gut interpretieren. Wo das Sicherheitsbedürfnis nicht
mehr ausreichend erfüllt ist, drängen sich Fragen in den Vordergrund,
die alles andere überschatten: Wie geht es mit unserer Abteilung weiter?
Habe ich in einem halben Jahr noch Arbeit? Wie soll ich mein Haus abbe-
zahlen, wenn ich jetzt den Job verliere? Was wird aus meiner Rente? Soziale Bedürfnisse, die erst auf der nächsten Stufe der Bedürfnispyramide
angesiedelt sind, treten in den Hintergrund. Plötzlich ist es nicht mehr so
wichtig, dass ich das tolle Prestigeprojekt bekomme (Status) oder mich
jeder im Team mag (Nähe). Viel wichtiger ist, dass ich weiß, wie ich die
nächsten Monate meine Miete bezahle und den Nachhilfelehrer der Toch-
ter. Wer gerade in einer ähnlichen Situation steht, sollte sich dies bewusst
machen und es bei seinem Konfliktmanagement klar als Fokus benennen.

**Zukunfts-
sorgen**

Appelle an den Teamgeist laufen in einer Situation, in der das Sicherheitsbedürfnis massiv verletzt ist, meist ins Leere. Jeder ist sich in dieser Situation (menschlicher- und verzeihlicherweise!) erst mal selbst der Nächste.
Dies ist mit ein Grund, warum professionelle Berater den Auftrag einer
„Teamentwicklung" in Zeiten des Umbruchs sehr sorgfältig prüfen.
Meist ist es besser, wenn das Unternehmen erst einmal seine Hausaufgaben macht und zumindest klare Strukturen und einigermaßen gesicherte
Aussagen über die strategischen Entscheidungen der nächsten Monate
macht. Daher haben wir in Kapitel 2 im Fall Dr. Hund in der Analyse
auch festgestellt, dass er schnellstmöglich für Transparenz sorgen (das
gibt zumindest Gewissheit) und gleichzeitig präsent sein, Ruhe und Sicherheit ausstrahlen muss.

Wir Deutschen haben im internationalen Vergleich nachweislich ein besonders hohes Sicherheitsbedürfnis. Die 2004 veröffentlichte Globe Studie, bei der 16 000 Manager aus über 60 Ländern rund um den Globus
befragt wurden, erbrachte in der deutschen Stichprobe Spitzenplätze bei
der Dimension „praktizierte Risikovermeidung". Demnach versuchen
wir Deutschen uns durch akribisches Planen, Spielregeln und festgelegte
Prozeduren gegen alle erdenklichen Risikofaktoren abzusichern. Auch
die Tatsache, dass wir weltweit die meisten Versicherungen pro Kopf
und Haushalt abschließen, passt zu diesen Studienergebnissen.

**Sicherheits-
bedürfnis
in Deutsch-
land
besonders
hoch**

Konflikte erwachsen daraus vor allem dann, wenn wir mit Vertretern
anderer Kulturen zusammentreffen. Uns ist gar nicht bewusst, wie sehr
wir dem Rest der Welt in manchen Arbeitssituationen auf den Nerv fallen, wenn wir kritisch und laut auf Spielregeleinhaltung, Ordnung und
akribischen Verfahren nach einem Plan X (der vor zwei Jahren erdacht
wurde) beharren. Unser indischer Kooperationspartner erzählte uns beispielsweise, für ihn sei es unfassbar, wenn er im Januar einen Anruf aus
Deutschland erhalte, in dem eine angespannte Stimme frage: „Können Sie
sicherstellen, dass wir am Nachmittag des 13. Mai zuverlässig einen funk-
tionierenden Beamer in Raum 215 haben werden?" Dergleichen könne
man doch auch ohne Planung am Vormittag des besagten Tages regeln.

Bitte verstehen Sie mich nicht falsch! Es geht nicht darum, uns Deutsche schlechtzumachen. Schließlich hat die „weise Voraussicht" auch ihr Gutes (z. B. bei technologisch einwandfreien Produkten von hoher Qualität, beim Schaffen von Ordnung im Chaos, beim Betreiben von Atomkraftwerken usw.). Aber es kann nicht schaden, sich unseres kulturell geprägten, insgesamt sehr hohen Sicherheitsbedürfnisses bewusst zu sein und die damit einhergehenden sehr rigiden Vorstellungen darüber, „wie etwas zu laufen hat", als eigenen Anteil an Konflikten (z. B. mit internationalen Partnern) nicht dem anderen in die Schuhe zu schieben.

Soziale Bedürfnisse

Nähe

Wir alle brauchen, wenn das Überleben und die Existenz auf absehbare Zeit gesichert sind, soziale Kontakte. Dabei geht es um die Nähe zu anderen, Unterstützung, Solidarität, Rituale und Feiern, die man gemeinsam erlebt, kurz: das Aufgehobensein im „Rudel" und in zuverlässigen engen Bindungen zu einzelnen Personen (Partner, Freunde, Familie).

Status

Zum anderen geht es um Statusbedürfnisse: Werde ich anerkannt, komme ich voran, habe ich den Platz, der meiner Bedeutung innerhalb des Rudels gebührt? Bei zahlreichen Konflikten geht es in Wirklichkeit um genau diese Bedürfnisse, die durch den Konfliktpartner vermeintlich – oder tatsächlich – verletzt wurden.

Kulturelle Unterschiede

Während die Domäne der Statusbedürfnisse kulturell traditionsgemäß eher die Nische der Männer war, wurde Frauen jederzeit zugestanden, dass sie die Bedürfnisse nach Nähe und sozialem Kontakt leben durften. Dass dies keineswegs nur naturgegeben ist, zeigen wiederum interkulturelle Vergleiche. Bereits in den Siebzigerjahren konnte der Kulturforscher Geert Hofstede aufzeigen, dass in manchen Kulturen (Deutschland ist eine davon) eine Art „Aufgabenteilung" zwischen den Geschlechtern besteht, wer sich mehr um welche sozialen Aufgaben und Bedürfnisse kümmert. In diesen Kulturen ist das Berufsleben tendenziell stärker auf Wettbewerb, Konfrontation und Status ausgelegt. Gefühle haben am Arbeitsplatz möglichst nichts verloren. Ein Mann, der in Tränen ausbricht, ist statusmäßig erledigt. Andererseits zeichnen sich Kulturen, bei denen beide Geschlechter via Erziehung beide Bedürfniswelten (Nähe und Status) leben, durch einen insgesamt weicheren, emotionaleren Umgang im Unternehmen aus. Frauen können leichter Karriere machen (statistisch höherer Anteil an Frauen im Management) und Männer gehen tendenziell freundschaftlicher und emotionaler miteinander um, duzen ihren Chef und empfinden zu offensichtlich zur Schau gestellte Statussymbole und Angeberei eher als peinlich (z. B. Skandinavien).

Auch hier gilt es für ein gelungenes Konfliktmanagement zwischen Männern und Frauen, aber auch mit internationalen Partnern zu reflektieren: Welche sozialen Bedürfnisse stehen bei mir und meinem Gegenüber im Vordergrund? Es ist unschwer abzuleiten, dass z. B. ein kulturell eher traditionell geprägter Mensch in unserer Kultur sich schwertun wird, wenn z. B. ein Mann plötzlich ganz offensichtlich ein Bedürfnis leben will und einfordert, das nach eigenem Verständnis nur Frauen zusteht. Dies wird dann eventuell als „Spielregelverstoß" empfunden und dem anderen negativ angekreidet. Die heißen, zum Teil hochemotionalen Diskussionen, die seit Anfang der Siebzigerjahre hierüber geführt werden, zeigen, dass hier ein Wandel im Gange ist, der „Konflikte und Schmerzen" verursacht, die tiefer gehen und jeden betreffen. Immer mehr Frauen fordern ihr Bedürfnis nach Status ein. Männer wollen nicht nur als „Goldesel" für ihre Scheidungskinder herhalten, sondern echten Kontakt und Nähe.

Neben diesem „intrakulturellen" Aspekt kann es selbstverständlich im internationalen Berufsalltag zu jeder Menge Reibung und Konflikte kommen, wenn unreflektiert das eigene kulturell gelernte Muster, mit einem Bedürfnis umzugehen, im Arbeitsalltag gelebt wird. Etliche Studien zeigen, dass deutsche Geschäftsleute international als eher steif, kühl, rational, konfrontativ und fordernd erlebt werden. Auch gelten wir nicht gerade als die „Dreamteam Player". Sich dessen bewusst zu sein eröffnet zumindest die Möglichkeit, frei zu entscheiden, auf welche Weise ich meinem Bedürfnis nach Status oder Nähe zu seinem Recht verhelfen kann, ohne international von einem Fettnapf in den nächsten zu latschen.

Selbstverwirklichung

Angenommen, man ist in der glücklichen Lage, sich keine Sorgen um die persönliche Gesundheit machen zu müssen. Man sitzt z. B. abends sehr angenehm mit einem geliebten Partner (mit dem es in jeder Beziehung läuft) und ein paar netten Freunden auf der ruhigen, schattigen Terrasse seines abbezahlten Hauses. Der Job läuft, man ist anerkannt, aber trotzdem … Irgendwie ist man nicht voll zufrieden: War es das wirklich schon? Ich habe scheinbar alles erreicht, aber irgendwie wird der Job langweilig. Man kann sich nicht mehr richtig über Lob und Anerkennung freuen. Erfolge sind selbstverständlich, weil man alles im Griff hat. Gibt es da nicht noch mehr im Leben? Vielleicht eine neue berufliche Herausforderung! Hier kann es zu heftigen Konflikten mit der Umwelt kommen, wenn z. B. der Ehepartner, bei dem es in der Firma drunter und drüber geht, nur eines will: Sicherheit und Nähe, während der andere sich entwickeln will und neue Herausforderungen sucht.

Suche nach neuen Herausforderungen

Der Wunsch nach Selbstverwirklichung ist übrigens zutiefst menschlich und biologisch angelegt. Letztlich geht es ja um „Hunger nach neuen Erfahrungen und Erkenntnissen". Die moderne Hirnforschung kann gut erklären, warum das Streben nach Selbstverwirklichung auf Dauer keine Routine zulässt. Ein Beitrag des Hirnforschers Manfred Spitzer aus dem Jahr 2007 erklärt dies (stark vereinfacht) etwa so: Das Hirn strebt nach neuen positiven Erfahrungen. Immer wenn eine Erwartung positiv übertroffen wird, springt die Großhirnrinde an, um zu lernen, was genau denn so positiv war. Dabei sorgen Endorphine für eine leichte Euphorie. Wir sind glücklich! Die Falle dabei: Das Glück (die Extradosis Endorphin) ist eigentlich ein Trick unseres Gehirns, uns dazu zu verführen, das Verhalten, das zum Glückszustand geführt hat, immer wieder zu zeigen. Mit anderen Worten, eine Einladung zur Routine: Dieses Verhalten funktioniert, diese Variante nehmen wir bis auf Weiteres: immer derselbe Urlaubsort, dieselbe Aufgabe, dieselbe Herangehensweise. Das spart Energie und schützt vor Pleiten, Pech und Pannen (zumindest, solange sich die Umwelt nicht ändert). Wirklich glücklich macht es aber nur beim ersten Mal oder zumindest, solange irgendetwas neu ist und deshalb die „Hallo-wach-Reaktion" im Gehirn auslöst.

Notwendig zur Entwicklung der Kultur

Gemessen an den Grundbedürfnissen nach Unversehrtheit und Sicherheit ist das Streben nach Glück ein „Luxusthema" in einer Luxusgesellschaft. Dies erkennt sogar der Unzufriedene auf der Terrasse und meint seufzend: Na ja, eigentlich ist es ja Jammern auf hohem Niveau, wenn man bedenkt, welche Sorgen mindestens zwei Drittel der Weltbevölkerung haben. Dennoch – wer diese Stufe der Bedürfnispyramide erreicht hat, empfindet die Sehnsucht nach einer neuen Herausforderung genauso intensiv wie das Bedürfnis nach Essen, wenn er Hunger hat, und wird sich nicht mit der Antwort seines arbeitslosen Freundes: „Deine Sorgen möchte ich haben!" abspeisen lassen. Das ist auch gut so, weil erst ab dieser Stufe all jene Bedürfnisse zum Tragen kommen, die eine Gesellschaft, ein Unternehmen, die Forschung, die Kultur voranbringen.

Für das Konfliktmanagement lohnt es also, auch diese Bedürfnisse bei sich und seinem Gegenüber zu erkennen und ernst zu nehmen. Dies gilt unserer Beobachtung nach zum Beispiel für folgende Fälle:

Beispiele: Bedürfniskonflikte

- Der Chef ist in Aufbruchstimmung und hat tolle neue Ideen für die Kampagne, aber Mitarbeiter X ist partout nicht zu bewegen, die neue, spannende Aufgabe zu übernehmen. Der hat nämlich gerade gebaut und andere Sorgen (Sicherheit). Außerdem klappt es wegen der Dauerbelastung mit dem Job und dem Hausbau in seiner Ehe immer schlechter und seine Frau hat mit Trennung gedroht (Nähe).

- Junge, hochbegabte Talente im Unternehmen, meist Angehörige der Erbengeneration, ohne finanziellen Sorgen, dafür bestens ausgebildet und auf dem Markt bestimmt keine „Ladenhüter", werden bei einer Nachfrage, wann mit einer neuen Aufgabe zu rechnen sei, vertröstet und mit erhobenem Zeigefinger ermahnt, sich gefälligst nicht vorzudrängeln (Selbstverwirklichung).

- Von den Mitarbeitern einer Firmentochter im Entwicklungsland X werden hohes Interesse für die Aufgabe und persönliche Entwicklung erwartet, während bei diesen momentan noch ansteht, genügend Geld für die (riesige) Familie zu verdienen (Grundbedürfnisse).

Ohne ausreichende Reflexion der eigentlich anstehenden Bedürfnisse der Konfliktpartner kommt es zu gegenseitigen Missverständnissen, Abwertungen und man redet aneinander vorbei!

Höhere Ziele

Edel sei der Mensch, hilfreich und gut! Motive auf dieser Ebene, die in der Motivationspyramide am höchsten angesiedelt (und nicht selten abstrakt) ist, laden im Alltag dazu ein, im Konfliktfall als Ausrede missbraucht zu werden. „Mir geht es hier nicht um mich, sondern um …!" Von wenigen Ausnahmen abgesehen, dürften in vielen Fällen auch andere (ebenfalls berechtigte!) Bedürfnisse im Spiel sein.

Oft nur Ausrede

Bei genauem Hinsehen geht es oft nicht wirklich um Ethik, sondern um kulturell oder familiär geprägte Werte und Verhaltensnormen, die nie wirklich reflektiert, sondern ungeprüft übernommen wurden (also letztlich gespeist sind aus dem Motiv, dazugehören zu wollen [Nähe, Status]).

- Das Unternehmen, das einen Mitarbeiter entlässt, der öffentlich der Bestechung bezichtigt wird, ist meist nur halb so „moralisch entrüstet", wie es tut. In Wirklichkeit geht es um Sicherheit. (Schnell weg mit dem schwarzen Schaf, bevor jemand auf die Idee kommt, genauer nachzuforschen, wen wir sonst noch so schmieren!)
- Ich kümmere mich um die alte Erbtante, weil ich im Gegensatz zu euch ein guter Mensch bin (künftige materielle Sicherheit).
- Unternehmen werfen ganz und gar nicht umweltfreundliche Produkte mit grinsendem Biber und grüner Packung auf den Markt. In Wirklichkeit geht es nur um Profit (Sicherheit des Unternehmens).

Im Konfliktfall ist die moralische Keule recht wirksam. Wer sie zückt oder gerade um die Ohren bekommt, sollte also sorgfältig prüfen, um welche Bedürfnisse und Motive es außerdem noch geht. Allzu offensichtlich vorgeschobene ethische und moralische Motive und Bedürfnisse werden besonders übel genommen. Auch verliefe manche Auseinandersetzung wesentlich konstruktiver, ehrlicher und weniger konfliktreich, wenn neben den moralischen auch die ganz persönlichen Bedürfnisse genannt würden. Denn auch sie sind legitim.

Wahre Bedürfnisse (auch) benennen

- Ich liebe es zu helfen, weil die Leute dann dankbar sind und mich mögen. (Nähe)
- Ich mag nicht nur die Welt verbessern, sondern will die Welt sehen und Abenteuer erleben. (persönliche Entwicklung)
- Ich mag die Erbtante, aber ich helfe natürlich auch deshalb, weil ich mir erhoffe, dass sie das fairerweise irgendwie materiell honoriert.

All dies ist in vielen Fällen weniger angreifbar als vorgeschobene „edle" Motive.

Besondere Prägung von Bedürfnissen in der individuellen Geschichte

Während der Aspekt der kulturellen Prägung ein kollektives Phänomen der Konfliktbearbeitung betrifft, gibt es natürlich noch individuelle Muster und Prägungen, die jeder in seiner persönlichen Biografie erlebt hat. Welche Prinzipien und Werte galten in der Familie? Welche schönen und unguten Erlebnisse haben geprägt, manchmal auch traumatisiert? Mit anderen Worten: Hat eine der Bedürfnisstufen in der Maslow-Pyramide ein besonderes „Ausrufezeichen" erhalten, das das individuelle Konfliktmanagement beeinflusst? Einige Beispiele:

- Ein sexuelles Trauma in der Kindheit durch Missbrauch könnte zu einem erhöhten Bedürfnis nach körperlicher Unversehrtheit führen.

- Eine frühe Scheidung der Eltern könnte zu einem gesteigerten Bedürfnis nach Sicherheit und Stabilität führen.

- Das eigene Statusbedürfnis kann schon dann ein „Ausrufezeichen" erhalten haben, wenn man als kleine Schwester, als kleiner Bruder nie irgendwas zu melden hatte oder aus einem anderen Grund keine ausreichende Anerkennung erhalten hat.

- Das Bedürfnis nach Freiheit, Entwicklung und eine riesige Lust auf Abenteuer und spannende Aufgaben schlummern in fast jedem, der als Kind auf Bäumen gesessen, Indianer gespielt oder im Wald Hütten gebaut hat. Diese schönen Erlebnisse können lebenslang ihr Recht fordern und zu heftigen Konflikten mit einer Umgebung führen, die auf Regelmäßigkeit, Routine und strenge Regeleinhaltung pocht.

- Last, but not least können im Elternhaus geprägte Werte und ethische Vorstellungen mit einer Umwelt kollidieren, die den eigenen Vorstellungen über Anstand und Lebensziele krass entgegenstehen: Politische Diskussionen entgleisen dann auf hochemotionale Weise und eine Verständigung scheitert, weil beide Parteien sich gegenseitig Amoral vorwerfen.

Eigene Prägungen reflektieren

Heftige Emotionen, die im Konflikt aufbrechen können, weisen oft darauf hin, dass ein wichtiges Grundbedürfnis sein Recht fordert. Dies sollte ernst genommen werden. Je heftiger die Emotion, desto drängender das Bedürfnis. Es lohnt daher, eigene Prägungen und „Achillesfersen" zu reflektieren. Wer sich hier besser kennt, versteht eine wesentliche Kraft, die am Konflikt mitwirkt und das eigene Verhalten stark mitbestimmt. Vielleicht erkennt man dann auch, dass das Bedürfnis, das sich hier gerade so vehement meldet, in dieser Situation eine „Themaverfehlung" ist.

Vom Bedürfnis zur Erwartung zur Forderung

Angenommen, Sie haben sich das, was bisher zum Zusammenhang zwischen Konflikten und Bedürfnissen gesagt wurde, bereits zu Herzen genommen und dabei erkannt, dass sich bei Ihnen in Ihrer momentanen Entwicklungsphase und äußeren Situation vor allem ein bestimmtes Bedürfnis meldet. Zum Beispiel haben Sie in letzter Zeit öfter genervte Auseinandersetzungen mit Ihrem Chef, der Sie und den Rest der Abteilung seit Monaten mit einer klaren Aussage dazu, ob und, wenn ja, wie viele Mitarbeiter Ihrer Abteilung im Laufe des Jahres noch entlassen werden müssen, hinhält. Sie haben gebaut, in vier Monaten bekommt Ihre Familie wieder Nachwuchs und Ihr Sicherheitsbedürfnis meldet sich mit Macht. Sie können klar benennen: Ich bin sauer, beunruhigt und genervt, wenn der Chef noch mehr Überstunden und Engagement zum Wohle unserer Abteilung und des Unternehmens von mir verlangt, weil mein Sicherheitsbedürfnis derzeit mit Füßen getreten wird und jetzt erst mal dran ist. Damit haben Sie bereits einen wesentlichen Schritt getan.

Außerdem haben Sie für sich geprüft und abgewogen, ob das Bedürfnis im konkreten Konfliktfall legitimerweise sein Recht fordert oder eigentlich an anderer Stelle gelebt werden sollte, und sind zu dem Schluss gekommen, dass es jedem anderen in Ihrer Situation ähnlich erginge. Das Bedürfnis ist legitim, keineswegs neurotisch und gehört nicht in eine Psychotherapie, sondern genau dorthin, wo es derzeit für Konfliktstoff sorgt: an den Arbeitsplatz! Der Ansprechpartner hierfür ist Ihr Chef, denn es fällt (Ihres Erachtens) in dessen Aufgabenbereich, im Rahmen seiner Informations- und Fürsorgepflicht rechtzeitig zu informieren und seine Mitarbeiter nicht ins Messer laufen zu lassen.

Bevor Ihnen nun aber bei jeder Gelegenheit der Hut hochgeht, ohne dass Sie je über die eigentlichen Ursachen Ihrer Genervtheit gesprochen haben, gilt es, sich selbst Klarheit darüber zu verschaffen, was genau Sie von Ihrem Konfliktpartner brauchen. Im genannten Beispiel wäre Ihre Erwartung z. B., vom Chef klare Aussagen zu folgenden Fragen zu bekommen:

Was brauchen Sie?

- Ist mein Job konkret gefährdet?
- Falls nein, wie belastbar ist diese Aussage für welchen Zeitraum?
- Falls ja, wie hoch ist die Wahrscheinlichkeit, dass es mich trifft?
- Wie rechtzeitig bekomme ich einen Warnschuss?
- Welche Möglichkeiten / Angebote (z. B. Abfindung) gibt es in diesem Fall für mich?
- Wie sehr kann ich mit der Unterstützung des Chefs rechnen? usw.

Damit ist es aber noch nicht getan. Sicher wäre es nicht geschickt, den Konfliktpartner einfach mit einer Latte von Fragen zu überfallen (womöglich zwischen Tür und Angel oder vor Publikum). Die Antworten wären dann wahrscheinlich improvisiert und unbefriedigend. Es geht also um die Frage, wie Sie Ihre Erwartungen in eine konkrete (Auf-)Forderung für den Konfliktpartner verpacken.

Wie verpacken?

Realistisch wären in diesem konkreten Fall z. B. folgende (Auf-)Forderungen:

- Bitte um ein Gespräch (Dringlichkeit und Dauer)
- Nennung des Themas (weitere berufliche Entwicklung) mit der Bitte, als Vorgesetzter (und damit definierter Ansprechpartner) konkrete Informationen und eine persönliche Einschätzung abzugeben

Wenn Sie dieses Beispiel auf Ihren Fall übersetzt haben, sollten Sie aber noch nicht gleich loslegen und Ihren Konfliktpartner mit Ihren Forderungen konfrontieren. Das könnte in diesem Stadium nämlich schiefgehen. Lesen Sie lieber erst den Rest dieses Kapitels!

Checkliste „Schritt 1: Worum geht es noch?"	
Mit welchen Argumenten habe ich im aktuellen Konflikt meinen Standpunkt vertreten?	
Wie emotional war ich dabei?	

Um welches Bedürfnis/welche Bedürfnisse ging es mir wahrscheinlich noch beim letzten Streit?
 	
• Körperliche Grundbedürfnisse
  – Ich war physisch angeschlagen oder habe Schmerzen.
  – Ich war unzufrieden mit meinem Sexualleben.
  – Ich war müde, hungrig, durstig.
  – Wir befanden uns in einem hässlichen engen Raum (Hitze, Kälte, Beleuchtung, Lärm, räumliche Enge usw.)
• Sicherheit
  – Ich hatte Angst um meine materielle Sicherheit.
  – Die Existenz meiner Firma/Abteilung stand auf dem Spiel.
  – Etwas im Projekts ließ sich nicht handhaben.
• Soziale Bedürfnisse
  – Ich habe mich zurückgewiesen, nicht gemocht gefühlt.
  – Ich durfte „nicht mitspielen", wollte aber dabei sein.
  – Ich fühlte mich nicht ausreichend gewürdigt.
  – Meine Leistung wurde nicht gesehen bzw. wertgeschätzt.
• Selbstverwirklichung
  – Ich wollte endlich wieder etwas spannendes Neues erleben, was der andere nicht verstand.
  – Ich fühlte mich unterfordert, gelangweilt.
  – Mein Wunsch nach persönlicher Entwicklung und Weiterbildung wurde nicht gesehen.
• Werte/Ethik/die Sache
  – Von mir wurde etwas erwartet, das meinen inneren Werten zutiefst entgegenläuft.
  – Ich hatte das Gefühl, der andere versteht die komplexen Zusammenhänge des Sachverhalts nicht und argumentiert hochemotional.	

Gehört dieses Bedürfnis in die Auseinandersetzung oder sollte es an anderer Stelle gelöst werden, weil der Konfliktpartner hierfür der falsche Ansprechpartner ist?	
Was genau erwarte ich von meinem Konfliktpartner? Was sollte er sagen/tun, um mein Bedürfnis zu würdigen?	
Wie lässt sich dies in eine konkrete Aussage (Forderung, Bitte, Anliegen) für ein Gespräch umformulieren? (Leiten Sie den Satz mit einem Bekenntnis zu Ihrem Bedürfnis ein!) Beispiel: „Wissen Sie, ich habe einen Haufen Arbeit in dieses Projekt gesteckt und bin gekränkt, wenn Sie den Projekterfolg nun nur den Kollegen X und Y zusprechen. Ich würde mir wünschen, dass Sie das bei nächster Gelegenheit im Team geraderücken, damit auch mein Beitrag gewürdigt wird!"	

3.3 Schritt 2: Was sind meine Konfliktbewältigungsmuster?

Nun haben Sie bereits einige wichtige Hürden genommen. Doch das war erst die halbe Miete für ein professionelles Konfliktmanagement. Bislang ging es nämlich nur um das Was – Ihr Bedürfnis und Ihr Anliegen. Bevor Sie in den Ring steigen, müssen wir uns noch um das Wie Gedanken machen. Es kann sein, dass dabei auch das Was nochmals eine Revision oder zumindest „Feinkorrektur" erhält.

Zunächst sehen wir uns an, wie Sie üblicherweise mit Konflikten umgehen. Wenn Sie in etwa 15 Minuten die nächsten sechs Seiten dieses Kapitels gelesen haben und mit dem Inhalt gar nichts anfangen können, ist dies wahrscheinlich ein gutes Zeichen: Sie können kein typisches Verhaltensmuster bei sich entdecken, weil Sie mal so, mal so reagieren. Das wäre ein Hinweis auf ein realitätsangepasstes und flexibles Konfliktmanagement: Mal erfordert es die Situation, mit der Faust auf den Tisch zu hauen, ein andermal wäre eine Entschuldigung angesagt oder ein Kompromiss. Wie in der Natur läuft jedes starre Muster Gefahr, dass man an der Realität vorbeihandelt und sich selbst damit Schaden zufügt.

Flexibel handeln

Ein Tier, das immer auf Angriff programmiert ist, wird gefressen, wenn das Gegenüber stärker ist. Ein Mensch, dem immer gleich der Hut hochgeht, wird sich etliche Male selbst ins Unrecht setzen und im sozialen Gefüge auf Dauer den Rückhalt verlieren. Im nächsten Abschnitt kommt hierzu auch unser Ältestenrat wieder etwas häufiger zu Wort.

Wolf oder Schaf?

Immer wieder geben Vertreter des Ältestenrats den Hinweis, dass im Umgang mit Konflikten auf Dauer ein gesundes Gleichgewicht zwischen dem berechtigten Vertreten eigener Interessen und der Achtung für die Anliegen und Bedürfnisse des Gegenübers gefunden werden muss. Hedwig Beerman (Jg. 25), eine ehemalige Dozentin der Universität Lexington, drückt es so aus: „Absolut lehne ich das alttestamentarische Auge um Auge, Zahn um Zahn wie auch das gegenteilige neutestamentarische Wange-Hinhalten, wenn man geschlagen wurde, ab." Ein anderer Vertreter des Ältestenrats, der ehemalige Oberstudienrat Hans Tußbas (Jg. 17), rät ebenfalls, Konflikte nicht gewohnheitsmäßig zu schlucken, aber sie auch nicht ohne Not überall zu suchen.

Überspitzt formuliert sehen die zwei Extrempole, zwischen denen sich Konfliktpartner bewegen, nach Einschätzung unseres Ältestenrates folgendermaßen aus:

Da ist zunächst der „Schafspol". Wer sich hier eingerichtet hat, hält sich meist für einen guten, friedliebenden Menschen. Die Philosophie in diesem Pol lautet: Wenn einer dich auf die rechte Wange schlägt, halte ihm auch noch die linke hin. Konflikte sollten gemieden oder so schnell wie

Schafspol

möglich beendet werden. Lieber dem anderen recht geben, die eigene Schuld eingestehen, als sich selbst ins Unrecht zu setzen. Kleinere Grenzüberschreitungen des Gegners werden ignoriert, verdrängt oder verharmlost, große Beleidigungen kommen aus heiterem Himmel und treffen einen als argloses Opfer. Man lässt sich schnell einschüchtern und kann sich schlecht abgrenzen. Feinde werden für gefährlicher und böser gehalten, als sie sind. Die eigene Bedeutung, Macht und Egoismen werden geleugnet und nicht gesehen und suchen sich, wenn überhaupt, in passiv aggressivem Handeln ein Ventil, z. B.: Lassen Sie mich das lieber machen, Herr Kollege. Die Aufgabe hat's in sich!

Wolfspol

Der andere Pol ist der „Wolfspol". Wer sich hier eingerichtet hat, fühlt sich meist im Recht und legt auch größten Wert darauf, recht zu behalten. Er kennt glühende Hass- und Rachegefühle. Konflikte werden nicht selten selbst provoziert. Man hat eine klare Vorstellung davon, wie etwas/ der andere sein soll. Trennungen werden glatt und ohne Versöhnung, Dank oder Entschuldigung vollzogen. Die Beleidigung wird als finstere Absicht, uferlos und unverzeihlich wahrgenommen, weil die Fähigkeit und der Wille zum Perspektivwechsel und zur Einfühlung in die Gegenseite, vor allem aber in sich selbst und die eigene Verletzlichkeit fehlen.

Eigenen Pol reflektieren

Die psychische Innenansicht im Konfliktfall ist zunächst durch widersprüchliche Impulse, negative Anspannung und Unsicherheit über unterschiedliche Handlungsalternativen gekennzeichnet. Wer vorschnell, mit dem immer gleichen Handlungsmuster darauf reagiert, reduziert zwar kurzfristig seine Unsicherheit, wird aber langfristig weder seiner Innenwelt noch der Außenwelt gerecht. Grundvoraussetzung zur Konfliktlösung ist es, so der Ältestenrat, zunächst seinen angestammten Pol zu reflektieren und infrage zu stellen. Für „Wölfe" gilt es, die weichen und verletzlichen Seiten in sich zu entdecken, liebevoll anzunehmen und so die Einfühlsamkeit in sich und andere zu erhöhen. Nur wer sich selbst Schwächen und Verletzlichkeit zubilligt, kann Mitleid empfinden. Der ehemalige Zahnarzt Dr. Walter Bauckholt (Jg. 27) gibt allen Wölfen zu bedenken: „Hass mit Hass zu bekämpfen ist der falsche Weg!"

„Schafe" müssen hingegen den Wolfsanteil in sich entdecken und akzeptieren, dass sie durchaus auch egoistisch handeln und dem anderen (scheinbar aus Versehen) Schaden zufügen. Es ist durchaus berechtigt, gelegentlich die Zähne zu zeigen und Grenzen zu ziehen. Schafe, die dies vermeintlich nicht können oder ablehnen, weil es nicht zum Selbstbild passt, schießen über das Ziel hinaus und werden unversehens zum Wolf. Die Psychoanalytikerin Gertrud Wendl-Kempmann (Jg. 24) drückt es so aus: „Gut und nur gut sein zu wollen ist wie auf einem Bein stehen. Man ist gut und schlecht und sollte das akzeptieren, auch seine Schwächen! Alles andere ist wackelig und lädt ein zur negativen Projektion auf andere, vermeintlich Schwache oder Böse."

Erst mit einer kognitiven Auseinandersetzung mit Konflikten jenseits der einseitigen Verhaltensmuster von Opfer und Täter beginnt also nach

Meinung des Ältestenrats eine konstruktive Konfliktlösung. Diese These wird durch (eigene) Forschungsarbeiten in den Achtzigerjahren gestützt. Bei einer Gruppe von 50 Piloten der Bundeswehr ließ sich anhand einer Reihe psychologischer und physiologischer Testverfahren ein Zusammenhang zwischen psychischer und physischer Gesundheit und der Art, mit Ärger in Konfliktsituationen umzugehen, nachweisen. Dabei kam die „Anger Expression Scale" von Prof. C. D. Spielberger zum Einsatz, die drei Typen der Ärgerverarbeitung unterscheidet:

- Ärger in sich „hineinfressen" (Anger in = Schafsstrategie),
- Ärger ungezügelt in Aggressionen ausleben (Anger out = Wolfsstrategie)
- kognitive Verarbeitung von Ärger (Anger Control)

Typen der Ärgerverarbeitung

Die Probanden, die besonders häufig Anger-Control-Items im Fragebogen ankreuzten, traten im Konfliktfall Emotionen und Verwirrung aktiv entgegen und nahmen den eigenen Ärger kritisch unter die Lupe, statt ihm einfach freien Lauf zu lassen. Sie versuchten, auch dem Gegner gerecht zu werden, und fanden zu einem klaren Standpunkt, der allen Seiten gerecht wurde. Die „Arbeit", die dabei zu leisten war, wurde belohnt. Sie waren, verglichen mit den Anger-in- und Anger-out-Typen, psychisch und physiologisch am besten im Gleichgewicht. Die beiden anderen Gruppen wiesen erhöhte Depressionswerte auf und hatten (auch bei Abwesenheit äußerer Stressoren) einen erhöhten Muskeltonus und Blutdruck.

Schon Konfuzius beschreibt dies: „Weisheit macht frei von Zweifel, Sittlichkeit macht frei von Leid, Entschlossenheit macht frei von Furcht."

Woran Sie erkennen können, welche Konfliktmuster Sie haben

Erinnern Sie sich an Kapitel 2, als es um die Diagnose intrapsychischer Konflikte ging? Wir haben Ihnen dabei ein bewährtes Diagnoseinstrument aus der Transaktionsanalyse von Harris und Berne vorenthalten, weil sie besser in dieses Kapitel passen: die sogenannten O.-k.-Positionen, also die Einstellung, mit der ich mich dem Konfliktpartner nähere, und die Einstellung, die ich mir selbst gegenüber hege. Wie Sie gleich sehen werden, hat dieses Konzept viele Überschneidungen mit dem „Schafspol" und dem „Wolfspol".

O.-k.-Positionen

Damit Sie gleich selbst einschätzen können, zu welcher O.-k.-Position Sie neigen, haben wir einen kurzen Test vorbereitet. Zur Verdeutlichung (und Ihrer Erheiterung) übertreiben wir dabei ein wenig.

Konfliktmuster-Check

Ich bin o. k., du bist nicht o. k.

Ich gehe in den Konflikt mit dem Bewusstsein, voll im Recht zu sein, und habe eine hohe Meinung von mir! Mein Gegenüber ist eine böse, arglistige, dumme Kreatur, die eigentlich nur eines verdient: Hölle, Pest und ein paar hinter die Löffel!

1. Trifft leider zu ( )

2. Nicht ganz so krass, aber in diese Richtung geht es ( )

3. Ich sehe es anders ( )

Falls Sie die erste oder zweite Antwort angekreuzt haben, geben wir zu bedenken: Sie sind das Schaf, der Gegner der Wolf! Oder könnte es vielleicht auch umgekehrt sein? Denken Sie lieber noch mal nach! Das gilt insbesondere dann, wenn Sie im tiefsten Winkel Ihrer schwarzen Seele wissen, dass es sich um Ihr generelles Konfliktlösungsmuster handelt. Wenn z. B. Ihr Partner schon mal entnervt etwas in der Art von „Jaja, ich weiß, du bist immer im Recht! Immer sind es die anderen!" geseufzt hat.

Ich bin nicht o. k., du bist nicht o. k.

Ich bin schwach, wehrlos und minderwertig, vielleicht sogar feige und daher gezwungen, manchmal auch zu unfairen Mitteln zu greifen: Petzen, die anderen gegen mein Gegenüber aufbringen, kneifen, Dienst nach Vorschrift. Aber mein Gegenüber hat es nicht anders verdient, denn er ist ein richtig mieser, egoistischer Zeitgenosse. Er macht alle platt und fühlt sich generell im Recht!

1. Trifft leider zu ( )

2. Nicht ganz so krass, aber in diese Richtung geht es ( )

3. Ich sehe es anders ( )

Auch hier gilt, falls Sie eine der beiden ersten Antworten angekreuzt haben: Sie sind das Schaf, wenn auch in diesem Fall das schwarze: schwach, hilflos, ausgeliefert! Der Konfliktpartner ist der Wolf, der nichts weiter verdient hat, als schleunigst mit ein paar Steinen im Bauch im Brunnen versenkt zu werden! Falls Sie schon mehr als einmal zum Mobbingopfer geworden sind, sollten Sie selbstkritisch prüfen, ob nicht auch Ihrerseits ein festgefahrenes Konfliktmuster genau dieser Art zumindest beteiligt ist. Gehen Sie der Sache auf den Grund, bevor Sie (schon wieder) zum Rechtsanwalt oder Betriebsrat gehen. Die meisten Schafe sind viel, viel stärker, als sie meinen, und bräuchten eigentlich keine Hilfe von außen!

Ich bin nicht o. k., du bist o. k.

Vielleicht sind ja meine Bedürfnisse überzogen. Das haben mir Leute schließlich schon oft genug gesagt. Am besten trete ich gleich den Rückzug an. Dann geht mein Gegenüber als starker, hoffentlich noch gnädiger Wolf vom Platz! Ich bin ein Wurm, der getilgt werden sollte!

1. Trifft leider zu ( )

2. Nicht ganz so krass, aber in diese Richtung geht es ( )

3. Ich sehe es anders ( )

Wenn Sie 1. oder 2. angekreuzt haben, passiert Ihnen das regelmäßig? Zum Beispiel immer bei Chefs, bei Frauen, Partnern, Älteren oder sonst einer spezifischen Gruppe? Dann handelt es sich ziemlich sicher um ein in der Kindheit gelerntes Muster, das mit dem ins Kraut geschossenen Bedürfnis nach Nähe und Harmonie einhergeht. Das Dumme dabei ist nur, dass sich Ihr Konfliktpartner über Ihr überangepasstes Verhalten nur wundert. Vielleicht misstraut er Ihnen auch zu Recht, weil er spürt, dass der Frieden ein Scheinfriede ist. Unter Ihrer Oberfläche brodelt es noch gewaltig. Sie sehen aus wie ein Wolf im Schafspelz! Überdenken Sie also das Muster, es sei denn Sie stellen schon vor der Auseinandersetzung fest, dass Ihre Forderung inadäquat ist und im Augenblick wirklich der andere im Recht ist. Genau dies ist nämlich interessanterweise bei Personen mit diesem Muster gar nicht so selten. Sollte sich Ihre Forderung bei Licht betrachtet wirklich als überzogen herausstellen, dann brauchen Sie nicht mehr in den Ring zu steigen und haben logischerweise auch keinen Groll. Vielleicht können Sie sich sogar zu einer Entschuldigung aufraffen?

Ich bin o. k., du bist o. k.

Ich nehme die Friedensfahne in die Hand: Lass uns reden! Wir sind zwei Schafe und werden uns schon einig werden! Das gegenseitige Vertrauen ist groß. Eigentlich gibt es keinen Grund, vor dem Konfliktgespräch Angst zu haben. Der Termin ist nur rein zufällig schon zweimal verschoben worden.

1. Trifft zu   ( )

2. Nicht ganz so krass, aber in diese Richtung geht es   ( )

3. Ich sehe es anders   ( )

Sie haben 1. oder 2. angekreuzt? Sicher erwarten Sie jetzt, dass wir ohne Umschweife sagen: Ja so soll es sein! Zu oft erleben wir jedoch in der Praxis, dass dieser Anspruch eine Überforderung ist und an der Realität vorbeigeht. „Ich bin o. k., du bist o. k." stimmt nur dann, wenn Sie wirklich überzeugt sind und die Einstellung aus vollem Herzen kommt. Aber vor einer Konfliktlösung ohne Vorbehalte, heimlichen Groll und große Empfindlichkeiten gibt es einiges zu tun: Sie haben sich selbst geprüft und sind zu dem Schluss gekommen, dass Ihr Anliegen legitim ist. Zugleich haben Sie sich in die Situation des anderen hineinversetzt (Kapitel 3.4) und festgestellt, dass Sie einiges nachvollziehen können und daher einzulenken gedenken. Und jetzt kommt das Wichtigste: Sie gestehen sich und dem anderen zu, dass keineswegs nur edle Motive im Spiel sind, die Sie bei sich und dem anderen erkannt haben und ebenfalls ansprechen! Dafür muss zunächst die Scham vor scheinbar niederen Bedürfnissen überwunden werden.

Alles in allem wäre uns folgende Version der O.-k.-Positionen lieber: Ich bin im Großen und Ganzen o. k. (ein Schwolf) und du wahrscheinlich auch! Mit dieser Variante arbeiten wir weiter! Aber zuvor bekommen Sie mit der Checkliste zu Schritt 2 Gelegenheit, einige Erkenntnisse für sich „dingfest" zu machen.

Optimal:
der Schwolf

Checkliste „Schritt 2: Wie gehe ich auf den anderen zu?"	
Welche der vier O.-k.-Positionen entspricht derzeit am ehesten meinen Einstellungen zum Konfliktpartner? • Ich bin o. k., du bist nicht o. k.: Angriff, sich im Recht fühlen, den anderen besiegen wollen • Ich bin nicht o. k., du bist nicht o. k.: Hilfe suchen bei Dritten, kneifen, blau machen, Dienst nach Vorschrift • Ich bin nicht o. k., du bist o. k.: schnelle Unterwerfung, viele unbefriedigte Bedürfnisse • Ich bin o. k., du bist o. k.: fairer Umgang im Konflikt; Gefahr zur Konfliktvermeidung, Harmonisierung	
Ist dies ein typisches Muster für mich oder der Situation bzw. dem Gegner angemessen?	
Was möchte ich dieses Mal anders machen?	

3.4 Schritt 3: Die Bedürfnisse des Konfliktpartners würdigen

In den anderen hineinversetzen

Um die Rechnung nicht ohne den Wirt zu machen und einigermaßen gut vorbereitet in ein Konfliktgespräch zu gehen, sollten Sie sich so weit wie möglich in die Position des anderen hineindenken. Allerdings sollten Sie zuvor sicherstellen, dass Sie auch den richtigen Konfliktpartner ausgemacht haben.

Wer ist mein Konfliktpartner?

Das alte Sprichwort „Er meinte den Esel und schlug den Sack" wird im Alltag meist dann verwendet, wenn sich ein Subalterner einen Rüffel abholen muss, der eigentlich für seinen Chef bestimmt gewesen wäre. Dies geschieht leider nur allzu oft.

Bevor wir uns daranmachen, die Gedanken und Bedürfnisse im Kopf des Konfliktpartners zu entschlüsseln, sollten wir aber nochmals sichergehen, dass wir nicht im falschen Kopf nach Motiven forschen, weil wir uns eigentlich mit jemand anderem streiten sollten.

Beispiel: Der falsche Konfliktpartner

Zwei Abteilungsleiterinnen teilen sich eine Assistentin. Eine von ihnen gibt ihr den Auftrag, noch heute einen Vorgang für einen wichtigen Kunden fertig zu machen. Als sie abends in deren Büro kommt, um nachzufragen, ob alles erledigt sei, ist der Vorgang liegen geblieben. Die Assistentin sitzt stattdessen in einer Skype-Konferenz und verhandelt wegen irgendeiner Abrechnung mit den Sachbearbeitern in China. Da geht der Abteilungsleiterin der Hut hoch: „Ich habe Ihnen doch ausdrücklich gesagt …!" Die Assistentin reagiert pampig: „Ich hab doch schließlich nur zwei Hände! Frau X hat gemeint, das Chinaprojekt sei dringender!" Es kommt zum Streit …

Überflüssig zu sagen, dass die beiden Abteilungsleiterinnen sich blendend verstehen (ich bin o. k., du bist o. k.) und vor allem in einem Punkt einig sind: Die Assistentin bringt's nicht! Sie ist heillos überfordert und vergreift sich obendrein neuerdings im Ton. Vielleicht sollten wir sie ersetzen (Bauernopfer) oder mal auf ein Stressbewältigungs- und ein Konfliktmanagementseminar schicken!

Alles ist einfacher, als sich dem eigentlichen Konfliktpartner zu stellen. („Wie kommst du dazu, einen wichtigen Auftrag von mir bei der Assistentin zu canceln, ohne dich vorher mit mir abzustimmen?") Die arme Assistentin ist nämlich in einem klassischen strukturell verursachten Rollenkonflikt und kann es eigentlich nur verkehrt machen, weil unterschiedliche Erwartungen erfüllt werden sollen. Als Konfliktpartner scheidet sie damit aus. Eine adäquate Reaktion der Abteilungsleiterin wäre vielleicht gewesen: „Ach, wie ärgerlich! Na ja, Sie können nicht viel dazu, Sie konnten ja schlecht Nein sagen. Aber vielleicht machen Sie meiner Kollegin gegenüber das nächste Mal klar, dass auch ich Ihnen eine Deadline gesetzt habe, und bitten sie, die Prioritäten direkt mit mir zu klären."

Die Konfliktpartnerin ist also zunächst die unmittelbare Verursacherin (hier die Kollegin mit dem Chinaprojekt). Sie sollte unverzüglich auf den Vorfall angesprochen werden. Sollte sich in einem fairen und sachlichen Gespräch zwischen den Abteilungsleiterinnen herausstellen, dass alle Aufgaben beider Bereiche einfach zu viel für eine Assistentin sind, kann der Konflikt nur auf der nächsthöheren Bereichsleiterebene gelöst werden: Beide Abteilungen müssen mit Zahlen, Daten und Fakten darlegen, dass sie personell unterbesetzt sind und noch mindestens eine Halbtagskraft brauchen. Ein Hinweis hierfür wäre, wenn es sich bei dem Vorfall nicht um einen Einzelfall handelt. Ohne die zusätzliche Arbeitskraft oder eine deutliche Reduktion von Aufgaben (an deren Zielerreichung sich schließlich beide Abteilungsleiterinnen messen lassen müssen) ist der Dauerkonflikt vorprogrammiert. Wirklich schuld wäre daran keine der Personen, die derzeit im Clinch sind. Sie können nur verhindern, dass sich der bestehende Personalmangel (primäre Ursache) durch fehlende Absprachen und Spielregeln (sekundäre Ursache) doppelt übel auswirkt.

Ein Lösungsansatz

Was steht auf dem Kärtchen im Kopf des Konfliktpartners? Der Perspektivenwechsel

In Konfliktseminaren machen wir dazu z. B. folgende Übung, die Sie jetzt gleich an sich selbst ausprobieren können:

Zunächst bitten wir zwei Personen, an einem Experiment teilzunehmen. Jede der Personen bekommt ein Kärtchen in die Hand, auf der seine Sichtweise und Rolleninstruktion steht. Beide Teilnehmer werden aufgefordert, sich in getrennten Räumen ca. 15 Minuten in die Sichtweise hineinzudenken und sich auf ein Rollenspiel „Konflikt zwischen Kollegen" vorzubereiten.

Rollenspiel

Wenn beide Rollenspieler den Raum verlassen haben, liest der Trainer das erste Kärtchen von Rollenspieler 1 vor. Darauf steht Folgendes:

Text des Kärtchens von Rollenspieler A

Sie sind Herr A. Sie hatten den Auftrag, gemeinsam mit Ihrem Kollegen B einige Vorschläge zum Design eines größeren, bereichsübergreifenden Projekts zu entwickeln und heute auf der Bereichsleiterkonferenz zu präsentieren. Die Zusammenarbeit lief sehr gut. Bei Ihnen sprudelten die Ideen, da Sie bereits Erfahrungen mit einem ähnlichen Projekt hatten. Ihr Kollege, eher der kritische und genaue Typ, sorgte für eine einwandfreie Powerpoint-Präsentation und fand noch einige kleinere Unstimmigkeiten. Dem endgültigen Designvorschlag stimmte er aber schließlich zu. Dann, als während Ihrer Präsentation ein, zwei kritische Fragen eines Bereichsleiters kamen, ergriff er plötzlich das Wort, warf alles über den Haufen und schlug ein völlig anderes Vorgehen vor als besprochen. Sie standen wie ein Idiot am Beamer, während Ihr Kollege alles an sich riss und völlig unabgestimmtes Zeug von sich gab.

Jetzt, nach der Besprechung, sind Sie wieder im Büro. Sie kochen vor Wut und beschließen, Ihren Kollegen zur Rede zu stellen.

Nachdem der Trainer den Text vorgelesen hat, fragt er: „Kann man das nachvollziehen?" Fast alle Seminarteilnehmer stimmen zu. Manche erzählen, dass Sie auch schon Ähnliches erlebt haben. So ein Wichtigtuer! Dem würde ich aber gründlich den Marsch blasen! Bevor der Trainer die Rollenspieler hereinbittet, damit sie ihren Streit austragen, wird noch das zweite Kärtchen vorgelesen.

Halt! Bevor Sie weiterlesen, machen Sie kurz die Augen zu. Was könnte wohl auf dem Kärtchen des zweiten Rollenspielers stehen? Gibt es vielleicht noch eine andere Erklärung für dessen Verhalten, außer dass er ein mieses kleines Schwein mit verwerflichen Motiven ist?

Text des Kärtchens von Rollenspieler B

Sie sind Herr B. Sie hatten den Auftrag, gemeinsam mit Ihrem Kollegen A einige Vorschläge zum Design eines größeren, bereichsübergreifenden Projekts zu entwickeln und heute auf der Bereichsleiterkonferenz zu präsentieren. Die Zusammenarbeit lief allerdings gar nicht gut.

Ihr Kollege hatte von Anfang an eine feste Vorstellung davon, wie das Projekt abzulaufen hätte, weil er bereits ein ähnliches Projekt bearbeitet hatte. Er übersah dabei einige wesentliche Eingangsbedingungen, die ein völlig anderes Vorgehen erforderlich machten. Mehrfach versuchten Sie, ihn darauf hinzuweisen, aber der Kollege war so in Fahrt, dass er Ihre Einwände allesamt mit dem Hinweis vom Tisch wischte, er wisse schließlich aus Erfahrung, dass dies das beste Vorgehen sei. Schließlich gaben Sie entnervt auf und beschränkten sich auf Handlangerdienste (z. B. die Powerpoint-Präsentation vorzubereiten). In der Präsentation kamen prompt die Einwände, die Ihnen auch sofort ins Auge gesprungen waren. Um die Sache irgendwie zu retten, legten Sie nun Ihre (wenn auch unfertigen) Ideen dar, die dem Kreis Gott sei Dank auch sofort einleuchteten. Leider kapierte Ihr Kollege selbst in dieser Situation nicht, dass ein Umdenken erforderlich war, und spielte stattdessen beleidigte Leberwurst. Höchste Zeit, mal ein ernstes Wort mit ihm zu reden!

Nach dem Vorlesen dieser Karte ist die Seminargruppe meist nachdenklich. Natürlich kann man diese Sichtweise genauso nachvollziehen.

Vielleicht hatten Sie sich schon etwas Ähnliches gedacht. Schon das Nachdenken darüber, was den anderen zu seiner scheinbar verwerflichen Handlungsweise getrieben haben könnte, wirft Fragen auf und bremst den eigenen heiligen Zorn.

Um die Geschichte zu ihrem traurigen Ende zu führen: Selbst in einem Konfliktmanagementseminar, wo die Teilnehmer doch eigentlich sensibilisiert sein sollten, passiert regelmäßig das Gleiche, wenn man die beiden Streithähne im Rollenspiel aufeinanderprallen lässt:

- gegenseitige Angriffe und Vorwürfe
- vollkommenes Unverständnis für die Motivation des Gegenübers
- ein rasantes Tempo
- wenige bis keine Nachfragen, was den anderen bewegt hat und wie es zu dieser Situation kommen konnte (Vorgeschichte)

Erst wenn man beide Rollenspieler daran erinnert, dass der andere auch ein Kärtchen bekommen hat, das er nun im Kopf trägt, und die Aufgabe umformuliert: „Findet heraus, was jeweils auf dem Kärtchen des anderen steht, und sucht nach Möglichkeiten, wie ihr Ähnliches in Zukunft verhindert", verläuft das Gespräch sehr schnell friedlich und konstruktiv. Es ist wie im richtigen Leben: Jeder hat sein Kärtchen im Kopf! Der Versuch zum Perspektivenwechsel ist eine Riesenhilfe für ein gelungenes Konfliktmanagement.

Und wie gelingt Ihnen dieser Perspektivenwechsel im Alltag? Hier einige Tipps, die sich bewährt haben:

Perspektivenwechsel

- Bitten Sie einen guten Freund, sich Ihre Version des Konflikts neutral und kritisch anzuhören. Machen Sie klar, dass es Ihnen ausnahmsweise nicht darum geht, Ihre Position zu stärken und in Ihr (empörtes) Horn zu blasen, sondern sich in den Konfliktpartner hineinzuversetzen. Er soll dabei davon ausgehen, dass auch der seine berechtigten und nachvollziehbaren Gründe hat, sich so zu verhalten, wie er es momentan tut. Bitten Sie Ihren Freund, auch Ihr eigenes Verhalten und dessen Wirkung auf den Konfliktpartner kritisch zu reflektieren, und versichern Sie ihm, dass Sie nicht beleidigt reagieren werden! Das sollten Sie dann allerdings auch halten!

- Fertigen Sie eine Systemzeichnung an, wenn Sie das Gefühl haben, es handelt sich um einen Organisationskonflikt. Dabei sollten Sie versuchen, sich in den anderen hineinzuversetzen: Wie würde ich mich fühlen, wie würde ich handeln, wenn die Kräfte innerhalb des Netzwerks auf mich wirken würden, die jetzt auf den Konfliktpartner wirken?

- Gehen Sie die Bedürfnispyramide durch und fragen Sie sich, welche Bedürfnisse und Motive eventuell gerade bei Ihrem Konfliktpartner im Vordergrund stehen: Sein Bereich wird umstrukturiert? Kein Wunder, dass er jetzt Sicherheit und Verlässlichkeit bei uns allen derart vehement einfordert. Er ist gerade degradiert worden? Dann war es wohl reichlich uneinfühlsam von mir, ihm gegenüber gerade jetzt von meinem Statuszugewinn als Projektleiter zu schwärmen usw.

- Film im Kopf: Gemeint ist eine genaue Erinnerung an verbale und nonverbale Reaktionen Ihres Gegenübers. Versuchen Sie, sich an den genauen Wortlaut entscheidender Gesprächssequenzen zu erinnern und den Gesichtsausdruck, die Haltung, die Stimme Ihres Konfliktpartners. Dann spielen Sie damit: Drehen Sie den Ton weg. Was sagt der andere nonverbal? Lassen Sie nur den Ton laufen: Wann war die Stimme besonders erregt, kalt, leise? Gab es Sätze, die mehrfach wiederholt wurden (ein sicheres Zeichen, dass sich Ihr Gegenüber hier nicht verstanden gefühlt hat und deshalb die Platte hängengeblieben ist)? Dann fragen Sie sich: Gab es außer dem, was ich bislang gehört habe, vielleicht noch etwas anderes, was beachtet werden sollte, dem anderen wichtig ist?

Eines sollte Ihnen allerdings nicht passieren: Sie sollten all das, was Sie als vermeintliche Motive und Sichtweisen des Gegenübers ausgemacht haben, nicht mit der Wirklichkeit verwechseln. Es geht nicht darum, zum Superpsychologen oder gar Hellseher zu werden. Vielmehr hilft es, sich dafür zu öffnen, die eigene starre Sicht zu durchbrechen und spätestens im Gespräch neugierig und offen nachzufragen. Damit dienen Sie nämlich nicht nur dem anderen, sondern auch sich selbst!

Auch für Schritt 3 haben wir Ihnen eine Checkliste vorbereitet, die Sie auch auf der CD-ROM finden:

Checkliste „Schritt 3: Wer ist mein Konfliktpartner und was ficht ihn an?"
Ist mein Konfliktpartner wirklich der Konfliktverursacher oder tragen wir beide etwas aus, das auf anderer Ebene mit anderen Personen verursacht wurde (vgl. Kapitel 2)?
• Wenn man eine andere Person in die Position des Konfliktpartners setzte, wäre der Konflikt für alle Zeiten beseitigt? Was ist das Problem? Wer könnte es lösen?
_____
• Ich habe diese Art von Konflikten noch nie erlebt und verhalte mich eher untypisch. Wie viel Prozent des Konfliktpotenzials macht das aus?
_____
• Gehört der Konfliktpartner einer Gruppe/Abteilung an, die mit meinen Kollegen traditionsgemäß „im Clinch liegt"? Worum geht es? Ressourcen, Aufgaben?
_____
• Wer profitiert von unserem Konflikt?
_____
• Geht es um die Verteilung von Ressourcen, Macht oder Status, die bei Licht betrachtet nicht auf unserer Ebene ausgetragen werden sollte? Wer ist der Verteiler?
_____

Reden sollte ich vor allem mit	über
1. _____	1. _____
2. _____	2. _____
3. _____	3. _____

Welche Vermutungen zur Sicht des Konfliktpartners habe ich durch einen Perspektiven-wechsel:

• Vermutliche Gefühle des anderen:

_____

• Vermutliche Bedürfnisse des anderen:

_____

• Vermutliche Sachzwänge, die auf den anderen wirken:

_____

Wie hat mein Verhalten in letzter Zeit/beim letzten Zusammenstoß vermutlich auf den anderen gewirkt?

• Was war gut/hat die Konfliktlösung gefördert?

_____

• Was war negativ – hat uns wahrscheinlich eher tiefer in den Konflikt getrieben oder zur Eskalation beigetragen?

_____

Welches Konfliktbewältigungsmuster hat mein Konfliktpartner und wie passt es zu meinem?

_____

Gibt es etwas, was ich nachträglich anders machen würde?

_____

Welche Erwartungen/Forderungen hat mein Konfliktpartner eigentlich genau an mich?

1. _____

2. _____

3. _____

4. _____

3.5 Schritt 4: Gerechtigkeit im Kopf üben

Wer bis hierhin gelesen hat und einigermaßen verwirrt ist, dem sei gratuliert! Offenbar sind Sie dabei, Ihr Haus aus festen Annahmen infrage zu stellen, es hat Risse bekommen, der Wind pfeift herein: Vielleicht hat der andere ja auch recht? Plötzlich fällt es nicht mehr so leicht, zwischen Gut und Böse zu unterscheiden. Mit anderen Worten, Sie entwickeln sich: Sie nehmen eine Realitätsprüfung Ihrer bisherigen Annahmen vor, werfen „nicht Stimmiges" über Bord und bauen Ihr Haus neu.

Rückzug, Bestandsaufnahme, Abstand

Nun kommt der bisher schwerste Part. Wir laden Sie zu einer Wanderung auf einen hohen, einsamen Berg ein. Auf dem Rücken haben Sie einen Sack mit all den Bausteinen aus Informationen, Annahmen, Beobachtungen und Fragen, die Sie in den letzten Kapiteln gesammelt haben:

- Aus der Analyse der Konfliktebene und -art kennen Sie nun Ihren tatsächlichen Konfliktpartner und „Nebenkriegsschauplätze".

- Aus Ihrer kritischen Selbstanalyse kennen Sie jetzt Ihre eigenen Bedürfnisse, Anliegen, berechtigte Forderungen, überzogene Forderungen. Was davon erhalten Sie aufrecht, was misten Sie aus?

- Aus Ihrem Versuch zum Perspektivenwechsel haben Sie Vermutungen über all die inneren und äußeren Kräfte entwickelt, die auf den Gegner einwirken, und was das mit seinen Bedürfnissen und Forderungen zu tun hat. Welche davon können Sie akzeptieren, wo kollidieren seine Bedürfnisse und Forderungen mit Ihren eigenen? Kollidieren sie überhaupt oder hat man bislang einfach nur aneinander vorbeigeredet, sich auf einem Nebenkriegsschauplatz bewegt?

- Aus der Analyse der typischen Konfliktbewältigungsmuster können Sie die Art des Umgangs miteinander im Konflikt besser verstehen und einigermaßen vorhersagen, wie die nächste Auseinandersetzung verlaufen wird, wenn nicht einer von beiden die Strategie ändert. Wollen Sie das? Trauen Sie dem anderen eine Änderung zu? Werden Sie wieder, im alten Muster, wie ein Automat mit Angriff (Wolf) oder mit Flucht (Schaf) reagieren, wenn der andere sich verhält wie immer?

Vorläufige Ordnung finden

Nicht alles passt zusammen, manches wird auch allein mit Denkarbeit nicht stimmig werden, aber Ihr Ziel lautet jetzt: eine vorläufige Ordnung und einen Standpunkt für Ihr weiteres Vorgehen finden, den Konflikt für sich „auf die Reihe bringen". Am Ende sollten Sie sich über folgende Fragen klar geworden sein:

- Ergreifen Sie die Initiative? Wenn ja, wem gegenüber?

- Mit welcher konkreten Botschaft/Forderung treten Sie dem anderen gegenüber?

- Welche Fragen sollten Sie dem anderen stellen, um sicher zu sein, dass Ihre Einschätzung der Situation mit dessen Realität übereinstimmt?

- Welche Zugeständnisse wollen/können Sie dem anderen machen? Wofür wollen/können Sie sich entschuldigen?
- Wie verhalten Sie sich, wenn das Gespräch komplett missglückt?

Leider können wir Sie auf dieser Reise nicht bis zum Ende begleiten. Jeder Konfliktfall ist ein wenig anders gelagert – Ihr Innenleben, das Ihres Konfliktpartners und das Umfeld, in dem Sie agieren, enthält eine Fülle von Variablen, die sich unmöglich mit einfachen „Wenn – dann – Regeln" auf ein paar Seiten beschreiben lassen. Wir können lediglich mit Ihnen dafür sorgen, dass Sie die wichtigsten „Steine" für Ihr neues Haus im Gepäck haben sowie eine grobe Marschroute und ein Paar Warnungen vor möglichen Irrwegen und Fallstricken auf dem Weg.

Auch wollen wir Ihnen noch einen richtigen Schatz an Lebenserfahrung und Tipps mitgeben, die wir aus den geführten Interviews mit unserem Ältestenrat für Sie gesammelt haben. Deren wichtigste Botschaft ist beruhigend: Keine Sorge, den wichtigsten Begleiter und Ratgeber vor Ihrer Entscheidung zum weiteren Vorgehen haben Sie stets bei sich: Ihr Unbewusstes!

Intuitiv richtig entscheiden im Konflikt – geht das?

Wenn Sie alle Analysen aus den vorangegangenen Kapiteln durchgeführt, nochmals gesichtet haben und prinzipiell bereit sind, einen neuen Weg einzuschlagen, sind Sie der Entscheidung zum weiteren Vorgehen vielleicht schon näher, als Sie glauben. Alles, was Sie jetzt noch brauchen, ist etwas Abstand, keine neuen Ratschläge und Analysen von wohlmeinenden Freunden mehr und die wache Selbstbeobachtung dafür, was langsam in Ihnen Gestalt annimmt. („Ja, ich gehe zum obersten Chef" – „Nein, ich gebe diesen Auftrag aus gutem Grunde zurück!" – „Ja, ich trenne mich von Mitarbeiter X!" usw.)

Für diese noch nicht hundertprozentig klaren und endgültigen Entscheidungen und die oft körperlich spürbaren Begleiterscheinungen, die damit einhergehen, wird häufig das Wort „Bauchgefühl" verwendet. Wir finden allerdings den Begriff „Intuition" etwas appetitlicher. Die Entscheidung, die einem nach einigen Tagen Abstand und Ruhe „im Tiefsten des eigenen Herzens" richtig erscheint, auch wenn sie allem bislang Praktizierten und Gedachten zuwiderläuft, ist mit hoher Wahrscheinlichkeit tatsächlich für Sie richtig! Mit ihr bringen Sie die Dinge für sich auf die Reihe.

„Bauchgefühl"

Ein ehemaliger Vorstandsvorsitzende, Professor Hans Wegesin, meinte beispielsweise: „Die wenigen Male in meinem Leben, in denen ich gegen mein ‚ungutes Gefühl' entschieden habe, habe ich später fast immer bereut." Auch die übrigen Mitglieder des Ältestenrats äußerten sich ähnlich: Ist ein Konflikt gut analysiert und sind die wichtigsten Konsequenzen einer Entscheidung zum weiteren Vorgehen zur Kenntnis genommen worden, helfen weitere, oft endlose Analysen nicht weiter. Stattdessen kann man sich zurücklehnen und den Rest seiner Intuition überlassen. Denn dann zählt nicht mehr, was dieser oder jener zu einem Problem gesagt hat, sondern allein das, was man selbst für richtig und stimmig hält – und zwar ohne negative innere Spannung! Allerdings kann es noch ein paar Tage dauern, bis man sich mit einer Entscheidung „angefreundet" hat – insbesondere dann, wenn sie dem alten Vorgehen komplett zuwiderläuft.

Das effektive Unbewusste

Das Plädoyer, sich in Konfliktsituationen auf sein inneres Gefühl zu verlassen, findet sich bereits im Alten Testament, bei antiken Philosophen wie dem Stoiker Persius und in der Schule der Samurai. Auch die moderne Hirnforschung bestätigt den Ratschlag der Ältesten. Eine Vielzahl von Studien belegt: Entscheidungen werden durch langes, angestrengtes Grübeln keineswegs besser. Schneller und effizienter ist eine unbewusst verlaufende Analyse all dessen, was das Gehirn bisher zu einem Thema erfahren und emotional belegt hat. Vor allem in komplexen Entscheidungssituationen, wenn z. B. viele Personen in den Konflikt verwickelt sind, gilt: Je mehr Wissen der Entscheider zu dieser Situation hat und sich nicht angestrengt grübelnd, sondern entspannt seiner Intuition überlässt, desto besser fällt die Entscheidung zum weiteren Vorgehen aus. Deshalb plädieren die Autoren dieser Studien (zum Beispiel Gerhard Roth, Gary Klein, Gerd Gigerenzer, Antonio Damasio und Ap Dijeksterhuis) dafür, sich im Vorfeld einer Entscheidung zum weiteren Vorgehen im Konflikt gut zu informieren, dann aber bewusst Abstand zu nehmen – beispielsweise eine Nacht darüber zu schlafen – und den Rest den unbewussten Verarbeitungsmechanismen im Gehirn zu überlassen.

Solch emotional-intuitive Entscheidungen werden im Lauf des Lebens, mit zunehmender Erfahrung und Wissen, immer zuverlässiger. So erinnert sich der ehemalige Ingenieur Curt Hohorst (Jg. 28): „Ich habe bei Konflikten schon immer eher spontan aus dem Bauch heraus entschieden. Aber als junger Mann habe ich damit auch manches Mal danebengelegen, weil ich zum Beispiel Menschen aus Mangel an Erfahrung falsch eingeschätzt habe." Sein Tipp daher: Wer jung ist, sollte lieber öfter Rat einholen.

Werte als Kompass im Konflikt

Was aber tun, wenn man bei einer Entscheidung vor einem moralischen Dilemma steht? Wenn – wie Cicero es formuliert – „der Nutzen mit der Rechtschaffenheit streitet"? Wir haben ja bereits am Anfang dieses Kapitels darauf hingewiesen, dass es mit der Moral im Konflikt oft weniger weit her ist, als uns lieb sein kann. Erzähle ich meinem Kollegen, dass mir im Vertrauen gesteckt wurde, dass seine Tage als Projektleiter gezählt sind, oder verbrenne ich mir lieber nicht den Mund (Sicherheit vs. höhere Werte)? Nehme ich den „Dirty Deal" des Lieferanten an oder macht dann halt ein anderer Karriere als bester Key Account Manager (Status vs. höhere Werte)? Nutze ich die Insider-Information und verkaufe meine Aktien, bevor die Presse von den Lieferproblemen des Großraumflugzeugs erfährt (Sicherheit und Status vs. höhere Werte)? Kann ich mich bei solchen Fragen wirklich auch auf die Intuition verlassen?

Antwort: Ein klares Jein! Nein, wenn Sie den inneren Schweinehund nicht kennen, ja, wenn Sie bis hierher Ihre Hausaufgaben gemacht haben. Der innere Kampf, ob man Werte und Anstand seinen „niederen" Bedürfnissen im Konflikt opfern kann, wenn es hart auf hart geht, ist ebenfalls im Gepäck, wenn Sie ihr Unbewusstes abwägen lassen. Wie auch immer Sie sich letztlich entscheiden, verhalten Sie sich bewusst und authentisch. Wenn man sich schon nicht ganz einwandfrei verhält, dann sollte man wenigstens nicht so tun, als sei man heilig. Das macht den Konfliktpartner mit Recht noch wütender.

Ob Sie sich moralisch einwandfrei entscheiden oder nicht, ist Ihre Sache und keinesfalls Gegenstand dieses Buches, denn über Bewertungskonflikte kann man endlos und fast immer ergebnislos streiten! Der Ältestenrat hat allerding mehrheitlich eine ziemlich klare Meinung in dieser Sache und – zumindest was Ihr Wohlbefinden im Konflikt anbelangt – ganz gute Argumente aus der Hirnforschung auf seiner Seite:

Die Analytikerin Gertrud Wendl-Kempmann (Jg. 24) sagt z. B.: „Wir unterscheiden uns als Menschen in dem, was wir werthalten." Sprich: Wer sich im Lauf seines Lebens einen brauchbaren Kanon von Werten zugelegt hat, tut sich bei vielen Entscheidungen im Konflikt leichter. Das hob auch der Schriftsteller Herbert Asmodi (1924–2007), in seinem letzten Gespräch mit uns hervor. Sein Appell lautete, sich nicht an der Wertevernichtungsgesellschaft zu beteiligen. Werte seien bei fast jeder Entscheidung im Konflikt hilfreich. Zu seinen eigenen Richtlinien befragt meinte er wörtlich: „Güte, Toleranz, Hilfsbereitschaft, Großmut, Integrität, Zivilcourage, Erbarmen, Nachsicht – auch wenn es sich anhört, als votiere man für ein Panoptikum."

Wertekanon

Eigene Werte als Kompass bei moralischen Dilemmata und Konflikten mit anderen zu nutzen war bereits im Mittelalter gang und gäbe: Nicht umsonst trugen adlige Familien oft einen Leitspruch wie „fortis et fidelis" (stark und treu) im Wappen. Das stiftete nicht nur Identität, sondern erleichterte jedem Familienmitglied, das den Leitspruch einigermaßen ernst nahm, die Entscheidungsfindung, z. B. wenn es galt, einem Menschen die Treue zu halten – auch unter Inkaufnahme eigener Nachteile. Dieser Gedanke hat sich bis in die Neuzeit gehalten: Auch in der Wirtschaft haben viele große Unternehmen eigene Werte definiert – von Teamgeist über Loyalität bis zu höchster Qualität. Als Entscheidungshilfe taugen sie wiederum nur dort, wo auch die Unternehmensleitung die Werte vorlebt und ihre Einhaltung tatsächlich belohnt.

Und was sagt die Hirnforschung dazu? Tatsächlich treten bei moralischen Konflikten emotionale Impulse (repräsentiert durch das limbische System) und rationale Impulse (messbar durch die Aktivierung höherer Hirnareale) in Widerspruch. Eine etwa pflaumengroße Struktur (die sogenannte vetromediale präfrontale Kortex) übernimmt die Mittlerfunktion. Hier scheinen die moralischen Prinzipien gespeichert zu sein, die das menschliche Miteinander bestimmen. Ist diese Struktur zerstört, etwa durch einen Unfall, entscheiden sich Versuchspersonen zwar rational vernünftig, aber unmoralisch. Sie würden dann beispielsweise eine Person aus einem Rettungsboot werfen, um die Überlebenschancen der anderen zu erhöhen, so die Forschungsergebnisse des US-Amerikaners William Killgore.

Aber warum nicht einfach unmoralisch, aber vernünftig im Konflikt entscheiden? Warum sollte man dem Rat der Ältesten folgen und sich im Konflikt am eigenen moralischen Gerüst orientieren? Der Forscher Albert Bandura hat herausgefunden, dass sich moralisches Entscheiden letztlich lohnt. Demnach gibt eine psychische Selbstregulation, in der wir uns durch Eigenlob belohnen, wenn wir das eigene Handeln als stimmig mit moralischen Standards empfinden. Das Selbstbewusstsein – im wahren Sinne des Wortes – profitiert davon.

Tragen wir nochmals alles zusammen, was Sie bislang an Erkenntnissen gewonnen haben. Dazu gehen Sie bitte nochmals durch dieses Kapitel und das zu Ihrem Praxisfall und packen die Bausteine in den Rucksack, die Sie für „das neue Haus", d. h. Ihre neue und realitätsangepasste Sicht von sich, dem Konfliktpartner und dem, worum es eigentlich geht, haben:

Checkliste „Schritt 4: Gerechtigkeit im Kopf" (Teil 1)
Welches meiner Bedürfnisse fordert im Konflikt besonders sein Recht?
Welche Erwartung an den anderen verbindet sich mit diesem Bedürfnis?
Habe ich diese Erwartung meinem Konfliktpartner klar in einem Anliegen, einer Forderung formuliert?
Ist der Konfliktpartner sicher der richtige Ansprechpartner für dieses Anliegen? Wer sonst?
(Falls es sich beim Konfliktpartner um den falschen Adressaten handelt, bitte die vorangegangene Frage noch einmal beantworten)
Zu welchen typischen Konfliktmustern neige ich? • Wolf (meist eher offensiv und konfrontativ)? • Schaf (meist eher defensiv und harmonisierend)?

Mit welcher der folgenden O.-k.-Haltungen lässt sich meine Einstellung gegenüber dem Konfliktpartner derzeit am besten beschreiben?

- Angriff: Ich bin stark/im Recht, Täter (o. k.), du bist zu Recht Opfer (nicht o. k.).
- Still leiden oder petzen: Ich bin Opfer (nicht o. k.), du bist ein Übeltäter oder ein Schwächling (nicht o. k.).
- Unterwerfung: Ich bin Opfer (nicht o. k.), du bist viel stärker (o. k.) und quälst mich zu Recht.
- Kooperieren mit Tendenz zum Harmonisieren: Wir sind beide Opfer widriger Umstände (aber sonst gute Menschen, o. k.).
- Kooperieren und konfrontieren mit Bodenhaftung: Wir sind beide Opfer und Täter zugleich.

Welche Konsequenzen hat das für den Konfliktverlauf?

_____

Welche Erkenntnisse ergeben sich aus dem Perspektivenwechsel in die möglichen Bedürfnisse, Anliegen und Sachzwänge, die meinen Konfliktpartner derzeit bewegen?

_____

Was davon kann ich nachvollziehen, wenn ich mich in den Gegner hineinversetze?

_____

Wo bin ich nach wie vor der Meinung, dass meine Forderung zu Recht besteht und mein Gegenüber seinen Standpunkt überdenken sollte?

_____

Welche Konsequenzen bin ich bereit zu ziehen, wenn keine friedliche Einigung möglich ist? (Trennung? Hilfe Dritter? Umdenken und Entschuldigung meinerseits? Juristische Konsequenzen? Anderes?)

_____

Wohin geht die Reise bei der Konfliktlösung?

Prinzipiell gibt es folgende Möglichkeiten, wie Sie den Konflikt künftig selbst lösen wollen:

- Sie setzen Grenzen, bewegen den anderen dazu, sein Verhalten zu ändern (Voraussetzung: Sie sind nach reichlicher selbstkritischer Prüfung zu dem Schluss gekommen, dass Ihre Forderung berechtigt ist).

- Sie lenken ein, signalisieren, dass Sie Ihr eigenes Verhalten zu ändern gedenken, weil Sie inzwischen nach eingehender Prüfung überzeugt sind, dass Sie bislang die Dinge falsch gesehen haben.

- Sie kommen dem anderen ein Stück entgegen und suchen nach einem neuen gemeinsamen Weg. Sie sind bereit, Ihre Forderungen teilweise zu revidieren und erkennen an, dass auch ein Teil der Forderungen des Gegenübers berechtigt ist. Nun suchen Sie nach einem guten gemeinsamen Weg. (Nicht verwechseln mit einem faulen Kompromiss, bei dem beide säuerlich bleiben!)

Möglichkeiten der Konfliktlösung

- Sie trennen sich einvernehmlich, d. h. möglichst fair, friedlich und ohne langes, kräfteraubendes Nachspiel.

Vor allem zwei der hier vorgeschlagenen Varianten sind besonders schwer und erfordern innere Kraft: Trennung und Entschuldigung. In beiden Fällen muss das bisherige „Gedankengebäude" der Realität komplett eingerissen werden. Aber bei wirklich schwerwiegenden Dauerkonflikten liegt es nahe, auch eine Trennung oder einen kompletten Neuanfang (Verzeihung erbitten) als künftige Lösung in Betracht zu ziehen. Bevor Sie mit dem Konfliktpartner ins Gespräch gehen, laden wir Sie ein zu lesen, was unser Ältestenrat zu beiden Varianten sagt, um Sie zu ermutigen, auch diese Konfliktlösungen in Betracht zu ziehen.

„Lösung" kommt von „loslassen"

Wer mitten im Konflikt steckt, fühlt sich gefangen, befangen, beklemmt, in der Klemme, in der Zwickmühle – alles andere als frei. Es verwundert daher nicht, dass viele Ratschläge des Ältestenrats zum Thema Konfliktlösung darauf abzielen, erst mal loszulassen und sich von Vorstellungen, die den Blick auf Lösungen buchstäblich verstellen, zu lösen:

Den anderen so nehmen, wie er ist

Die Analytikerin Gertrud Wendl-Kempmann weiß aus langjähriger Erfahrung mit Patienten, wie kontraproduktiv und energieraubend es ist, an festen Überzeugungen davon festzuhalten, wie der Konfliktpartner sein, denken oder handeln soll: Die Energie ist falsch eingesetzt, wenn man versucht, den anderen zu verändern, und darüber nachdenkt, wie er sein sollte. Wenn man dagegen die Energie darauf verwendet zu akzeptieren, dass er ist, wie er ist, wird es gut. Nur die eigenen Erwartungen können verändert werden. Auch hält Wendl-Kempmann es für wenig sinnvoll, unbedingt recht behalten zu wollen: Recht haben ist nicht hilfreich. Man hat am Ende recht – und sonst gar nichts!

Trennung

Das innere Loslassen kann auch in die Erkenntnis münden, dass eine Trennung die beste Lösung für alle Beteiligten ist, auch wenn hierfür ein schmerzlicher Prozess durchlaufen werden muss, in dem man sich wiederum zunächst von inneren Wunsch- und Idealvorstellungen, wie der andere/die Beziehung doch eigentlich hätte sein sollen, verabschieden muss. So sagt der Zahnarzt Dr. Walter Bauckholt (Jg. 27) rückblickend: „Zu den schwersten Entscheidungen meines Lebens zählten Trennungen. Die Entscheidungen an sich finde ich heute noch richtig, denn ich konnte so nicht leben und fühlte mich innerlich vergewaltigt." Dass das Ende mit Schrecken einem Schrecken ohne Ende auch in Arbeitsbeziehungen vorzuziehen ist, spricht der ehemalige Aufsichtsratsvorsitzende des Siemens-Konzerns Hermann Franz (Jg. 28) klar aus: „Bei anhaltenden Problemen mit einem Mitarbeiter sollte man eine Personalentscheidung auch rückgängig machen. Wenn jemand nicht funktioniert, muss der Betreffende nach einem Warnschuss, spätestens wenn der Fehler wieder passiert, abgelöst werden. Hier darf man nicht konfliktscheu sein."

Geht man davon aus, dass bei jedem Konflikt mindestens zwei widersprüchliche Impulse, Prinzipien oder Vorstellungen existieren, ist das starre Festhalten an beiden Impulsen auf Dauer nicht zielführend, sondern nur zeit- und kraftraubend. Sie erinnern sich sicher an Buridans Esel, der zwischen zwei Heuhaufen verhungerte, weil er zwischen beiden sich widersprechenden Optionen erstarrte und in Lähmung und Blockade verfiel. Manche (schlechte, aber geschäftstüchtige) Anwälte oder Psychologen leben hiervon sehr gut, manchmal jahrelang. Energie wird erst wieder frei, wenn einer bzw. eine der Impulse, Ideen, Prinzipien losgelassen wird oder beide Seiten sich bewegen. In jedem dieser Fälle entsteht etwas Neues, sehr Kraftvolles.

Der Arzt Dr. Manfred Jucho. (Jg. 19) ermutigt daher zu einer positiveren Sicht auf das Thema Konflikte: Konflikte werden leichter, wenn man an das Positive denkt. Das ganze vegetative System im Menschen funktioniert auf der Basis von Konflikten. Im Übrigen wusste man schon im klassischen Altertum, dass man Konflikte gut mit einem Lösungsversuch zweiter Ordnung bereinigen kann, indem man etwas einbringt, was noch nie da war, und damit die Ebene zwischen A und B verlässt.

Positiv denken

Innere Versöhnung mit sich und dem anderen

Einen weiteren Hinweis unseres Ältestenrats möchten wir Ihnen nicht verschweigen, wenn Sie von Ihrer luftigen Berghütte aus auf Ihr langsam entstehendes „neues Haus" blicken und über Strategien nachdenken, wie Sie weiter verfahren. Er klingt zunächst reichlich „heilig", ist aber seit alters her eine durchwegs prüfenswerte und immer kräfteschonende Variante des Konfliktmanagements: der Friede.

Frieden schließen

Am Anfang dieses Buches stand ein altes Sprichwort aus dem Neuen Testament: Schließe mit dem Gegner Frieden, solange du auf dem Weg zum Gericht bist! Viele Äußerungen des Ältestenrats sprechen dafür, diesen Spruch auch im übertragenen Sinne zu verstehen. Das „Gericht" kommt demnach den letzten Lebensjahren gleich, in denen fast alle Menschen bilanzierend zurückblicken. Spätestens jetzt funktioniert es oft nicht mehr, die Schuld an den wirklich schlimmen Konflikten, die man im Lauf seines Lebens durchlebt hat, einseitig dem Gegner zuzuschieben. Zumindest gereifte alte Menschen kennen mittlerweile auch die schwarzen Winkel der eigenen Seele und würden nachträglich manches anders machen. So erzählte der 2008 verstorbene Traunsteiner Konditormeister Emeran Mayer (Jg. 21): „Man bereut es bis zum Lebensende, wenn man versäumt hat, sich bei jemandem zu bedanken oder zu entschuldigen. Das sind die bösen Geister, die man dann Nacht für Nacht im Schlafzimmer sitzen hat!"

Jeder, dem vermeintlich oder tatsächlich schon einmal übel mitgespielt wurde, weiß allerdings, wie unglaublich schwer es ist, die Kränkung zu verarbeiten. Dem anderen wieder einigermaßen offen und positiv gegenüberzutreten, geschweige denn sich reinen Herzens zu entschuldigen, erscheint zunächst unmöglich! Verzeihen ist harte Arbeit, setzt Abstand zum Geschehen voraus. Im Extremfall dauert es Jahre, bis die Dinge in einem anderen, milderen Licht gesehen werden können und Gras über die Sache gewachsen ist. Um den Vorgang des Verzeihens zu beschleunigen, helfen alle Betrachtungsweisen, die aktiv Abstand zur aktuellen Wahrnehmung des Konflikts und der Beteiligten herstellen. Was sonst nur die Zeit schafft – eine neue andere Bewertung der Dinge –, wird durch Denkarbeit und einen bewussten Perspektivenwechsel schneller herbeigeführt.

Mögliche Perspektiven

Die ehemalige Sprachdozentin Hedwig Beerman (Jg. 25) nennt einige der Perspektiven, die man gezielt einnehmen kann, um Abstand zur momentanen Sichtweise zu bekommen und damit leichter verzeihen zu können:

- die Ursache, die zur Beleidigung geführt hat (Beispielfragen: War ich wirklich ganz unschuldig? Wusste der andere, wie sehr er mich trifft?)
- das Ausmaß der Beleidigung (Beispielfrage: Könnte die „Beleidigung" auch anders gemeint gewesen sein?)
- die psychologische Gesundheit des Beleidigers (Beispielfrage: Wie geht es dem anderen?)
- die Bedeutung des Beleidigers im Leben des Beleidigten (Beispielfrage: Will und muss ich diesem Menschen wirklich dauerhaft so eine prominente Bedeutung in meinem Leben einräumen?)

Verzeihen macht gesund

Dass es beim Verzeihen in erster Linie um das eigene langfristige Wohlergehen geht, macht Gertrud Nagler (Jg. 22) deutlich. Sie rät aus Erfahrung dringend dazu, sich nicht dauerhaft in einen kräftezehrenden Hass zu verrennen: „Wenn mich ein Mensch enttäuscht hat, versuche ich es ihm irgendwie zu verzeihen. Ich sage mir z. B.: Er schadet sich selbst am meisten. Das ist nicht leicht. Aber Hass und Ärger machen einen ja in erster Linie selbst unglücklich. Also sollte man lieber versuchen zu verzeihen!"

Auch die Therapeutin Lucie Lentz (Jg. 15) äußert sich in diesem Sinne: „Sich entschuldigen können ist Größe! Gott sei Dank habe ich mich vor ihrem Tod mit meiner Mutter versöhnt. Um sich versöhnen zu können, hilft es, wenn alles Schlechte und Aggressive vorher einmal heraus darf. Letztlich geht es jedoch um Versöhnung. Wenn sie nicht vollzogen werden kann, bleibt ein wunder Punkt. Jemand, der sich nicht versöhnen kann, tut sich ganz schwer, in seinem Leben zu einem Frieden zu kommen."

Forschungsarbeiten der Columbia University New York um Prof. William Gerin (2006) bestätigen die gesundheitsschädliche Wirkung von Grübeleien über erfahrenes Unrecht und unabgeschlossene Konflikte. Wenn es den Probanden nicht gelingt, sich aus den immer gleichen destruktiven Hass-Gedankenspiralen zu befreien (z. B. durch eine neue, erweiterte Sicht der Dinge), führt dies auf Dauer zu einem erhöhten Erkrankungsrisiko für das Herz-Kreislauf-System. In Trainingsprogrammen wird betroffenen Probanden daher beigebracht, buchstäblich auf andere Gedanken zu kommen.

Ein schönes Beispiel für eine gelungene Versöhnung schildert der berühmte Forscher Geert Hofstede (Jg. 28). Auch er musste dafür zunächst über seinen „Schatten" springen: „Ideal ist es, wenn ein Gegner zum Freund wird. Ich wurde vor einiger Zeit auf einem Kongress von einem anderen Forscher sehr aggressiv attackiert. Ich habe dann nach dem Kongress Kontakt mit ihm aufgenommen. Ich schrieb ihm, dass ich es schade fand, dass er mich nicht persönlich angesprochen hatte. Er hatte viel über meine Arbeit geschrieben und dies wäre die erste Gelegenheit zu einem persönlichen Gespräch gewesen. Nach der Session war er aber nicht aufgetaucht. Er antwortete mir, dass er nicht gedacht hatte, dass ich an einem Austausch mit ihm interessiert sei. Von da ab hat er mich in seinen Publikationen nicht mehr angegriffen und schickte mir sogar einen seiner Beiträge, mit dem ich durchaus einverstanden war. Ich schrieb ihm darauf: ‚Es freut mich, dass wir auch noch über etwas gleicher Meinung sein können.' Wenn man sich versöhnen will, muss man in Vorleistung gehen und versuchen, den anderen als Person, als Mensch anzusprechen. Es gibt noch wichtigere Sachen als Streit angesichts des Todes."

So, jetzt dürfen Sie sich erst mal ausruhen und die neuen Erkenntnisse ein bis mehrere Tage setzen lassen. Wenigstens sollten Sie jedoch spätestens jetzt eine Nacht verstreichen lassen und Ihrem Unbewussten eine Chance geben, den „Rohbau" für eine neue Einstellung zum Konflikt und den daran Beteiligten zu errichten.

Checkliste „Schritt 4: Gerechtigkeit im Kopf" (Teil 2)	
Ich will und werde meinem Konfliktpartner Grenzen setzen und ihn bitten/auffordern, Teile seines Verhaltens zu ändern!	
Ich werde einlenken und (folgende) Zugeständnisse an den Konfliktpartner machen:	
Ich komme dem anderen ein Stück entgegen und suche mit ihm nach einem neuen Weg:	
Ich trenne mich (wann, in welcher Form?):	

3.6 Schritt 5: Klarer Standpunkt und Gesprächsvorbereitung

Im fünften Schritt geht es darum, den zunächst intuitiv gefassten (neuen) Standpunkt klar zu formulieren und sich auf ein faires und professionell geführtes Gespräch vorzubereiten. Dann, im sechsten und letzten Schritt, gilt es, den Mut zu finden, tatsächlich in die Höhle des Löwen zu schreiten und das Gespräch zu führen.

Ihr Standpunkt

Wir hoffen, Sie haben die „Sickerpause" durchgehalten und Ihrem Unbewussten ein bis zwei Tage Zeit gegeben, eventuell neu aufgetauchte Erkenntnisse in Ihre bisherige „Denkwelt" zu integrieren. Dann können Sie folgende Fragen sicher beantworten:

Checkliste „Mein vorläufiger Standpunkt zum weiteren Vorgehen im Konflikt"

Welche Lösungsvorschläge für den Konflikt halte ich nach sorgfältiger, selbstkritischer Prüfung für die beste Lösung?

- Ich setze klare Grenzen und fordere eine Verhaltensänderung.
- Ich lenke ein und mache meinem Gegenüber klar, dass ich einen Irrtum eingesehen habe (Entschuldigung).
- Ich lade den Konfliktpartner ein, eine gemeinsame Lösung des Konflikts zu suchen, die wirklich beiden Seiten hilft.
- Ich erkläre, dass ich mich trennen möchte – wenn möglich einvernehmlich.

Welche Konsequenzen hat dieser Lösungsvorschlag für beide Seiten und eventuelle Dritte? Bin ich bereit diese Konsequenzen zu tragen?

_____

Meine Botschaft (Bedürfnis und Anliegen) an den Konfliktpartner in Stichpunkten:

_____

Mein Zugeständnis an Bedürfnisse und Anliegen des Gegenübers in Stichpunkten:

_____

Wo tappe ich komplett im Dunkeln, was die Perspektive und Motive meines Gegners anbelangt, und sollte seine Sicht der Dinge erfragen, bevor ich Lösungsvorschläge mache?

_____

Welche meiner bisherigen Handlungsweisen, Einstellungen und Annahmen möchte ich in jedem Fall revidieren, um beiden Seiten gerecht zu werden?

_____

Wann, wo und wie möchte ich dem anderen gegenübertreten?

_____

Was gedenke ich zu tun, wenn der/die andere(n) nicht mit mir reden will (wollen) oder kann (können) bzw. wenn ich mein Gesprächsziel nicht erreiche?

_____

Wenn Sie auf diese Fragen Antworten gefunden haben, sind Sie auf dem Weg zu einem fairen und gerechten Konfliktmanagement ein großes Stück weitergekommen! Jetzt geht es an die Feinheiten.

Worauf achten beim Konfliktgespräch?

Nachdem mit einer Entscheidung für Zielsetzung, Inhalt und mögliche Fragen an den Konfliktpartner das Was Ihrer Lösungsstrategie hinlänglich geklärt ist, geht es nun um das Wie: Worauf sollten Sie beim Gespräch achten?

Hier können Studien über gelungene Konfliktgespräche helfen. Befragt man Mitarbeiter nach einem Konfliktgespräch mit dem Chef, welche Punkte sie nachträglich als positiv oder negativ empfunden haben, ergibt sich einer Studie nach (Befragung von 193 Mitarbeitern zum Verlauf eines Konfliktgesprächs mit dem Vorgesetzten) folgendes Bild:

Positiv empfinden Mitarbeiter ein Gespräch, wenn der Vorgesetzte

Positiv

- klar, deutlich und konkret zur Sache kommt und dabei höflich und gelassen bleibt;
- ernsthaft an den Beweggründen und Erklärungen des Mitarbeiters interessiert ist;
- das kritisierte Verhalten in seiner Auswirkung nicht übertreibt;
- den Kritikpunkt in Zusammenhang mit dem sonstigen Verhalten beziehungsweise der bisherigen Leistung des Mitarbeiters stellt;
- das Gespräch lösungsorientiert auf die Zukunft hin führt;
- eigene Anteile am Geschehen offen zugibt.

Am negativsten finden es Mitarbeiter, wenn der Vorgesetzte

Negativ

- die Sachlage nicht nachgeprüft hat und sich auf Informationen zweiter Hand bezieht;
- „Informanten" anführt, diese aber nicht nennt;
- ausfallend, laut und beleidigend wird;
- um den heißen Brei herumredet;
- weiter gehende Begründungen und strukturelle Anteile vom Tisch wischt.

Geht man davon aus, dass die meisten der hier aufgeführten Punkte auch für andere Konfliktgespräche gelten, müssten Sie eigentlich bereits jetzt bestens gerüstet sein, ein faires und konstruktives Gespräch zu führen: Sie haben ihren eigenen Standpunkt ja durchdacht und müssten also in der Lage sein, ihn klar darzulegen. Auch haben Sie hoffentlich innerlich zu einer einigermaßen offenen und gerechten Einstellung gefunden. Das sind die entscheidenden Voraussetzungen dafür, dass Sie alle oben genannten Punkte eines gelungenen Konfliktgesprächs erfüllen – und zwar von innen heraus, nicht weil Sie sich äußerlich irgendetwas antrainiert haben! Egal für welche Konfliktlösung Sie sich entschieden haben, können Sie nun klar, sehr ehrlich, offen und fundiert argumentieren und müssen vor nichts Angst haben.

Einige konkrete Tipps für das Gespräch bekommen Sie noch, aber keine Sorge: Auch wenn Sie sich im Eifer des Gefechts nicht mehr an alles erinnern sollten und den ein oder anderen Fehler machen, wird es daran nicht scheitern, wenn Sie innerlich „klar" sind und bleiben.

Schauen wir uns also die oben genannten positiven und negativen Erfahrungen in Konfliktgesprächen aus der Studie nochmals genauer an. Zu jedem der Punkte gibt es einige Tipps, damit Sie fair kommunizieren und Fehler vermeiden können:

Klar und deutlich

Bleiben Sie klar und deutlich und kommen Sie konkret zur Sache. Statt einer Pauschalverurteilung „Sie sind unzuverlässig", über die sich trefflich streiten lässt, besser den konkreten Anlass und die Konsequenzen (inklusive Ihrer Verärgerung!) klar benennen.

> **Beispiel:**
>
> Sie haben gestern Abend den PC nicht abgeschaltet (konkreter Anlass). Er muss aber immer abgeschaltet sein, wenn keiner von uns da ist, weil sonst jemand an unsere vertraulichen Kundendaten gelangen könnte. Ich wurde von unserer Putzfrau ins Büro zurückgerufen und war stinksauer, weil ich schon mehrfach alle darauf hingewiesen hatte, darauf zu achten, dass der Letzte den PC abschaltet, bevor er geht (ehrliche Aussage zum eigenen Gemütszustand mit Begründung).

Höflich und gelassen

Bleiben Sie höflich und gelassen: Nehmen Sie sich vorher schon eisern vor, nicht die Kontrolle zu verlieren. Nehmen Sie das Tempo aus dem Gespräch und stellen Sie viele Fragen. Mit anderen Worten: Stellen Sie vom „Sendermodus" zum „ Empfängermodus" um.

> **Beispiel:**
>
> Sie meinen also, ich sei ungerecht/meine Forderung sei überzogen? Vielleicht hab ich Sie noch nicht ganz verstanden. Was sehe ich denn Ihrer Meinung nach falsch?

Interesse zeigen

Signalisieren Sie ernsthaftes Interesse an den Beweggründen und Erklärungen Ihres Gegenübers. Sagen Sie sich immer wieder: Mein Ziel ist, wirklich zu verstehen, was passiert ist; es geht nicht darum, unbedingt recht zu behalten!

> **Beispiel:**
>
> Wie konnte das Ihrer Meinung nach passieren? Was ist Ihr Standpunkt zu der Sache? Optimal ist es, das Gesagte mit eigenen Worten nochmals aufgreifen: Sie sind also der Meinung, dass …

Nicht übertreiben

Übertreiben Sie das kritisierte Verhalten in seiner Auswirkung nicht. Je näher Sie an der Realität bleiben, desto größer ist die Chance, dass der andere sich Ihren Argumenten nicht entziehen kann. Im Gespräch geht es dann wirklich um die Sache und weniger um die mehr oder weniger geglückte Art, wie Sie diese zum Ausdruck bringen (übertrieben, subjektiv, einseitig, bösartig usw.).

> **Beispiel:**
>
> Bei Licht betrachtet, ist nicht viel passiert, außer dass ich noch mal ins Büro musste und mich kräftig geärgert habe. Auch halte ich es nicht für ein Kapitalverbrechen, wenn man einmal etwas vergisst. Aber ich bitte Sie dennoch eindringlich, mir dergleichen künftig zu ersparen.

Stellen Sie den Kritikpunkt in Zusammenhang mit dem sonstigen Verhalten beziehungsweise der bisherigen Leistung Ihres Gegenübers. Machen Sie zwischen der Würdigung des positiven Verhaltens und der Kritik unbedingt eine Zäsur, Sie mischen sonst Lob und Kritik und beides wirkt nicht für sich, sondern wird verwässert!

Sonstige Leistung würdigen

> **Beispiel:**
>
> Wie Sie hoffentlich wissen, bin ich mit Ihrer Arbeit sonst wirklich sehr zufrieden. Sie haben Projekt X bestens gemeistert und sind fast immer derjenige, der einspringt, wenn Not am Mann ist. Das weiß ich zu schätzen. (Kurze Pause, wirken lassen) Meine Kritik wendet sich also nicht pauschal gegen Sie und Ihre Arbeit, sondern bezieht sich konkret auf Vorfall X …

Führen Sie das Gespräch lösungsorientiert auf die Zukunft hin. Besser und psychologisch geschickter, als hier gleich den eigenen Vorschlag zu unterbreiten, ist es, dem Gegenüber einen Lösungsvorschlag zu entlocken. Wer gerade eine Schelte bekommen hat, fühlt sich oft ertappt, da baut es dann auf, wenn man konstruktiv zur Lösung beitragen kann.

Lösungs-orientiert

> **Beispiel:**
>
> In diesem Projekt ist ja einiges nicht so gut gelaufen. Haben Sie eine Idee, was wir tun können, um solche Situationen künftig besser zu meistern?

Geben Sie Ihre eigenen Anteile am Geschehen offen zu. Totale Ehrlichkeit fällt oft schwer, ist im richtigen Moment aber absolut entwaffnend. Schließlich geht es nicht darum zu klären, wer in der Vergangenheit schuld war, sondern darum, in Zukunft keinen Ärger mehr zu haben.

Fehler zugeben

> **Beispiel:**
>
> Ich gebe zu, ich bin manchmal einfach zu konfliktscheu, um mich rechtzeitig und deutlich genug mit meinen Erwartungen zu Wort zu melden. Da ist es natürlich auch zum Teil meine Schuld, wenn Sie diese bislang nur indirekt geäußerte Erwartung offenbar nicht ernst genommen haben. Deshalb sag ich es jetzt noch mal ganz deutlich: Ich erwarte von Ihnen …

Beziehen Sie sich nicht auf (ungeprüfte) Informationen aus zweiter Hand. Zitieren Sie Dritte nur dann, wenn Sie diese zuvor ermuntert hatten, mit dem Konfliktverursacher selbst das Gespräch zu führen, statt zu petzen.

Nicht auf Dritte beziehen

Führen Sie keine „Informanten" an, die Sie dann nicht nennen. Das Gefühl, das beim Gegenüber ausgelöst wird, ist verständlicherweise: „Eine

Verschwörung liegt in der Luft!" Sie holen sich also ein ganzes Heer von unsichtbaren Mitstreitern für Ihren Standpunkt ins Gespräch, nennen sie aber nicht. Prüfen Sie genau, ob und wann das wirklich nötig ist!

Sachlich bleiben

Werden Sie nicht ausfallend, laut und beleidigend. Vermeiden Sie unbedingt Schreien, Unterbrechen, persönliche Angriffe, Kraftausdrücke, aber auch Heulanfälle! Sie setzen sich selbst ins Unrecht bzw. außer Gefecht! Wenn der Blutdruck und der Puls steigen, Tempo raus! Lieber das Gespräch unterbrechen, wenn Ihnen der Hut hochzugehen droht. Ein Signal, das man mit sich selbst ausmacht, kann helfen, z. B. mit dem Stuhl ein paar Zentimeter zurückrutschen als inneres Signal für „Sofort aussteigen, bevor ein Unglück passiert!". Durchatmen und dann Metakommunikation, d. h. darüber reden, wie wir gerade miteinander reden.

> **Beispiel:**
>
> Ich habe den Eindruck, unser Gespräch droht gerade zu eskalieren. Ich meine, wir sollten es lieber für heute gut sein lassen und eine Nacht drüber schlafen. Ich komme morgen noch mal auf Sie zu, wenn wir beide die Sache wieder klarer und sachlicher besprechen können.

Nicht um den heißen Brei herum

Reden Sie nicht um den heißen Brei herum, indem Sie beispielsweise eine Reihe von mäßig relevanten oder gar erfreulichen Themen voranschicken (das Wetter, Projekt X, Vorgang Y) oder ein pseudopsychologisches Verhör veranstalten, bei dem das eigene Anliegen dem anderen in die Schuhe geschoben wird (Haben Sie zurzeit vielleicht Probleme im häuslichen Bereich? Wie fanden Sie eigentlich Ihren Auftritt gestern?).

Besser: Ich habe mich geärgert, also fange ich an! Zügig zum Punkt kommen mit konkretem Anlass, Konsequenz und wie das bei Ihnen ankam. Dann Fragen stellen und die Sicht des anderen einbeziehen. Der Ärger kommt Ihnen sowieso aus jedem Knopfloch. Wer da noch lange Small Talk macht, sieht aus wie ein Wolf im Schafspelz und wirkt damit wenig authentisch. Besser ist es, am Ende des Gesprächs noch etwas Small Talk zu betreiben, um zu zeigen: Ich rede noch mit dir!

> **Beispiel:**
>
> Frau X, der Grund, warum ich Sie heute um dieses Gespräch gebeten habe, ist der Vorfall letzte Woche (ganz konkret benennen). Ich muss gestehen, ich bin einigermaßen irritiert, und wollte das gleich mit Ihnen bereinigen, bevor die Sache zwischen uns steht … Aus meiner Sicht stellte sich der Vorgang wie folgt dar: …

Nachfragen

Wischen Sie weiter gehende Begründungen und strukturelle Anteile nicht vom Tisch. Fragen Sie genau nach, vor allem dann, wenn Sie die Hinweise auf Dritte oder strukturelle Probleme selbst noch nicht in Betracht gezogen hatten! Eventuell müssen Sie Ihren Standpunkt komplett überdenken. Hören Sie also zu, fragen Sie nach und vergewissern Sie sich durch Rückformulieren („Sie meinen also …")! Sollten Sie dann den Eindruck haben, der andere nutzt äußere Umstände nur als faule Ausrede, ist es trotzdem geschickter zu gestehen, dass da etwas dran ist, Sie aber dennoch und nach wie vor der Meinung sind, der andere müsse in dieser Situation besonders achtsam handeln.

> **Beispiele:**
>
> - Das ist für mich jetzt ein interessanter neuer Aspekt! Inwiefern und in welchem Ausmaß wirken sich strukturelle Anteile denn konkret auf das Problem aus?
> - Gibt es aus Ihrer Sicht etwas, das wir tun können, um das Problem in den Griff zu bekommen?
> - Welche Ebene muss angesprochen werden, um den Konflikt nachhaltig zu lösen?
> - Ich sehe, dass äußere Umstände auch eine Rolle gespielt haben. Wo sehen Sie denn außerdem Möglichkeiten, selbst gegenzusteuern?

Üben mit einem Sparringspartner

Wenn es bei dem Gespräch, das Sie nun wirklich suchen sollten, nicht um einen kleinen Fauxpas geht, der angesprochen werden sollte, sondern um einen richtig schweren Konflikt, hat es sich bewährt zu üben.

Vielleicht hat Ihr Partner/Ihre Partnerin oder ein anderer vertrauter Mensch 15 Minuten Zeit, den Sparringspartner für Sie zu spielen. Weisen Sie Ihn kurz (!) in die Vorgeschichte ein und bitten Sie ihn, in die Rolle des Kontrahenten zu schlüpfen. Er sollte Ihre Worte auf sich wirken lassen und möglichst natürlich und realistisch reagieren. Danach bitten Sie ihn, Ihnen Feedback zu geben, welche Passagen Ihrer Argumentation ihn mehr und welche weniger überzeugt haben. Bitten Sie Ihn darum, dabei auch auf nonverbale Aspekte zu achten. (Du hast ausgesehen, wie ein geprügelter Hund – halt dich aufrechter! Oder: Du hast ganz schön viel und schnell geredet! Etwas langsamer und dafür vielleicht etwas leiser. Der andere ist doch nicht taub!) Vielleicht kann er Ihnen noch den ein oder anderen Tipp oder Formulierungsvorschlag geben. (Den Ausdruck „Unverschämtheit" fand ich ganz schön heftig!)

Die wichtigsten Punkte im Gespräch auf einen Blick

- Ich-Botschaft („Mir ist aufgefallen"; „Ich habe festgestellt")
- Konkretes Verhalten („Sie haben den Kunden XY nicht zurückgerufen, die Anfrage nicht bearbeitet.")
- Konsequenz („Das führte dazu, dass der Kunde unzufrieden war.")
- Erwartungen für die Zukunft („In Zukunft möchte ich, dass …")
- Sichtweise und Lösungen des Gegenübers erfragen („Wie erklären Sie sich das? Was könnten Sie in Zukunft anders machen?")

- Gemeinsam Ergebnis vereinbaren bzw. Schritte für die Zukunft festlegen und Zustimmung des Gegenübers einholen („Dann halten wir fest: Sie werden in Zukunft …, sind Sie einverstanden?")

Checkliste „Schritt 5: Worauf muss ich im Gespräch achten?" (Teil 2)	
Um diese Checkliste wirklich gut zu nutzen, empfiehlt es sich, vor dem Ausfüllen tatsächlich einen Probelauf mit einem Sparringspartner zu machen oder wenigstens einen guten Freund/Partner zu bitten, anhand der Liste ein ehrliches Feedback zu geben:	
Ich sollte achten auf:	
• Klarheit (was genau, wann genau, warum) • Gelassenheit, Ruhe (langsam sprechen, ausreden lassen) • Höflichkeit (keine Beleidigungen, Angriffe) • Interesse für den Standpunkt des anderen (nachfragen, zuhören, rückformulieren) • Keine Dritten oder unsichtbare Armee zu Hilfe nehmen, sondern sich auf eigene Beobachtungen stützen • Die Kirche im Dorf lassen (Leistung, Wert des anderen in anderen Bereichen, Situationen würdigen) • Eigene Fehler zugeben, sich entschuldigen • Lösungssuche statt „nachtarocken" und nach dem Schuldigen zu suchen	
Vorsatz für das Gespräch: Ich werde darauf achten, dass	

3.7 Schritt 6: Tapfer in die Höhle des Löwen!

Bevor Sie gut gerüstet ins Konfliktgespräch gehen, möchten wir Ihnen zwei letzte Tipps mit auf den Weg geben. Diese gelten vor allem dann, wenn es sich um einen ziemlich heftigen Konflikt handelt, den Sie schon eine Weile mit sich herumtragen. Schließlich sollten Sie bedenken, dass Sie sich bereits intensiv mit dem Konflikt auseinandergesetzt haben und ziemlich sicher „weiter" sind mit der inneren Konfliktbewältigung als Ihr Gegenüber. Ihn einfach zu überfallen und davon auszugehen, dass er Hurra schreit, wäre eine Erwartung, die ziemlich sicher enttäuscht würde. Ihr Kontrahent steht da, wo Sie noch vor einigen Tagen standen. Sie sind in seinen Augen wahrscheinlich der Bösewicht. Seine Lust, sich mit Ihnen zu unterhalten, dürfte sich sehr in Grenzen halten. Und – falls er wider Erwarten doch froh über das Gesprächsangebot ist, müssen Sie damit rechnen, im Gespräch selbst einige der im letzten Kapitel aufgeführten „Kinnhaken" einzustecken (Unterbrechen, Beleidigungen, Berufen auf Dritte usw.). Trauen Sie sich zu, dann trotzdem ruhig zu bleiben?

Tipp Nummer 1: Kein Überraschungsangriff

Auf keinen Fall sollten Sie einfach loslaufen und den anderen zwischen Tür und Angel – oder auch nur unangekündigt – mit Ihrem Anliegen überfallen. Auch im Krieg wurde Gesprächsbereitschaft schließlich immer mit einer symbolischen oder tatsächlichen weißen Fahne signalisiert, wenn man nicht riskieren wollte, eins vor den Bug zu bekommen. Es geht nicht um Unterwerfung, sondern um einen Waffenstillstand, um aktuelle Standpunkte auszutauschen.

Genau dies sollten Sie auch im Alltag tun. Greifen Sie mutig zum Telefonhörer (wirklich telefonieren, nicht etwa eine Mail schreiben!) und äußern Sie sich in etwa wie folgt:

Beispiele:

Im Fall eines schwelenden Dauerkonflikts:

Herr/Frau X, ich hab nachgedacht und dabei festgestellt, dass es höchste Zeit wird, dass wir beide uns in Ruhe an einen Tisch setzen und unsere Standpunkte austauschen. Wann kann ich denn mal bei Ihnen vorbeikommen? (Das wird eine echte Überraschung für Ihr Gegenüber: Was, der traut sich in mein Revier! Ein völlig unerwartetes Entgegenkommen, das fast immer Wirkung zeitigt.)

Im Fall, dass Sie Grenzen setzen, etwas fordern, sich trennen wollen:

Herr/Frau X, ich brauche einen Gesprächstermin, möglichst noch heute/diese Woche. Es geht um …/ein Anliegen, das ich habe/ein leider nicht sehr angenehmes Thema, das ich aus der Welt schaffen möchte. (Suchen Sie sich Ihre passende und treffende Formulierung.)

Falls der andere ausweichen möchte:

Ich denke wir sollten das wirklich sehr bald unter vier Augen besprechen. Mir ist da wirklich an einer schnellen Klärung mit Ihnen persönlich gelegen. Ich meine, wir schaffen es auch ohne Dritte, die Kuh vom Eis zu bekommen. Machen Sie bitte einen Vorschlag, wann und wo wir uns treffen können.

Im Fall einer Entschuldigung:

Hier reicht ausnahmsweise die Schriftform. Kurz, knapp und aufrichtig:

Lieber Kollege X, ich gebe zu, es fällt mir nicht ganz leicht, aber ich bin nach reiflicher Überlegung zu dem Schluss gekommen, dass ich Ihnen in Situation X Unrecht getan habe/dass auch Ihr Standpunkt einiges für sich hat/dass mein Angriff neulich übers Ziel hinausgeschossen ist … Ich würde mich freuen, wenn Sie meine Entschuldigung annehmen und wir das demnächst mit einem gemeinsamen Bier besiegeln könnten.

Wäre der Arbeitsalltag nicht deutlich genießbarer, wenn Botschaften dieser Art nicht so verdammt selten wären?

Ein Hinweis noch: Mittags beim oder kurz nach dem Essen sind die meisten Menschen in einer parasympathischen Phase Ihres Tagesrhythmus angelangt (faul, satt und friedlich). Schwierige Themen werden da leichter angegangen und gelöst als morgens um neun, wo vor allem bei Männern der Testosteronspiegel am höchsten ist (Sitzungen dauern um ein Drittel länger und führen unterm Strich zu weniger Ergebnissen, weil je-

Geeignete Tageszeit

der sein Pfauenrad schlagen muss). Ein Konfliktgespräch eskaliert leichter.

Tipp Nr. 2. Ein letzter Ruck!

Dann kann´s ja losgehen in die Höhle des Löwen – oder?

Manchem Leser wird es jetzt vielleicht doch mulmig! Das gilt vor allem für diejenigen, die bei sich selbst einen eher defensiven und harmonisierenden Umgang mit Konflikten diagnostiziert haben (Schafe!). Der Geist ist willig, der Standpunkt klar … Doch – ach, wie schwach ist das Fleisch! Das Herz, leider, leider in der Hose!

Keine Sorge, der Ältestenrat wird Ihnen den letzten „Kick" geben, sich noch heute einen Gesprächstermin bei Ihrem Konfliktpartner zu besorgen! Wir haben unsere Ratgeber nämlich auch zum Thema Mumm befragt und ziemlich eindeutige Antworten erhalten. Vielleicht lassen Sie sich inspirieren:

Trauen Sie sich!

Als eines der entscheidenden Merkmale für den beruflichen Erfolg benannte der Ältestenrat eine Eigenschaft, die sich mit dem schönen altmodischen Wort „Traute" bezeichnen lässt. Gemeint ist der Mumm, eine eigene Meinung entwickelt zu haben und diese, wohlbegründet und aufrecht, auch gegenüber „Angstgegnern" und im Konfliktfall zu vertreten.

Vor allem in hierarchischen Organisationen, eingebunden in ein Netzwerk gegenseitiger Abhängigkeiten, ist dies offenbar nicht einfach. Man will sich schließlich nicht den Mund verbrennen! Ganz offensichtlich bringen es viele Führungskräfte nicht einmal gegenüber den eigenen Mitarbeitern fertig, zur eigenen Einschätzung und Meinung zu stehen. Statt z. B. klipp und klar zu sagen: „Herr Müller, ich bin derzeit nicht zufrieden mit Ihrer Leistung und deshalb gibt es bei mir keinen Bonus dieses Jahr, egal wie mein Kollege in der Nachbarabteilung dies handhabt!", flüchten sie sich in die Scheinobjektivität immer komplexerer Beurteilungssysteme. „Mehr Mut täte gut" betitelten jedenfalls die Autoren Stolzenburg und Domschke einen Beitrag hierzu in der Zeitschrift *Personal*. Das Thema „Mangel an Traute" ist tatsächlich relevant, denn wenn es schon so schwerfällt, seinen Standpunkt „nach unten" zu vertreten, wie mag es dann um die Tapferkeit vor dem Chef bestellt sein, wenn ein Konflikt zu lösen ist!

Interessanterweise berichten besonders diejenigen Interviewpartner des Ältestenrats, die entweder eine steile Karriere in der Industrie oder Politik durchlaufen oder sehr erfolgreich als selbstständige Unternehmer und Künstler gearbeitet hatten, auffällig häufig von Beispielen aus ihrem Leben, die von Traute zeugen. Sie gaben an, dass sie es zeit ihres Lebens nicht geschafft hatten, mit ihrer Meinung hinterm Berg zu halten, und Ihren Standpunkt vertreten hatten, wenngleich sie damit oft die Ersten waren, die einen Konflikt offen ansprachen. Diese Zivilcourage habe ihnen aber nicht geschadet, im Gegenteil!

So äußerte der ehemalige Regierungsberater Jürgen Kraft zum Beispiel: „Ich war immer berüchtigt für meine freimütige Rede. Dabei haben mich meine Werte geleitet. Das hat nicht selten zu Konflikten mit meinen Auftraggebern oder Arbeitgebern geführt. Die mir Anvertrauten wussten es zu schätzen und die meisten Vorgesetzten letztlich auch!"

Selten war es wohl so brenzlig, offen für seinen Standpunkt einzutreten, wie unter der Nazi-Herrschaft. Niemand der alten Damen oder Herren versuchte sich nachträglich als Widerstandskämpfer zu stilisieren. Dennoch gab es manche Situationen, die durchaus einer Würdigung wert sind: So berichtete die Künstlerin Rosemarie Klose (Jg. 20): „Alle Studenten sollten im Deutschen Museum zu einer Rede des Gauleiters Gießler erscheinen. Wir Studentinnen waren ihm wohl ein Dorn im Auge. Jedenfalls sagte er zu uns gewendet: ‚Die, die sich vor dem Kriegsdienst drücken, denen wünsche ich bald einen Mann mit Saft und Kraft, der sie ihrer natürlichen Bestimmung zuführt.' Da verließ ich mit einigen anderen Studentinnen demonstrativ den Saal. Man muss sich ja nicht alles bieten lassen! Wir wurden spät nachts noch einzeln verhört. Ich dachte, jetzt müssen wir alle ins Arbeitslager, aber wir kamen frei." Die alte Dame freut sich noch heute mit über neunzig Jahren darüber, so gehandelt zu haben.

Gemessen an dem Risiko, das sie dabei einging, nehmen sich die meisten brenzligen Situationen des Arbeitsalltags harmlos aus: dem Chef widersprechen, eine Aufgabe ablehnen, offen anderer Meinung sein als der Rest des Teams und einen klaren Standpunkt vertreten. Aber auch wenn die eigene Karriere auf dem Spiel steht, konnten wir in unserer Beratungstätigkeit immer wieder beobachten, dass sich Traute lohnt.

> **Beispiel:**
>
> Bei der Durchführung des Assessment-Centers eines großen Bankhauses präsentierten die Teilnehmer vor oberen Führungskräften, welches Aktienpaket sie welchem Kunden mit welchen Argumenten verkaufen wollten. Sieben Teilnehmer hatten sich bereits brav und erwartungsgemäß verhalten. Dann kam der letzte Kandidat an die Reihe und traute sich Ungeheuerliches: Sein Aktienpaket hatte Hand und Fuß. Allerdings enthielt es keine einzige Aktie des eigenen Bankhauses. Als die Präsentation beendet war, fragte der ranghöchste Beobachter mit dröhnendem Bass: „Und warum haben Sie keine Aktien unseres Hauses in Ihrem Angebot?" – „Weil", die Stimme des jungen Mannes zitterte ein wenig, „ich unsere Aktien derzeit nicht mit gutem Gewissen verkaufen kann." Als der Teilnehmer den Raum verlassen hatte, verkündete der Häuptling mitten im Empörungstumult unter den Beobachtern: „Dieser junge Mann, meine Herren, ist der Einzige, dem ich zutraue, dass er einmal im Vorstand sitzt!"

Offenbar ist er damit nicht alleine. Eine Nachuntersuchung von 96 ehemaligen AC-Teilnehmern unseres Kunden Wacker Chemie AG zeigt: Wer sich traute, im Assessment-Center in Fachdiskussionen, Teamübungen und Präsentationen vor Beobachtern aus dem oberen Management klar Position zu beziehen und klar zu entscheiden, machte tatsächlich schneller Karriere und verdiente zum Zeitpunkt der Studie bereits durchschnittlich mehr als die zaghaften Kollegen (vgl. Neef & Schabel, 2004).

Traute um jeden Preis?

Traute um jeden Preis? Ein geköpfter Überbringer unliebsamer Nachrichten nutzt niemandem etwas. Darin sind sich auch die Mitglieder des Ältestenrats einig. Gefragt ist intelligente Traute und eine optimistische, aber auch realistische Einschätzung dessen, was man bewirken kann. Das gilt vor allem bei Organisationskonflikten. Und wie macht man das Risiko, „geköpft zu werden", kalkulierbar? Eine Analyse mehrerer Gespräche mit Vertretern des Ältestenrats zeigt, dass vor allem zwei Zutaten zur Traute einen guten Schutz für den Mutigen bieten:

1. eine klare Werthaltung – in vielen Fällen eine sehr ethische
2. eine sachlich gut belegte Argumentations- und Handlungsgrundlage, z. B. durch wissenschaftliche Gutachten, Fachkenntnis und Fakten

Hat man sich einmal zu seinen Bedürfnissen bekannt, sie in berechtigte Anliegen formuliert und ist dabei wiederholt auf taube Ohren gestoßen, dann ist es vielleicht an der Zeit, „sein Haus komplett einzureißen" und die Konsequenzen zu ziehen (Ich gehe!). Auch hierzu berichtet ein Vertreter des Ältestenrats, denn „Traute" wird leider nicht allerorts geschätzt. Der ehemalige Unternehmensberater Nikolaus Regehr (Jg. 15) kündigte deshalb und wählte die Freiberuflichkeit. Er sagt: „Nach sieben Jahren Festanstellung in der Bank habe ich mich selbstständig gemacht. Menschen, die offen ihren Standpunkt vertreten, waren dort nicht gefragt und es kam laufend zu Auseinandersetzungen mit Vorgesetzten." Wahrscheinlich ist dem ehemaligen Arbeitgeber dabei ein dicker Fisch von der Angel gegangen. Nikolaus Regehr war einige Jahre später ziemlich wohlhabend.

Wir sind guten Mutes, dass Sie nicht gleich gehen müssen. Im Gegenteil, wenn Sie nur eine faire und offene Auseinandersetzung suchen, werden Sie sich wundern, wie einfach der Konflikt sich lösen lässt, wenn Sie in diesem Kapitel Ihre Hausaufgaben gemacht haben!

Checkliste „Schritt 6: Traute"
Wann rufe ich meinen Kontrahenten an? (Es sollte noch diese Woche sein, Schieben macht es nicht leichter.)
Was hinterlasse ich auf dem Band, wenn er nicht da ist, bzw. wann rufe ich wieder an?
Mit welcher Botschaft lade ich den Konfliktpartner zum Gespräch ein? (Stichpunkte reichen, es kommt auf die Botschaft an!)

> Um wie viel Euro wette ich mit einem guten Freund, dass ich tatsächlich den Mumm habe? (Tun Sie es!)

3.8 Anwendung der sechs Schritte: Gisela Weiß

Bevor Sie dieses Kapitel lesen, sollten Sie vielleicht zum Anfang des Buches zurückblättern und sich den Konfliktfall Nr. 1 von Gisela Weiß nochmals ansehen. Wir haben diesen Fall ausgewählt, weil er auf den ersten Blick zu verfahren aussieht, als dass Frau Weiß noch eine Chance hätte, als Teamleiterin Fuß zu fassen. Den Fall gab es wirklich und Frau Weiß hat tatsächlich nur mithilfe eines Coachs das Ruder herumgerissen und ist inzwischen die jüngste Abteilungsleiterin im Unternehmen. (Natürlich hieß sie in Wirklichkeit anders und arbeitete auch nicht in einer Versicherung.)

Nicht akzeptierte Teamleiterin

Wenn Sie mögen und Zeit haben, können Sie zuvor die Checklisten zu den Schritten 1–6 anhand dieses Falls durchspielen und dabei so tun, als seien Sie Gisela Weiß. Das kann eine gute Übung sein, bevor Sie sich an Ihren eigenen Konflikt heranwagen. Spannend ist dann natürlich, ob sich unsere Ergebnisse mit den Ihren decken.

Dem eiligen Leser haben wir diese Arbeit abgenommen und die wichtigsten Anregungen zu einem optimalen Konfliktmanagement an diesem Fallbeispiel noch einmal zusammengestellt.

Wie sieht ein verbessertes Konfliktmanagement für Gisela Weiß aus?

Frau Weiß war die junge Innendienst-Mitarbeiterin eines Versicherungsunternehmens, die aus dem Kollegenkreis aufgestiegen war und in ihrer neuen Position nicht froh wurde. Aus Kapitel 2 wissen wir, dass es sich bei ihrer Konfliktkonstellation um einen (in der Praxis sehr häufigen!) interpersonalen Rollenkonflikt handelt: Ihre Rolle als Teamleiterin wurde zu keinem Zeitpunkt geklärt und an alle Beteiligten klar kommuniziert. Das Resultat: Verschiedene, unklare Verhaltenserwartungen, die nicht zur neuen Rolle als Vorgesetzte passen, werden von allen Seiten an sie herangetragen. Sie kann es nur verkehrt machen. Oder vielleicht gibt es doch noch eine Chance?

Schritt 1: Gisela Weiß erkennt die eigenen Bedürfnisse

Im Text gibt es einige Hinweise darauf, welches Bedürfnis der Maslow-Pyramide bei Gisela Weiß überproportional entwickelt ist. Sie wird wie folgt beschrieben:

Charakte-
ristik von
Frau Weiß

- Sie ist beliebt und stets hilfsbereit (natürlich bevor der Konflikt ausbrach).

- Sie ist sehr sorgfältig und gewissenhaft (weil sie die Bedürfnisse von Kollegen und Kunden bestens erfüllen will, aber auch weil sie einen hohen Qualitätsanspruch an alles hat, was sie tut).

- Sie bittet als Chefin ihr Team, ob vielleicht irgendjemand mit ihr das Zimmer tauschen will (als Fach- und disziplinarisch Vorgesetzte könnte sie ja auch fordern) und ist enttäuscht und wütend, weil keiner bereit dazu ist.

- Privat hegt Frau Weiß einen unerfüllten Wunsch nach Kindern und Familie (Nähe und Harmonie). Der Karrierewunsch ist Mittel zum Zweck: mit dem Partner verreisen, ein Häuschen (also wieder Nähe und Harmonie).

- Sie sucht immer wieder die Nähe zu ihrem Chef, Herrn Dr. Braun, dessen Meinung und Wertschätzung ihr sehr wichtig ist.

Bedürfnis
nach Nähe

Der Verdacht liegt also nahe, dass es ihr vorrangig um Nähe geht (ein übermäßiges Bedürfnis, das sie auch dann leitet, wenn es nicht zur Situation passt). Das ist Gisela Weiß' persönliche Achillesferse, die sie in den Konflikt mit einbringt, ihr eigener Anteil. Durch Abweisung und Konflikte lässt sie sich massiv verunsichern und regrediert. Das äußert sich durch Weinen, Verunsicherung und Zum-Chef-Laufen.

Zeit für Gisela Weiß, sich dieser persönlichen Schwachstelle bewusst zu werden und sich zu fragen, ob das starke Nähebedürfnis nicht auch dort mit ihr durchgeht, wo es wenig zu suchen hat: am Arbeitsplatz. Mit etwas Nachdenken stellt sie vielleicht auch fest, dass ihr das Thema bekannt vorkommt. Die Eltern hatten vielleicht nie Zeit? Die einzige Möglichkeit, den Vater für sich zu interessieren, waren Wohlverhalten und gute Schulnoten? Nur eines steht fest: Für ihr übergroßes Nähebedürfnis können die Kollegen nichts. Zeit also, erwachsen zu werden! Allein diese Erkenntnis ist wichtig für ihr weiteres Konfliktmanagement.

Schritt 2: Gisela Weiß beleuchtet kritisch ihre eigenen Konfliktmuster

Klar ein
Schaf

Als Gisela Weiß ihre Konfliktmuster unter die Lupe nimmt, stellt sie fest, dass sie klar als „Schaf" zu klassifizieren ist. Der Chef ist auch ein Schaf, wenn auch ein großes. Die Kollegen, früher auch Schafe, sind inzwischen zu Wölfen mutiert. Sie verhalten sich aggressiv, link und gemein! Und auch hier gilt: So ergeht es Frau Weiß eigentlich schon immer. Aggressiv wird sie immer erst dann, wenn ihr alle Sicherungen durchbrennen. Zum Wolf taugt Gisela Weiß nach eigenem Selbstbild schlecht. Selbst als sie wirklich wütend wird, versucht sie erst, den Ärger mit sich selbst abzumachen, dann bricht der Wolf voll aus ihr heraus und sie beschimpft Herrn Roth wüst, als er einen dringenden Vorgang für einen Kunden bearbeitet hat und dabei in ihr Büro eingedrungen ist.

Ausgedrückt in den „O.-k.-Positionen" sind zunächst alle o. k., es herrscht eitel Harmonie. Selbst dann noch, als der Chef reichlich spät reichlich diffuse Informationen zu der anstehenden Personalveränderung von sich gibt, schaut Gisela Weiß nicht genau hin, denn er ist ja der Größte und Beste (o. k.). Auch in der angespannten Atmosphäre, die sich in den Wochen bis zur Ernennung der neuen Teamleitung unter den Kollegen ausbreitet, fühlt sich Gisela Weiß unter Freunden (alle sind o. k.) und fällt aus allen Wolken, als ihr die Unterstützung nicht mehr zuteilwird. Jetzt sind plötzlich alle nicht mehr o. k. und sie selbst auch nicht, weil man sie ja nicht mehr lieb hat. In Kapitel 3.3 wurde bereits darauf hingewiesen, dass die typische Reaktion in so einem Fall auch sein kann, dass man sich als Mobbingopfer fühlt und zum Betriebsrat läuft (ich bin schwach = nicht o.k. und die anderen sind böse = nicht o. k.).

Gefahr erkannt, Gefahr gebannt. Wenn Gisela Weiß aus dem alten Muster ausbrechen möchte, kann und sollte sie darüber nachdenken, wie der Umgang mit Kollegen aussieht. Die sind nämlich, genau wie sie, nicht eindeutig böse oder nur lieb, sondern ganz normale Menschen mit Stärken und Schwächen. Damit ist sie reif für den Perspektivenwechsel.

Schritt 3: Gisela Weiß sucht nach den richtigen Ansprechpartnern für ihren Konflikt und wechselt die Perspektive

Im Augenblick führt Gisela Weiß einen Kampf an allen Fronten. Das gesamte Team hat sich scheinbar gegen sie verschworen. Alle sind böse – bis auf den Chef, Herrn Dr. Braun.

Durch die Analyse der Konfliktebenen aus Kapitel 2 ist sich Gisela Weiß darüber klar geworden, dass sie sich gleich mehrfach in einem klassischen Rollenkonflikt befindet. Ihre Position als Teamleitung ist ihr zwar vom Chef offiziell vor allen Beteiligten übertragen worden, aber dabei wurde zu keinem Zeitpunkt definiert, welche konkreten Verhaltensweisen sich dadurch bei allen Beteiligten künftig ändern sollten. Damit gibt es nun einige Unschärfen und einander ausschließende Rollenerwartungen an Gisela Weiß, die in Kapitel 2 bereits dargelegt wurden.

Rollenkonflikt

Wenn Gisela Weiß sich all die widersprüchlichen und diffusen Erwartungen ihrer Umwelt klar gemacht und dazu einen eigenen Standpunkt entwickelt hat, kann sie selbst eine Menge dazu beitragen, ihre Rolle als Teamleiterin zu definieren, und zwar so:

Frau Weiß kann sich beispielsweise darüber klar werden, dass sie von ihrem Chef, Herrn Dr. Braun, eine klare Arbeitsplatzbeschreibung einfordern muss. Nachdem der Auftrag „Zusammenarbeit Team und Leitung" aber nicht nur an sie als Teamleiterin, sondern auch an das Team gehen muss, ist dort eine einmalige Richtigstellung seinerseits notwendig. Die Mitarbeiter betrachten Herrn Braun nämlich derzeit trotz der halbherzigen Inthronisierung von Frau Weiß immer noch als den Vorgesetzten. Damit ist Braun Konfliktpartner Nr. 1 für Frau Weiß.

Ansprechpartner Chef

Allerdings kommt dieses Mal kein kleines Mädchen, sondern eine erwachsene Frau, die den Chef bittet, ein Versäumnis seinerseits gutzumachen. Auch sollte Gisela Weiß ihn bitten, künftig Mitarbeiter, die sich beschweren wollen, prinzipiell zu fragen: „Haben Sie das schon mit Frau Weiß besprochen? Nein? Dann muss ich Sie bitten, Frau Weiß als Ihre direkte Vorgesetzte zuerst anzusprechen." Ein Lösungsvorschlag, den er dem ganzen Team anbieten kann, ist, dass Frau Weiß künftig regelmäßig Entwicklungsgespräche mit allen Mitarbeitern führen wird, bei denen Gelegenheit besteht, gegenseitige Erwartungen auszutauschen und eventuelle Kritikpunkte direkt zu platzieren.

Ansprech-
partner
Team

Den Rest muss Gisela Weiß selbst tun. Es gilt, mit dem gesamten Team einen Neustart zu machen, allerdings dieses Mal mit geklärten Rollen. Damit dies nicht uneinfühlsam und selbstgerecht passiert, sollte sie zuvor versuchen, sich einmal in die Situation jedes Teammitglieds einzufühlen.

Allen Teammitgliedern wurde vom Vorgesetzten die gleiche „Wurst" vor die Nase gehängt: Ihr könnt euch alle auf die Position bewerben, weil eigentlich jeder gleich geeignet ist als Teamleiter. Selbst diejenigen, die vorher vielleicht schon gedacht hatten, dass Gisela Weiß seine Favoritin ist, schöpften wieder Hoffnung und fühlten sich anerkannt. Der eine dachte, er werde wegen seines Alters und seiner Erfahrung gewürdigt. Andere meinten, ihre Auslandstätigkeit oder das bislang nicht eingelöste Versprechen des Unternehmens, nach dem AC Karriere zu machen, das eigene souveräne Auftreten oder sonst etwas zähle genauso viel wie die Fachkompetenz der jungen Kollegin. Dann hieß es plötzlich auch noch, dass die Anerkennung noch größer würde als erhofft: Es gibt eine Gehaltserhöhung und die Position wird mit zusätzlichen Kompetenzen ausgestattet (nicht nur Fach-, sondern auch disziplinarische Vorgesetzte). Die Enttäuschung darüber, dass eine andere Kollegin vorgezogen wurde, war verständlicherweise bei allen groß. Zumal der Chef zu keinem Zeitpunkt klargemacht hatte, warum die Leistung von Frau Weiß für die neue Position wichtiger war als die eigene. Das eigene Bedürfnis nach Anerkennung wurde grob missachtet, schlimmer noch, die eigene Leistung abgewertet, weil offenbar nur zählte, dass jemand sich beim Chef „lieb Kind gemacht" hatte. Mit anderen Worten, das Team ist (zu Recht oder nicht, sei dahingestellt) enttäuscht und verärgert. Dies gilt es zunächst einmal zur Kenntnis zu nehmen.

Darüber hinaus hat sich Gisela Weiß als Chefin zunächst nicht wirklich mit Ruhm bekleckert. In ihrem Verhalten war sie bislang unbeholfen und wenig klar, manchmal sogar ungerecht. Erinnern Sie sich beispielsweise an die Szene mit Herrn Roth, der in ihr Büro eingedrungen war, um die Akte für einen Kunden zu suchen? Hier hätte ein souveräner Chef anders reagiert. Ist es nicht die Aufgabe eines umsichtigen und souveränen Mitarbeiters, auch in Abwesenheit des Chefs dafür zu sorgen, dass Kunden schnell und kompetent bedient werden? Hier wäre ein „Danke, Herr Roth, gut gemacht!" fällig gewesen. Stattdessen fühlte sich Gisela Weiß angegriffen, machte eine Szene, drohte mit juristischen Folgen und zerfloss anschließend in Selbstmitleid. Kein Wunder, dass Herr Roth sauer reagierte und sie als Chefin noch weniger achtete. Ihr wäre es vielleicht ähnlich ergangen, wenn sie in Herrn Roths Lage gewesen wäre.

Schritt 4: Gisela Weiß übt sich in Gerechtigkeit und lässt alles wirken

Nach den ersten vier Schritten sollte sich bei Gisela Weiß bereits einiges getan haben. Sie sieht vermutlich nicht mehr die bösen Kollegen als Wurzel allen Übels, sondern begreift, dass auch deren Verhalten nachvollziehbare Gründe hat. Vielleicht kann sie auch sich selbst ihr jämmerliches Abschneiden als Teamleiterin ein wenig verzeihen, wenn sie begriffen hat, dass auch der (sonst so perfekte) Chef mit seinem Verhalten beträchtlich dazu beigetragen hat, dass es bislang alles andere als rund lief. Aber jetzt gilt es zunächst, sich zurückzuziehen und sich ein neues, realitätsangepasstes Bild der Lage zu machen. Sie sammelt also alle neuen Erkenntnisse in Stichpunkten:

Aus der Analyse der Konfliktebene erkennt sie, dass ihr Hauptkonflikt ein klassischer Rollenkonflikt ist. Erster Ansprechpartner ist ihr Chef (der ihr das Ganze eingebrockt hat). Nebenkriegsschauplätze sind ihre Kollegen im Team, die ebenfalls verwirrt sind, was die neue Rolle der Teamleiterin anbelangt.

Aus ihrer kritischen Selbstanalyse kennt Gisela Weiß ihr eigenes übergroßes Nähebedürfnis, das sie davon abhält, ein guter Chef zu sein, der sich auch gegen unberechtigte Forderungen von oben oder unten abgrenzt. Auch hat sie erkannt, dass ihr Konfliktmuster (Harmonisieren, Unterwerfung oder Ausflippen) suboptimal ist.

Aus ihrem Versuch zum Perspektivenwechsel hat Gisela Weiß erkannt, dass auch die Enttäuschung ihrer Kollegen verständlich ist: Herr Braun ist nicht mehr deren direkter Vorgesetzter. Damit haben die Kollegen – im Gegensatz zu ihr – nun keine Anlaufstelle mehr für Ärger und Kritik – außer ihr selbst, denn sie ist jetzt die Chefin und hat damit auch eine Fürsorgepflicht! Vorausgesetzt, sie stellt sich endlich dieser Führungsverantwortung, für die sie ja immerhin auch mehr Gehalt bekommt!

Aus der Analyse der typischen Konfliktbewältigungsmuster kann Gisela Weiß nun die Art des Umgangs miteinander im Konflikt besser verstehen und einigermaßen vorhersagen, wie die nächste Auseinandersetzung verlaufen wird, wenn keiner die Strategie ändert:

Typische Verhaltensmuster

- Ihr Chef, Herr Braun, möchte gern ein Schaf sein. Er will niemandem wehtun. Deshalb hat er offenbar auch nicht fertiggebracht, dem Team klar zu sagen, dass Gisela Weiß die Teamleiterin ist und alle anderen keine Chance haben (damit hätte er sicher einen Teil des Ärgers auf sich gezogen, mit dem sich Frau Weiß nun herumschlägt).

- Von ihr ist er ebenfalls „Schafsverhalten" gewohnt (Bewunderung, um Hilfe bitten, Dankbarkeit). Es dürfte eine ziemliche Überraschung für ihn werden, wenn Frau Weiß plötzlich als erwachsener Wolf vor ihm steht und Forderungen stellt.
- Ähnlich wird es dem Team ergehen. In beiden Fällen wird eine Einladung zum Neustart, ein Einräumen eigener Fehler sowie ein ruhiger und sachlicher Ton notwendig, überraschend und wahrscheinlich Erfolg versprechend sein.

All dies wird nicht einfach, aber Gisela Weiß hat Lust bekommen, die Herausforderung anzunehmen, sich und den anderen noch eine Chance zu geben. Sie zieht sich für zwei Tage in den Garten ihrer Eltern zurück, macht lange Spaziergänge und lässt alles reifen.

Schritt 5: Gisela Weiß' neuer Standpunkt und Gesprächsvorbereitung

Zwei Gespräche

Nach einer Sickerpause hat Gisela Weiß ihren neuen Standpunkt gefunden und bereitet sich auf zwei Gespräche vor: Sie weiß jetzt, dass sie die Initiative ergreifen will. Zunächst will sie ein Gespräch mit dem Chef führen, dann mit ihren Mitarbeitern. (Sie will künftig nicht mehr von Kollegen sprechen, weil sie begriffen hat, dass es besser ist, hier auf zu große Nähe zu verzichten.)

Mit welcher konkreten Botschaft bzw. Forderung sie ihren Konfliktpartnern gegenübertreten will, ist Gisela Weiß auch klar: Der Chef soll die Rolle der Teamleitung nochmals klar definieren und konkret benennen, welche Aufgaben und Spielregeln damit verbunden sind, z. B.: Für alles ist ab jetzt Gisela Weiß erster Ansprechpartner. Bis zum Ende des Quartals finden Entwicklungsgespräche mit jedem Mitarbeiter statt.

Nach der Klärung durch den Chef will Gisela Weiß in der Teamsitzung selbst das Wort ergreifen und eine kleine Ansprache halten. Den Chef bittet sie zuvor, den Raum zu verlassen, weil sie nicht den Eindruck erwecken will, seinen Schutz zu brauchen. Hier sind ihre Notizen zur Ansprache:

Ansprache vor dem Team, Gisela Weiß am 7. Dezember:

Ich will einen Neustart für uns alle. Ich gebe zu, ich habe Fehler gemacht und eine Weile gebraucht, bis ich begriffen hatte, dass ich als Teamleiterin nicht dasselbe herzliche Verhältnis zwischen uns erwarten kann wie früher als Kollegin. Jetzt habe ich mich in die neue Situation eingefunden und möchte die Rolle als Teamleitung mit disziplinarischer und fachlicher Verantwortung künftig voll ausfüllen. Ich respektiere, schätze und brauche als junge Chefin eure Erfahrung im In- und Ausland. Ich werde mich dafür einsetzen, dass ihr im Unternehmen Anerkennung findet. Ich muss aber auch einige Forderungen stellen. Kritik, Anliegen bitte in Zukunft an mich direkt. Schluss mit den kontraproduktiven Streitereien, wir haben Wichtigeres zu tun: unsere Kunden! In diesem Zusammenhang möchte ich mich vor allem bei Ihnen, Herr Roth, entschuldigen. Als Sie neulich in mein Büro eingedrungen sind, haben Sie richtig gehandelt: Schließlich geht die schnelle Erledigung von Kundenanfragen vor.

Gemeinsam werden wir ein gutes und leistungsfähiges Team! Ab jetzt gibt es wöchentlich eine Teamsitzung, damit wir uns schnell zu den anliegenden Themen austauschen können und die große Kompetenz, die hier im Raum vorhanden ist, besser nutzen! Ich werde bis zur nächsten Teamsitzung mit jedem von euch ein Gespräch führen, um eure Anliegen, Kritikpunkte und Verbesserungsvorschläge einzuholen. Vor allem aber möchte ich wissen, wie es jedem von euch geht, damit wir ein aktuelles Stimmungsbild hier offen im Raum und nicht mehr nur in der Kaffeeküche haben. Die Ergebnisse stelle ich nächsten Mittwoch allen in der Teamsitzung vor, damit wir eine gemeinsame Basis haben für unseren Neustart und Dinge, die schlecht laufen, optimieren können.

Sehr sinnvoll ist es für Gisela Weiß, Raum für all den Unmut zu schaffen, der sich in den letzten Wochen angesammelt hat. Dies hat sie in ihrer Ansprache berücksichtigt: eine Sammlung des Stimmungsbildes in Einzelgesprächen und anschließende Präsentation aller Kritikpunkte, Befindlichkeiten und Anregungen in der nächsten Teamsitzung. Das holt den Unmut aus der Kaffeeküche in den öffentlichen Raum zurück. Selbst wenn nicht alle ganz ehrlich waren, kommen sie sich jetzt schon ein wenig blöd vor, weiter im stillen Kämmerlein zu jammern, wo doch offizieller Raum dafür angeboten war. Wenn Gisela Weiß diese Situation aufrecht, ruhig und verständnisvoll übersteht (statt ins alte Konfliktmuster von Unterwerfung oder Wolfsanfällen zurückzufallen), hat sie gewonnen.

Wer fragt, führt

Ihr Partner hatte noch einen wichtigen Hinweis: Um sich nicht vorschnell auf Zugeständnisse festlegen zu lassen, nur um dem Druck zu entgehen, sollte sie sich für jede Anregung, für jede Kritik aus der Runde zunächst nur bedanken und sich vorbehalten, in Ruhe zu prüfen, ob sie diesen Punkt beherzigen möchte oder den Ball zurückspielt. Sie sollte dann allerdings nach einigen Tagen/in der nächsten Teamsitzung zu jedem der angesprochenen Themen endgültig Stellung beziehen und ihre Entscheidung klar und ehrlich begründen.

Und was, wenn all dies nicht greift, wenn das Gespräch (mit dem Chef, mit dem Team) trotz allem eskaliert? In diesem Fall hat sich Gisela Weiß vorgenommen, ruhig zu bleiben und einen Schritt aus dem Ring zu tun. Sie wird versuchen, die Diskussion für einen Moment von außen zu betrachten und den Prozess auf der Metaebene anzusprechen: „Ich habe den Eindruck, im Moment passiert genau das, was uns allen nicht weiterhilft. Wir fallen wieder übereinander her, statt ruhig und sachlich gemeinsam zu überlegen, wie wir die Kuh vom Eis bekommen. Hat einer von Ihnen eine Idee, wie wir da herauskommen? Was meinen z. B. Sie, Herr X? Sie sind doch ein alter erfahrener Hase. Sollten wir es mal mit einer Teamentwicklung probieren oder erst mal eine Sickerpause einlegen und morgen in Ruhe weitersprechen? Oder haben Sie einen anderen Rat für uns?"

Schritt 6: Gisela Weiß traut sich in die Höhlen der Löwen

Hätte man Gisela Weiß vor einigen Wochen gesagt, dass sie demnächst ihren Chef kritisieren und fordern oder gar eine Rede vor dem verstockten Team halten würde, wäre sie vermutlich vor Angst in die Knie gegangen. Niemals! Lieber kündigen!

Seltsamerweise ist es inzwischen anders. Sie fühlt sich stark! Wenn einer ihr den Vorwurf macht, sie sei keine Führungskraft, kann sie ruhig erwidern: „Ich war noch keine und habe Fehler gemacht, aber ich lerne dazu!" (Sie kennt inzwischen ihre Schwächen, Kritik haut sie nicht mehr um.)

Wenn einer wütend und frustriert reagiert, kann sie im Gegensatz zu früher Verständnis äußern: „Ich kann Sie verstehen. Es ist für uns alle eine Umstellung und wird noch eine Weile dauern. Aber wir schaffen das schon."

Wenn ihr Chef meint: „Sie schaffen das schon alleine!", kann sie ruhig entgegnen: „Ich kann lernen, dieses Team zu führen, aber ich kann mich nicht selbst ermächtigen, Mitarbeitergespräche zu führen. Auch sind Sie derjenige, der dem Team noch einmal klar sagen muss, welche Anforderungen an diese Position gestellt werden und warum ich diese Anforderungen erfülle."

Und das Schönste – all die neuen Erkenntnisse über sich selbst kann ihr niemand mehr wegnehmen. Selbst wenn es mit dieser Stelle nichts mehr wird. Die Fehler von diesem Mal werden ihr nie wieder passieren. Kein Grund mehr zur Angst!

Gisela freut sich auf die Gespräche. Entschlossen greift sie zum Telefonhörer: „Herr Braun, hier spricht Frau Weiß. Haben Sie heute noch etwa eine halbe Stunde Zeit für mich? – Ja, es ist wichtig! – Gut dann bis um 15.00 Uhr in Ihrem Büro!"

4 Die Mediation als erfolgreicher Weg der Konfliktlösung?

Jeder Beteiligte hat seinen eigenen Anteil an einem Konflikt, selbstverständlich auch die Führungskraft. Wir haben gesehen, dass Sie dann den Königsweg der konstruktiven Konfliktlösung beschreiten, wenn Sie durch Selbstmanagement (Kapitel 3) die Initiative ergreifen. Hier können Sie direkt etwas bewirken und sind nicht auf die Kooperation des Konfliktpartners angewiesen. Die Veränderung Ihres Verhaltens verändert auch das Verhalten Ihres Konfliktpartners. In vielen Fällen reicht jedoch die Änderung des eigenen Verhaltens nicht aus, um eine verfahrene Situation zu bereinigen. Zu viele Emotionen sind im Spiel, die Wellen schlagen hoch. Hier sind Sie als Führungskraft gefragt! Man erwartet von Ihnen, dass Sie professionelle Werkzeuge nutzen können und dadurch Ihr Team zu optimalen Leistungen führen. Ein solches Werkzeug kann die Mediation sein, die wir Ihnen in diesem Kapitel näherbringen wollen.

4.1 Strukturiertes Verfahren der Konfliktlösung

Unternehmen sind äußerst komplexe Gebilde, die basierend auf Zahlen, Daten und Fakten geführt werden. Erst Methoden wie beispielsweise Balanced Scorecards ermöglichen es der Unternehmensleitung festzustellen, welche Geschäftsbereiche erfolgreich sind und wo Veränderungsbedarf besteht. Natürlich lernen immer mehr Manager auch, moderne Führungstechniken einzusetzen. Dabei kommt es ganz entscheidend auf weiche Faktoren und Emotionen an. Dennoch: Wenn Sie in sich selbst hineinhören, werden Sie feststellen, dass Sie sich eher dann auf sicherem Terrain fühlen, wenn Sie etwas zählen, messen oder wiegen können. Hier kommt Ihnen die Mediation als strukturiertes Verfahren der Konfliktlösung entgegen.

Die Mediation entstand Mitte der 1960er-Jahre in den USA unter dem Eindruck der ökonomischen Ineffizienz regulärer Gerichtsprozesse. Den streitenden Parteien wurde immer stärker bewusst, dass konstruktivere und kostengünstigere Wege gefunden werden mussten, um Konflikte beizulegen. Aus den verschiedensten wissenschaftlichen Disziplinen, vor allem der Verhaltensforschung, wurde nach und nach ein Verfahrensablauf zur Konfliktlösung hergeleitet und kontinuierlich optimiert.

Geschichte der Mediation

In Deutschland fand die Mediation ab den 1980er-Jahren zunächst bei familienrechtlichen Streitigkeiten Anwendung, wohl deshalb, weil gerade dieser Lebensbereich stark emotionalisiert ist und somit rein rationale Vorgehensweisen nicht ausreichend wirksam sind. Inzwischen hat die Mediation nahezu alle Sektoren des täglichen Lebens erfasst und ist deshalb in breiten Teilen der Bevölkerung als effektives Instrument der Konfliktbewältigung anerkannt.

> **Definition**
>
> Mediation ist ein strukturiertes und methodisch geleitetes Verfahren außergerichtlicher Konfliktlösung. Die Konfliktbeteiligten entwickeln selbstbestimmt und kooperativ verbindliche und zukunftsfähige Konsenslösungen. Dabei begleitet und unterstützt sie der Mediator als spezifisch ausgebildeter überparteilicher Prozessberater. Mediation hilft, die Zusammenarbeit zwischen den Beteiligten zu erneuern, und schafft beidseitige Gewinnsituationen.

Abgrenzungen

Neben der Mediation gibt es eine ganze Reihe weiterer Methoden, die in Konfliktfällen angewendet werden. Begriffe wie „Moderation", „Prozessbegleitung", „Coaching" oder „Schiedsverfahren" sind Ihnen sicherlich schon einmal begegnet. Doch in welcher Situation wird welches Werkzeug verwendet? Die Grenzen sind hier sicherlich fließend. Dennoch kann man danach unterscheiden, auf welcher Eskalationsstufe sich ein Konflikt befindet.

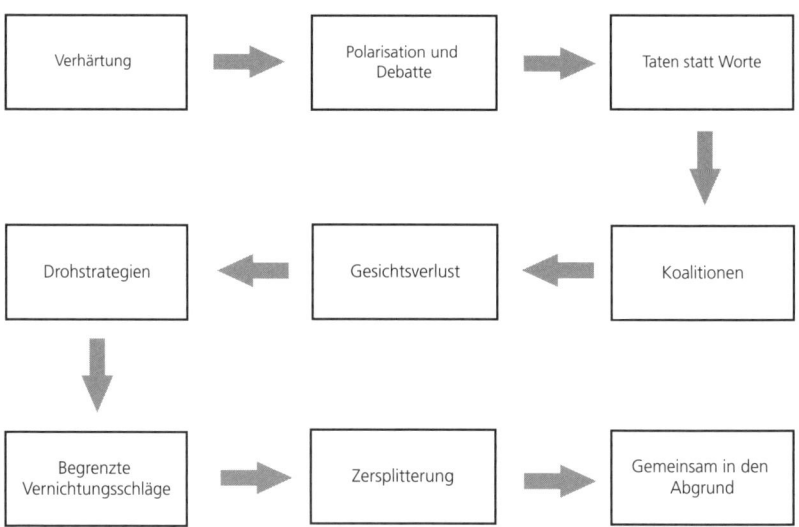

Konflikteskalation nach Friedrich Glasl

Moderation

Finden Sie eine Situation vor, in der die Beteiligten in der Kommunikation nicht mehr so unbefangen miteinander umgehen wie bisher (Verhärtung), in der bewusst Gegenpositionen eingenommen und endlose Diskussionen angezettelt werden (Polarisation und Debatte) oder in der bereits nur noch wenig miteinander gesprochen wird, sondern jeder versucht, durch Alleingänge vollendete Tatsachen zu schaffen (Taten statt Worte), dann kann eine Moderation helfen, den Knoten zu lösen.

Beispiel

In einem Unternehmen wird der Bereich Reisekostenabrechnung neu strukturiert. Er soll aus der Personalabteilung herausgelöst und in die Buchhaltung integriert werden. Dadurch ändern sich alle Arbeitsabläufe, weil bisher lediglich die von zwei Mitarbeitern der Personalabteilung aufbereiteten Reisekostendaten an eine Mitarbeiterin der Buchhaltung übergeben und dort weiterverarbeitet wurden. Nun soll der Prozess gestrafft werden. Vorgesehen ist die durchgängige Zuständigkeit von drei Mitarbeitern der Buchhaltung für Aufbereitung und Weiterverarbeitung der Daten, wobei jeder Mitarbeiter verschiedene Unternehmensbereiche bearbeiten soll.

Die betroffenen Mitarbeiter der Buchhaltung, Herr Kleinert, Frau Klaus und Herr Berner, sind mit dieser Umstrukturierung nicht glücklich. Sie sind gut aufeinander eingespielt und jeder Handgriff sitzt. Nun hat jeder von ihnen die Befürchtung, der auf ihn entfallende Arbeitsbereich würde zu einer höheren Belastung führen als bei den Kollegen. Dieses Gefühl wird noch dadurch verstärkt, dass hinsichtlich der Aufbereitung der Reisekostendaten viel Neues zu lernen ist. Schließlich hat das früher die Personalabteilung mit einem speziellen EDV-Programm gemacht, das erst zu erlernen ist.

Ihre Chefin, Frau Maurer, bittet nun ihre Mitarbeiter zu überlegen, wie die Zuständigkeitsbereiche aufzuteilen sind. Herr Kleinert, Frau Klaus und Herr Berner geraten sich bei langen internen Diskussionen in die Haare. Jeder will sich die Rosinen herauspicken und die „besten" Abteilungen haben. Ohne sich abzustimmen, gehen sie einzeln zu Frau Maurer und bitten sie um die Zuteilung eines bestimmten Aufgabenbereichs.

In dieser Situation hat ein Wettlauf der einzelnen Beteiligten begonnen, die individuellen Vorstellungen durchzusetzen. Die Gruppe hat vergessen, wie viel Kreativitätspotenzial in ihr steckt und dass dieser Schatz nur gehoben werden kann, wenn jeder Einzelne offen mit abweichenden Meinungen umgeht. Auch sind sich die Gruppenmitglieder oftmals nicht bewusst über ihre Rolle im Team.

Hier hilft der Moderator, eine Klärung herbeizuführen, ohne dass jemand dadurch einen Wertverlust hinnehmen müsste. Mit einer ganzen Reihe von Techniken und Methoden gelingt es ihm, Ideen zu sammeln, zu visualisieren und damit allen Beteiligten zugänglich zu machen. Die ganze Gruppe ist nun in der Lage, gemeinsam zu Ergebnissen und Entscheidungen zu gelangen, die von ihr im Konsens getragen und umgesetzt werden. Wichtig ist dabei, dass ein dynamischer Arbeitsprozess entsteht, an dem alle Teilnehmer engagiert beteiligt sind, weil sie spüren, dass sie ihre eigenen Ideen einbringen können und damit akzeptiert werden.

Dynamischer Prozess

Als Führungskraft können Sie nur dann die Rolle des Moderators übernehmen, wenn Sie in den Gruppenkonflikt nicht involviert sind. Denn der Moderator muss eine neutrale Position einnehmen, die es ihm ermöglicht, alle Gruppenmitglieder in gleicher Weise bei der Lösungsfindung

Neutraler Moderator

einzubeziehen. In vielen Fällen sind Sie aber als Führungskraft Teil des Konflikts, weil Sie durch Ihre disziplinarische Befugnis Einfluss auf deren Zusammenwirken nehmen können. Deshalb würden Sie von Ihrem Team als befangen beurteilt und als Moderator nicht akzeptiert werden.

> **Beispiel**
>
> Frau Maurer bittet den Personalleiter Winkler, als Moderator eines Workshops zur Verteilung der Aufgabenbereiche tätig zu werden. Selbst möchte sie nicht moderieren, weil sie im Ernstfall die Aufgabenverteilung durch Anweisung vornehmen muss. Sie ist aber davon überzeugt, dass ihre Mitarbeiter eine selbst gefundene Aufgabenverteilung eher akzeptieren würden. Mit Brainstorming durch Kartenabfragen, Clustern der Karten auf Metaplanwänden und Bewertung durch Punktevergabe gelingt es dem Moderator, dass Herr Kleinert, Frau Klaus und Herr Berner ein klares Bild vom Arbeitsvolumen erhalten. Alle drei entwickeln kreative Ideen zur Aufteilung und sind zum Schluss froh, sich geeinigt zu haben. Nachdem sie auch noch vereinbaren, nach drei Monaten eine Bestandsaufnahme der jeweiligen Arbeitsbelastung zu machen und eventuelle Korrekturen vorzunehmen, steht der weiteren guten Zusammenarbeit nichts mehr im Wege.

Der beschriebene Konflikt befindet sich auf einer Eskalationsstufe, auf der die Moderation das ideale Instrument der Konfliktlösung darstellt.

Prozessbegleitung

Wird schon nicht mehr miteinander diskutiert, sondern werden bereits Fakten geschaffen (Taten statt Worte), schließen sich Ihre Mitarbeiter zu Gruppen zusammen und versuchen auf diese Weise, ihre Machtbasis zu stärken (Koalitionen) oder werden Kollegen gar von anderen bloßgestellt und vorgeführt (Gesichtsverlust), dann hat der Konflikt ein Niveau erreicht, auf dem sich die Parteien nicht einmal mit einem Moderator selbst helfen können. Mithilfe der Prozessbegleitung versucht ein außenstehender Dritter, die Konfliktparteien wieder an einen Verhandlungstisch zu bringen. Das kann nur glücken, wenn das zerstörte Vertrauen zwischen ihnen wieder aufgebaut und eine Dialogbereitschaft erzeugt wird.

> **Beispiel**
>
> Im Beispiel oben ist Frau Maurer der Meinung, ihre Mitarbeiter sollten sich zusammenreißen und versuchen, eine gemeinsame Lösung zu finden. Die Kollegen Kleinert und Berner unterhalten sich bei einem Kaffee und kommen zur Einschätzung, dass Frau Klaus durch ihre Zickigkeit versuche, bei der ganzen Sache am besten abzuschneiden. Sie sind entschlossen, sich das nicht bieten zu lassen. Im Kollegenkreis lassen sie gelegentlich einfließen, was sie von Frau Klaus und ihrer Arbeitsleistung halten. Frau Klaus ist entsetzt und fühlt sich gemobbt. Sie beschwert sich bei Frau Maurer, die nun einsieht, dass externe Hilfe dringend nötig ist. Sie engagiert einen Prozessbegleiter, der mithilfe etlicher Einzelgespräche die drei Kollegen davon überzeugt, dass es sich lohnt, den Konflikt konstruktiv anzugehen. Herr Kleinert, Frau Klaus und Herr Berner sind schließlich auch mit einem moderierten Workshop zur künftigen Aufgabenverteilung einverstanden.

Die Konfliktparteien wurden durch die Prozessbegleitung auf ein niedrigeres Konfliktniveau zurückgeführt, auf dem sie dann mithilfe der Moderation in konstruktiver Weise eine Lösung gefunden haben.

Coaching

Im Unterschied zu Moderation und Prozessbegleitung, woran regelmäßig alle Konfliktparteien teilnehmen, bezieht sich das Coaching immer auf eine Einzelperson. Der Coach begleitet seinen Klienten bei der Umsetzung eines Anliegens oder der Lösung eines Problems. Er strebt an, dessen Selbstwahrnehmung bezüglich seines eigenen Anteils am Konflikt zu fördern sowie notwendige Verhaltensstrategien zu verbessern.

Einzelperson

> **Beispiel**
>
> Dass es in der Buchhaltung knirscht, ist auch Frau Maurers Vorgesetztem nicht entgangen. In einem persönlichen Gespräch teilt sie ihm mit, dass in Kürze ein externer Berater durch eine Prozessbegleitung den Konflikt entschärfen helfen soll. Der Vorgesetzte hält die Idee für gut, findet aber auch, dass das Verhalten von Frau Maurer als Abteilungsleiterin in dieser schwierigen Situation ebenfalls entscheidend ist. Er schlägt deshalb Frau Maurer vor, sich durch einen Coach beraten zu lassen und daraus außerdem für künftige Konfliktsituationen zu lernen.

Coaching ist nicht nur isoliert zu betrachten. Im Gegenteil: Es kann andere Konfliktmanagementmethoden wirkungsvoll unterstützen und so den Lösungsprozess erheblich beschleunigen.

Schiedsverfahren

Kennzeichnend für das Schiedsverfahren ist die Position des Schiedsrichters als Autoritätsträger, dessen Entscheidung sich die Konfliktparteien nach Anhörung und Verhandlung unterwerfen. Insoweit besteht große Ähnlichkeit mit einem Gerichtsverfahren, allerdings mit dem Unterschied, dass die Durchführung eines Schiedsverfahrens freiwillig ist, während das Gerichtsverfahren durch eine Partei, den Kläger, einseitig erzwungen wird.

Schiedsrichter als Autoritätsträger

Es liegt auf der Hand, dass Sie diesen Weg erst wählen sollten, wenn Sie eine autonome Konfliktlösung unter den Parteien nicht mehr erreichen können. Das ist regelmäßig auf Konfliktstufen der Fall, auf denen bereits eine Zerstörung der persönlichen Beziehung eingetreten ist und die entstandenen Schäden irreparabel sind. Werden also negative Konsequenzen für ein bestimmtes Verhalten in Aussicht gestellt (Drohstrategien), die negativen Konsequenzen zum Nachteil des Konfliktpartners bereits gezogen (begrenzte Vernichtungsschläge) und zerbricht daran die gemeinsame Beziehung (Zersplitterung), dann hilft aller gute Wille nichts mehr. Hier muss ein Schiedsrichter oder Richter entscheiden.

4.2 Für diese Fälle ist Mediation geeignet

Die Mediation belegt auf der Eskalationsskala einen Platz nach der Prozessbegleitung, aber noch vor dem Schieds- und Gerichtsverfahren. Es reicht nicht aus, lediglich das Vertrauen zwischen den Parteien wiederherzustellen und sie dann relativ eigenständig nur durch einen Moderator zu unterstützen (Prozessbegleitung). Andererseits ist es im Anwendungsbereich der Mediation noch zu keiner Zersplitterung gekommen, die Parteien können noch zueinanderfinden. Die strukturierte Prozessbegleitung findet hier also nicht nur am Anfang der Konfliktlösung statt, sondern während des gesamten Konfliktlösungsverlaufs bis hin zu einem erfolgreichen Abschluss. Häufig wird die Mediation sogar dafür eingesetzt, im Rahmen von Folgeveranstaltungen zu kontrollieren, wie nachhaltig der Konflikt gelöst wurde.

Innerbetriebliche Konflikte

Für Sie als Führungskraft wird die Mediation vornehmlich im innerbetrieblichen Bereich zur Anwendung kommen. Schließlich sind hier in der Regel die meisten Ihrer Aufgaben angesiedelt.

Projektkonflikte

Unterschiedliche Ziele

Nachdem Projekte sehr häufig verschiedene Zuständigkeitsbereiche berühren, sind hier Konflikte zu Ressourcen oder Abteilungszielen geradezu vorprogrammiert. Jede Abteilung ist bestrebt, ihre Aufgaben unter den bestmöglichen Konditionen zu erfüllen. Sobald also ein Außenstehender Einfluss auf die Rahmenbedingungen der Abteilung ausübt und dadurch die Erfüllung der Abteilungsziele in Gefahr gerät, geht beim Verantwortlichen der Abteilung die rote Warnlampe an.

> **Beispiel**
>
> Bei einem Autozulieferer soll ein neues Cabrio-Faltdach entwickelt werden. Dem dafür ins Leben gerufenen Projekt gehören auch Mitarbeiter aus den Bereichen Entwicklung, Produktion und Vertrieb an. Recht bald kommt es zu den ersten Auseinandersetzungen, weil der Vertrieb einen strafferen Zeitplan fordert, dem Entwicklung und Produktion nicht zustimmen wollen. Der Vertrieb wird aber vom Kunden zeitlich enorm unter Druck gesetzt. Die Produktion hingegen mahnt bei der Entwicklung an, nicht allein die technisch beste Lösung zu bevorzugen, sondern die in der Produktion zu den niedrigsten Kosten umzusetzende Variante. Die Entwicklung kontert mit den einzuhaltenden Qualitätsstandards, wobei sie vom Vertrieb unterstützt wird, der spätere Kundenreklamationen befürchtet. Das Projektteam gerät inzwischen so in Streit, dass dadurch der Projekterfolg ernsthaft gefährdet ist. Der Projektleiter weiß sich nicht mehr anders zu helfen und bittet seinen Vorgesetzten um Unterstützung.

An diesem Beispiel werden die unterschiedlichen Abteilungsziele besonders deutlich: Die Entwicklung priorisiert die Qualität, die Produktion legt auf die Kosten besonderen Wert und dem Vertrieb geht es vor allem um die schnelle Auslieferung an den Kunden. Wenn in einem solchen Fall nicht von Anfang an klar festgelegt ist, welche dieser Ziele im Projekt Vorrang haben, können sich die Fronten schnell verhärten.

Die Mediation kann hier helfen, Klarheit über die unterschiedlichen Ziele zu schaffen und bei den verschiedenen Parteien Verständnis hierfür zu wecken. Dies führt zu einer verbesserten Kommunikation und damit einem reibungsfreieren Projektablauf. Die Mediation ersetzt natürlich nicht eine klare Vorgabe hinsichtlich der Priorisierung der Projektziele durch übergeordnete Verantwortliche.

Abteilungskonflikte

Auch außerhalb von Projekten gibt es immer wieder Situationen, in denen Abteilungen aneinandergeraten. Die Schnittstellen zwischen den verschiedenen Bereichen sind vielfältig und komplex, sodass die Abläufe entlang dieser Schnittstellen einerseits klar definiert und andererseits hinsichtlich ihrer Praktikabilität ständig hinterfragt werden müssen.

Komplexe Schnittstellen

> **Beispiel**
>
> Der Produktionsbereich eines Unternehmens hat dringenden Personalbedarf. Die Personalabteilung hat bereits den Auftrag erhalten, neue Mitarbeiter zu suchen, auszuwählen und einzustellen. Aufgrund der detaillierten und speziellen Anforderungen des Produktionsbereichs an die zu besetzenden Stellen tut sich die Personalabteilung äußerst schwer, passende Bewerber zu finden. Dem Leiter der Produktion, Herrn Roller, geht das alles viel zu langsam. Er lässt seine Beziehungen zu seinem früheren Unternehmen spielen und lädt geeignete Mitarbeiter von dort direkt zum Vorstellungsgespräch ein. Man wird sich schnell handelseinig, sodass Herr Roller die Personalabteilung auffordert, zu den von ihm genannten Konditionen Arbeitsverträge vorzubereiten. Die Personalleiterin, Frau Schneider, fällt aus allen Wolken und weigert sich, auf dieser Basis weiter mit Herrn Roller zusammenzuarbeiten, zumal dies nicht der einzige Vorfall dieser Art war.

Kompetenzgerangel, Unzufriedenheit, eigenmächtiges Handeln und vor allem fehlende Kommunikation: All dies ist Gift für eine gute Arbeitsbeziehung zwischen Abteilungen. Es kommt nicht selten vor, dass dieses Gift, jeweils in kleinen Dosen und häufig verabreicht, zu einer kompletten Blockade zwischen Abteilungen führt. Zum Schluss weiß keiner der Beteiligten mehr, was die Ursache dafür war, die Feindbilder haben sich etabliert. Bevor es zu einem Machteingriff des übergeordneten Vorgesetzten kommt, können mittels einer Mediation die Gemeinsamkeiten der Abteilungen herausgearbeitet und Spielregeln für die weitere Zusammenarbeit entwickelt werden. So vermeiden Sie zukünftig Missverständnisse und stellen eine Verbindlichkeit im gemeinsamen Handeln her.

Persönliche Konflikte

Schließlich sind Konflikte unter Kolleginnen und Kollegen oftmals nur mit Mediation in den Griff zu bekommen. Die Sachebene wird von den Beteiligten verlassen, Emotionen beginnen zu dominieren, keiner der Beteiligten will sein Gesicht verlieren. Hier finden die Streithähne oftmals keinen Ausweg mehr und es fällt ihnen schwer, sich auf die gute Zusammenarbeit in der Vergangenheit zu besinnen und an eine Fortsetzung in der Zukunft zu glauben.

Vertrauen schaffen

Ein neutraler Dritter kann die Kontrahenten dabei unterstützen, den Knoten zu lösen und das Miteinander auf eine neue stabile Basis zu stellen. Mediation ist hier deshalb das Mittel der Wahl, weil besonders hier die Vertrauensbasis stark beschädigt ist. Nur in einem strukturierten Umfeld kann jeder Beteiligte voll zur Geltung kommen und das Vertrauen zu seinem Konfliktpartner erneuern.

Als Führungskraft sollten Sie nicht selbst eine Mediation durchführen. Hierfür kommt nur ein neutraler Dritter infrage, weil Sie als Vorgesetzter in der Regel Teil des Konflikts sind. Das heißt nicht, dass Sie den Konflikt heraufbeschworen haben. Aber Sie spielen dabei als derjenige, der in letzter Konsequenz den Konflikt durch Machteingriff beenden kann, eine gewichtige Rolle.

Außerbetriebliche Konflikte

Nicht nur bei den oben beschriebenen innerbetrieblichen Konfliktsituationen kann die Mediation ein hilfreicher Weg sein. Auch außerhalb des Unternehmens verspricht diese Methode in vielen Fällen Erfolg. Kunden- und Lieferantenbeziehungen, Kooperationen und Netzwerke, Gemeinschaftsunternehmen und Partnerschaften, sie alle werden von Menschen mit unterschiedlichen Interessen gesteuert. Dass diese Interessen auch einmal voneinander abweichen, ist ganz normal und kein Grund zur Beunruhigung. Allerdings sollte an der Geschäftsbeziehung stetig gearbeitet werden, damit sie unbelastet und produktiv bleibt. Wiederum führt ein Mangel an Kommunikation, Ehrlichkeit und Verlässlichkeit im Umgang miteinander schnell zu Vertrauensverlust und damit zu Konflikten.

Beispiel

Zwischen den beiden im Vertrieb miteinander kooperierenden Unternehmen A und B ist Funkstille eingekehrt. In den letzten Monaten kam es zunehmend zu Reibereien, weil B neben Produkten von A immer öfter auch Produkte anderer Firmen vertreibt. Anfangs war das kein Problem, weil A nur ein ganz enges Produktportfolio vorzuweisen hatte. Inzwischen wurden aber weitere Produktsegmente entwickelt, sodass immer öfter Überschneidungen mit neu hinzugekommenen Kunden von B entstehen. Der Streit ist inzwischen so weit eskaliert, dass die Kooperation zu zerbrechen droht, was für beide Partner mit erheblichen finanziellen Einbußen verbunden wäre.

Auslöser dieses Konflikts ist weniger eine menschliche Befindlichkeit, sondern ganz vitale geschäftliche Interessen der einzelnen Partner. Im Verlauf der Kooperation haben sich die einzelnen Unternehmensstrategien gegenläufig entwickelt. Dementsprechend müssen auch die Spielregeln der Kooperation angepasst werden. Es ist für beide Unternehmen sinnlos, die eigene neue Strategie im Rahmen der alten Kooperationsvereinbarung durchzusetzen. Die Mediation hilft dabei, die neuen Unternehmensstrategien dem jeweils anderen zu vermitteln und einen Weg zur Erneuerung der Partnerschaft aufzuzeigen.

Spielregeln anpassen

4.3 Vorteile der Mediation

Gegenüber herkömmlichen Konfliktlösungsmethoden hat die Mediation viele bestechende Vorteile. Daher nimmt ihre Verbreitung auch in Deutschland immer mehr zu. Die Akzeptanz erreicht zwar noch nicht das Niveau anderer Länder, beispielsweise der USA. Dies liegt aber weitgehend an der Struktur des dortigen Rechtssystems, das die Mediation teilweise stärker begünstigt als hierzulande.

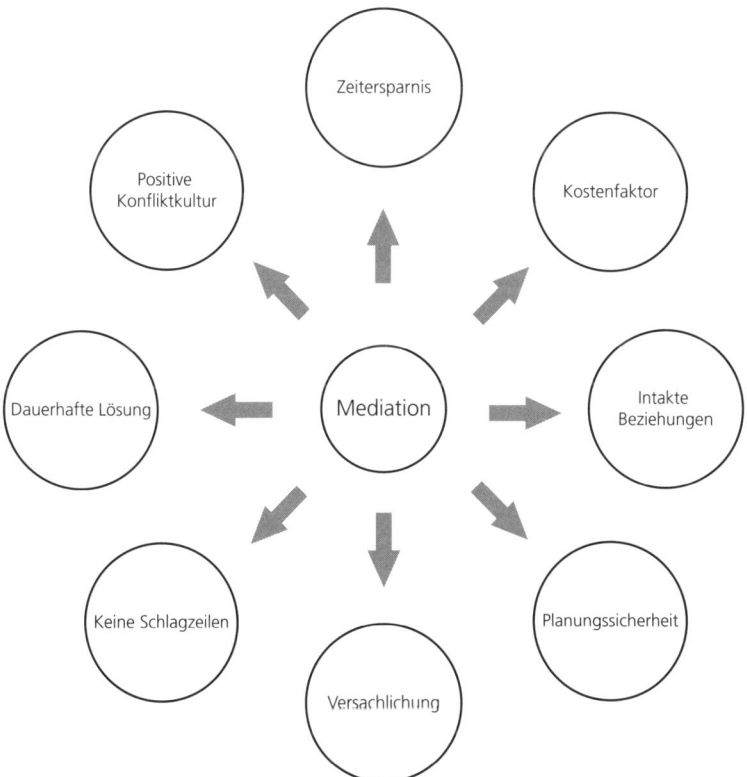

Vorteile der Mediation gegenüber herkömmlichen Konfliktlösungswegen

Bereits an dieser Übersicht wird deutlich, dass die Vorteile der Mediation die allermeisten Bedürfnisse der Kontrahenten befriedigen. Zwei streitende Arbeitnehmer wollen beispielsweise schnell und dauerhaft zur alten Produktivität zurückkehren, in einem intakten Umfeld arbeiten und negative Emotionen vermeiden. Unternehmen wollen zusätzlich Kosten sparen, ein gutes Image pflegen und eine positive Unternehmenskultur fördern.

Zeitersparnis

Gerichts-
verfahren
langwierig

Ein Konflikt ist für beide Parteien in der Regel kräftezehrend, weshalb das Bestreben groß sein dürfte, ihn schnellstmöglich beizulegen.

Gerichtsverfahren sind in der Regel nicht dazu geeignet, eine schnelle Lösung zu liefern. Die Spielregeln des Gerichtsprozesses sehen klar definierte Schritte und Abfolgen vor, die einzuhalten sind und viel Zeit kosten. Für einen arbeitsrechtlichen Gerichtsprozess sind deshalb in der ersten Instanz bis zum Urteil mindestens sechs Monate einzukalkulieren. Hinzu kommt, dass der Konflikt zunächst lange schwelt, bis er zu einem gerichtlichen Verfahren eskaliert ist. Denn die Parteien versuchen zunächst – häufig vergeblich –, die Probleme alleine aus dem Weg zu räumen. Oft sind sich die Beteiligten auch gar nicht bewusst, dass ein Konflikt besteht, und bleiben deshalb untätig. Im Idealfall gelingt es Ihnen als Führungskraft, Konflikte in Ihrem Einflussbereich zu identifizieren und vorausschauend mit einer Konfliktlösungsstrategie zu bearbeiten.

Der Zeitbedarf einer Mediation hängt von der Komplexität des Falles ab. Nachdem es sich jedoch um ein äußerst strukturiertes Verfahren handelt, ist es darauf ausgelegt, durch hohe Effizienz schnell zu einem Ergebnis zu führen. In einem durchschnittlich komplexen Konfliktfall sollte die Mediation nach längstens fünf Sitzungstagen beendet sein.

Die Mediation ist im Beispiel der Grafik auf der folgenden Seite bereits nach sechs Wochen mit der Abschlusssitzung beendet. Bezieht man außerdem noch ein Follow-up zur Sicherung der Qualität der gefundenen Lösung mit ein, hat das Mediationsverfahren insgesamt etwa viereinhalb Monate gedauert.

Das Gerichtsverfahren hingegen ist in der ersten Instanz erst nach knapp acht Monaten abgeschlossen. Zu bedenken ist außerdem, dass die Möglichkeit bleibt, gegen das erstinstanzliche Urteil Berufung einzulegen, wodurch weitere etwa fünf Monate bis zur endgültigen Entscheidung hinzukämen. Der gesamte Zeitaufwand beträgt hier ungefähr dreizehn Monate, dreimal so lange wie das Mediationsverfahren.

Wodurch wird der schnelle Ablauf der Mediation ermöglicht? Ganz einfach: Die Parteien haben das Verfahren eigenverantwortlich in der Hand und bestimmen über die Terminierung lediglich in Absprache mit dem Mediator. Dieser wird als Dienstleister ebenfalls an einem schnellen Ablauf des Mediationsverfahrens interessiert sein.

Gerichtsprozess	Mediation
Klageerhebung: 01.04.	Vorgespräch: 01.04.
Gütetermin: 22.04.	Erste Sitzung: 15.04.
Schriftsatz Arbeitgeber: 16.06.	Zweite Sitzung: 29.04.
Schriftsatz Arbeitnehmer: 28.07.	Abschlusssitzung: 13.05.
Kammertermin: 22.09.	Follow-up: 15.08.
Urteilsbegründung: 30.11.	
Ende Berufungsverfahren: 30.04.	

Zeitvergleich Arbeitsgerichtsverfahren zu Mediationsverfahren

Geringere Kosten

Die oben beschriebene Zeitersparnis führt natürlich unmittelbar dadurch zu geringeren Kosten, weil die Konfliktparteien deutlich schneller wieder produktiv zusammenarbeiten können. Allerdings kann dieser Aspekt nicht in Euro und Cent nachgerechnet werden, weshalb er in Unternehmen oft nicht ausreichend gewürdigt wird.

Bedauerlicherweise vertreten viele Unternehmen noch immer die Auffassung, eine Führungskraft müsse Konflikte in ihrem Verantwortungsbereich selbst lösen können. Erst dadurch würde sie ihrer Führungsrolle gerecht werden. Ein Budget für externe Berater wird verweigert. Die Vorgesetzten haben also oftmals die Brisanz eines Konflikts in ihrem Bereich erkannt, trauen sich aber wegen dieser Unternehmens(un)kultur nicht, externe Hilfe durch einen Mediator anzufordern. Sie wollen nicht als schwache Führungskraft erscheinen und Geld des Unternehmens vergeuden. Dieser Ansatz ist freilich kurzsichtig angesichts des erheblichen finanziellen Potenzials, das durch professionelles Konfliktmanagement gehoben werden könnte.

Unternehmen müssen umdenken

In den USA hat das Mediationsverfahren insbesondere deshalb große Bedeutung erlangt, weil die in Vergleich zu setzenden Prozesskosten um ein Vielfaches höher sind als die Kosten des Mediationsverfahrens. Hierzulande spielt dieser Umstand angesicht des äußerst effizienten und vergleichsweise kostengünstigen Justizsystems indes eine geringere Rolle.

Teure Kündigung

Jedoch droht gerade in Kündigungsschutzverfahren an anderer Stelle ein erhebliches Kostenrisiko: Der Arbeitgeber muss im Fall seines Unterliegens den Arbeitnehmer wieder einstellen und den gesamten ausstehenden Lohn nachzahlen.

> **Beispiel**
>
> Zwischen Herrn Lauer und seiner Vorgesetzten Frau Abel kommt es regelmäßig zu Konflikten. Die Chemie zwischen beiden stimmt offenbar nicht. Hilfesuchend wendet sich Herr Lauer mehrmals an Herrn Wimmer, Frau Abels Chef, und schlägt ein Mediationsverfahren zur Konfliktbeilegung vor. Herr Wimmer hält nichts von diesem „neumodischen Firlefanz". Herr Lauer wird in den nächsten Monaten aufgrund des ungelösten Konflikts immer wieder krank, insgesamt zwei Monate. Nun wird es Herrn Wimmer zu bunt, er kündigt das Arbeitsverhältnis. Am Ende eines sechsmonatigen Kündigungsschutzverfahrens wird die Kündigung für rechtswidrig erklärt. Wimmer muss Herrn Lauer wieder einstellen.

Hier hat der Arbeitgeber insgesamt acht Monate Lohn bezahlt, ohne eine Arbeitsleistung des Arbeitnehmers erhalten zu haben: zunächst durch die Krankheitszeiten, dann während des Gerichtsverfahrens, als das Arbeitsverhältnis vermeintlich schon beendet war. Unterstellt man einen Monatslohn von 3.000 Euro und Lohnnebenkosten von 20 %, so muss der Arbeitgeber für acht Monate insgesamt 28.800 Euro zahlen. Hätte Herr Wimmer sofort reagiert und einem Mediationsverfahren zugestimmt, wären ihm diese Kosten vermutlich erspart geblieben. Die Kosten des Mediationsverfahrens wären deutlich geringer ausgefallen.

Intakte Beziehungen

Man sieht sich im Leben immer ein zweites Mal. Dieses Sprichwort hat im Konfliktmanagement eine besondere Bedeutung. Je konstruktiver an der Auflösung verhärteter Fronten gearbeitet wird, je eher also beide Parteien mit der gefundenen Lösung leben können, desto weniger wird ihre Beziehung zueinander beschädigt. Idealerweise kommt es nach der Mediation sogar zu einer signifikanten Verbesserung des Miteinanders.

Aber selbst wenn eine Trennung der Parteien Ergebnis der Mediation ist, werden eine individuelle Verarbeitung des Konflikts und eine spätere Begegnung mit dem Kontrahenten leichter fallen.

Im Gegensatz dazu hinterlässt ein Gerichtsverfahren weitgehend Verlierer. Der im Prozess Unterlegene verliert seine vermeintlichen Ansprüche und sieht sich selbst um seine Rechte betrogen. Aber auch der Gewinner hat diesen Pyrrhussieg teuer erkauft. Ähnlich wie der Verlierer hatte er über einen langen Zeitraum eine erhebliche nervliche Anspannung zu erdulden, von den finanziellen Belastungen ganz zu schweigen. Im Übrigen ist nicht zu übersehen, dass auch der Sieger eine Beziehung verloren hat, die zwar gestört, aber noch nicht zerstört war. Möglicherweise wäre ihm diese Beziehung – nicht unbedingt im materiellen Sinn – später noch hilfreich gewesen. Ähnlich wie König Pyrrhus von Epirus nach seinem Sieg über die Römer in der Schlacht bei Asculum (Süditalien) wird er deshalb sagen: „Noch so ein Sieg, und wir sind verloren!"

Planungssicherheit

Als Manager ist es für Sie und Ihr Unternehmen wichtig, wirtschaftliche und zeitliche Planungssicherheit zu haben. Nachdem bereits der Markt, in dem Sie tätig sind, häufig für erhebliche Unwägbarkeiten sorgt, sollten Sie alle Möglichkeiten nutzen, Kontrolle über die vorhandenen Ressourcen zu behalten. Insofern können Sie es sich eigentlich gar nicht leisten, Gerichtsprozesse zu führen.

Kontrolle behalten

„Vor Gericht und auf hoher See sind wir in Gottes Hand." Diese bekannte römische Juristenweisheit verdeutlicht anschaulich die Unsicherheit über den Ausgang eines Prozesses. Abgesehen von den oben bereits beschriebenen Kostenrisiken, für die das Unternehmen gegebenenfalls bilanziell wirksame Rückstellungen bilden muss, haben Sie während eines Gerichtsprozesses generell nur eingeschränkt die Möglichkeit, das weitere Geschehen zu beeinflussen. Die Argumente liegen auf dem Tisch, ein Richter entscheidet in festgelegten Verfahrensschritten anhand des Gesetzes über deren Stichhaltigkeit.

Ganz anders bei der Mediation: Hier können die Konfliktparteien jenseits der starren Vorgaben des Gesetzes selbst einen Lösungsweg suchen und auf die eigenen Planungsvorgaben gezielt hinarbeiten.

Versachlichung

Nicht zu unterschätzen ist der Vorteil der Mediation, gezielt auf emotionale Störfaktoren in einem Problemlösungsprozess eingehen zu können. Denn dass bei einem Konflikt fast immer – in der Regel negative – Emotionen im Spiel sind, leuchtet ein. In einem Gerichtsverfahren werden diese Emotionen von den geltenden Prozessregeln überlagert. Sachlichkeit ist gefragt, ein emotionaler Schriftsatz oder gar zu forsches Auftreten vor Gericht ist verpönt. Die Emotionen werden dadurch aber unter der Decke gehalten, sie werden verdrängt. Deshalb begleiten selbst den Gewinner des Verfahrens negative Emotionen auch nach Prozessende weiter.

In der Mediation dagegen ist erste Aufgabe des Mediators, negative Emotionen wahrzunehmen, den Parteien gegenüber zu benennen und letztlich darauf hinzuwirken, dass die Kontrahenten lernen, mit ihren Gefühlen konstruktiv umzugehen. Emotionen werden hier also verarbeitet, nicht verdrängt. Schließlich bleibt eine sachliche Atmosphäre, in der der Blick unverstellt durch Störfeuer auf das Wesentliche zur Konfliktlösung gerichtet werden kann.

Emotionen verarbeiten

Keine Schlagzeilen

Ein Streit wird selten im Verborgenen ausgetragen. Gerade die oben beschriebenen Emotionen sorgen dafür, dass das Umfeld der Kontrahenten von der Auseinandersetzung erfährt. Der verärgerte Mitarbeiter ist allzu gerne bereit, seinen Kollegen davon zu erzählen, dass er von seinem Chef angeblich zu Unrecht eine Abmahnung erhalten hat. Auch unter Führungskräften wird schnell bekannt, dass ein bestimmter Mitarbeiter, ein vermeintlicher Querulant, lieber Streit sucht, als Leistung zu bringen. Gerade in der Belegschaft gut vernetzte Mitarbeiter sind eine tickende Zeitbombe, sofern man mit ihnen in der Konfliktlösung nicht professionell umgeht. Arbeitgeber sollten im Vorfeld von gerichtlichen Auseinandersetzungen also nicht nur negative finanzielle Folgen einkalkulieren, sondern mögliche Imageschäden durch die Rückkehr eines gekündigten Mitarbeiters berücksichtigen.

Konflikt konstruktiv lösen

Auch hier wirkt die Mediation positiv. Die Konfliktlösung erfolgt nicht im Rahmen einer Konfrontation, sondern konstruktiv im Konsens. Die Parteien werden selten versucht sein, durch öffentliche Stimmungsmache Koalitionäre auf ihre Seite zu ziehen. Sie werden lieber im Verborgenen agieren wollen, um letztlich ein positives Ergebnis nicht zu gefährden.

Dauerhafte Lösung

Follow-up

Eine Mediation wird häufig durch ein Follow-up einige Zeit nach ihrer erfolgreichen Beendigung abgerundet. Damit sollen die Richtigkeit der gefundenen Lösung überprüft, mögliche Anpassungen vorgenommen und damit letztlich die Nachhaltigkeit sichergestellt werden.

Diese Option bietet ein Gerichtsverfahren nicht. Wurde beispielsweise in einem gerichtlichen Vergleich die Auflösung des Arbeitsverhältnisses gegen Zahlung einer Abfindung vereinbart, so ist der Streit zwar vordergründig beigelegt. Wurde jedoch keine Regelung zum genauen Inhalt des Arbeitszeugnisses vereinbart, kann an dieser Stelle eine neue Auseinandersetzung aufkeimen. In der Regel klaffen an dieser Stelle die Einschätzungen der Parteien über die Leistungen im Arbeitsverhältnis weit auseinander, mit der Folge, dass aus der Sicht des Arbeitnehmers kein leistungsgerechtes Zeugnis ausgestellt wurde. Der nächste Gerichtsprozess steht häufig bevor.

Positive Konfliktkultur

Schließlich hat die Art und Weise, wie in einer Organisation mit Konflikten umgegangen wird, weitreichende Auswirkungen auf die gesamte Unternehmenskultur. Es besteht eben ein großer Unterschied darin, ob Sie bei auftauchenden Unstimmigkeiten erst einmal lange zuwarten und erst wenn das Fass übergelaufen ist, zum härtesten aller Mittel, nämlich der Kündigung des Arbeitsverhältnisses, greifen oder ob Sie ohne Angst vor einem Konflikt vorausschauend mit Mediation darauf reagieren. Eine positive Unternehmenskultur sorgt wiederum für ein höheres Leistungsniveau Ihrer Mitarbeiter und steigert damit die Wettbewerbsfähigkeit Ihres Unternehmens.

4.4 Die Rolle des Mediators und seine Methoden

Wie bei einem Theaterstück ist es bei jeder Interaktion zwischen Menschen essenziell, vor Beginn der Vorstellung die Rollen zu verteilen. Nur wenn klar ist, wer welche Aufgaben und Befugnisse hat, ist ein weitgehend reibungsloses Miteinander möglich. Erfahrungsgemäß reicht eine einmalige Rollenklärung nicht aus. Insbesondere die Dynamik eines Mediationsverfahrens macht es erforderlich, dass sich die daran Beteiligten immer wieder der eigenen Position versichern. An den Mediator, der den Ablauf des Mediationsverfahrens steuert, werden hierbei besondere Anforderungen gestellt. Sowohl seine Rolle als auch die von ihm eingesetzten Methoden wollen wir im Folgenden vorstellen.

Rollen verteilen

Der allparteiliche Moderator

Der Mediator nimmt eine sogenannte allparteiliche Rolle ein. Er ist nicht wie ein Richter unparteiisch, also auf der Seite überhaupt keiner Partei, sondern vielmehr unterstützend für beide Parteien tätig. Von dieser Unterstützung sollen die Kontrahenten gleichmäßig profitieren, indem sich der Mediator für die Beteiligten in der Form und Intensität einsetzt, die notwendig ist, um ihnen ausreichend Raum zur Entfaltung zu verschaffen.

Unterstützung für alle

> **Beispiel**
>
> Abteilungsleiter Krause hat erhebliche Probleme mit der Leistung seines Mitarbeiters Fink, die er in vielen Personalgesprächen nicht lösen konnte. So entschließt er sich, mit der Hilfe eines Mediators Herrn Fink klarzumachen, was er von ihm erwartet. Im Mediationsverfahren reißt Herr Krause immer wieder das Wort an sich, um mit Herrn Fink „Klartext zu reden". Herr Fink ist eingeschüchtert von den Vorhaltungen seines Chefs und hofft, dass das Verfahren bald beendet ist. Nun greift der Mediator ein und sorgt dafür, dass Herr Fink als gleichberechtigter Partner am Mediationsverfahren teilnehmen kann.

Der Mediator hat die Aufgabe, den Mediationsprozess kommunikativ zu lenken und inhaltlich zu begleiten. Sobald er feststellt, dass eine Partei zu viel Raum für sich einnimmt und damit ein Ungleichgewicht entsteht, muss er intervenieren. So setzt sich in unserem Beispiel der Mediator dafür ein, dass Herr Fink ausreichend Gelegenheit erhält, sich zu äußern. Herr Krause hat im Übrigen eine falsche Vorstellung von der Mediation, wenn er glaubt, mithilfe des Mediators alleine seine Vorstellungen durchsetzen zu können. Es sollte ihm vielmehr darum gehen, auch den Standpunkt von Herrn Fink zu verstehen, um dann eine gemeinsame Lösung für die Leistungsprobleme des Mitarbeiters zu finden.

Struktur einhalten

Darüber hinaus ist der Mediator dafür verantwortlich, dass die Struktur des Mediationsverfahrens eingehalten wird. Mit dieser Struktur werden wir uns noch befassen. Aber so viel sei schon einmal gesagt: Es ist zwingend erforderlich, die einzelnen Phasen der Mediation einzuhalten und jeweils abzuschließen, bevor die nächste Phase beginnt. Wird der vorgegebene Pfad verlassen, so verlaufen sich die Parteien unweigerlich im Dickicht der Probleme und Details.

> **Beispiel**
>
> Bereits zu Beginn der Mediation macht Herr Krause den Vorschlag, Herr Fink könne doch seine Leistung verbessern, indem er ein Seminar zum Projektmanagement besuche. Der Mediator weist darauf hin, dass er es begrüße, dass Herr Krause konstruktive Vorschläge mache, dass man aber erst in einer späteren Phase der Mediation an Lösungsmöglichkeiten arbeiten wolle. Zunächst gehe es darum, dass jede Partei aus ihrer Sicht die bestehenden Probleme darstellt. Trotzdem schreibt er den Vorschlag Krauses als Merkposten auf ein Flipchart.

An diesem Beispiel wird deutlich, dass es für den Mediator häufig eine Gratwanderung ist, einerseits die Motivation der Medianden aufrechtzuerhalten und ihre Kreativität nicht zu bremsen und andererseits die Beiträge der Teilnehmer in den Mediationsprozess einzuordnen und an der richtigen Stelle wieder aufzurufen. Er bringt also Herrn Krause Wertschätzung entgegen, indem er seinen Vorschlag notiert, und bleibt dadurch beim vorgesehenen Ablauf, dass er den Vorschlag im Moment nicht weiterverfolgt.

Organi- sation

Schließlich ist der Mediator verantwortlich für die gesamte Organisation der Mediation, also von Terminierung, Räumlichkeiten, Arbeitsmitteln und Verpflegung bis hin zur Dokumentation des Mediationsverlaufs. Die Teilnehmer sollen sich voll und ganz auf die Mediation und ihre Herausforderungen konzentrieren können. Störfaktoren für den flüssigen Ablauf des Verfahrens sind deshalb vom Mediator auszuschließen.

Die Methoden des Mediators

Sicherlich sind Sie als Führungskraft so erfahren, dass Sie zwischen Menschen mit unterschiedlichen Auffassungen vermitteln können. Schon Ihre Menschenkenntnis und Ihr Managementwissen befähigen Sie dazu. Es ist auch keine Frage, dass man von Ihnen erwarten kann, dass Sie in Ihrem Verantwortungsbereich ausgleichend wirken und Ihre Mitarbeiter zu einem eingespielten Team formen.

Andererseits würde man Sie überfordern, wenn man von Ihnen verlangen würde, allein mithilfe Ihrer Erfahrung und Intuition komplexe Konfliktfälle zu lösen. Hier bedarf es schon einer fundierten Ausbildung zum Mediator und Erfahrung in der Anwendung verschiedenster Methoden zur erfolgreichen Steuerung des Mediationsprozesses, wobei das später darzustellende „aktive Zuhören" eine zentrale Rolle einnimmt.

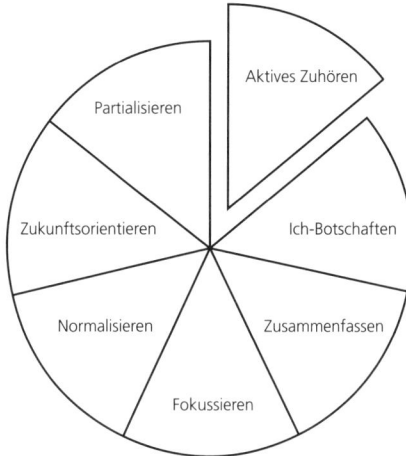

Die Methoden des Mediators

Diese Methoden setzt der Mediator situationsbezogen ein und lässt sie sowohl vom Ablauf her als auch in ihrer Wirkung ineinandergreifen. Er sollte sie dosiert und authentisch anwenden und ihre Wirkung auf die Parteien im Auge behalten, um gegebenenfalls gegensteuern zu können. In der Regel sind die Techniken des Mediators nicht klar voneinander abzugrenzen. Dennoch wollen wir sie nun separat darstellen.

Je nach Situation

Aktives Zuhören

Diese bewährte Methode hat zwei Ziele:

Ziele

- Zum einen kann der Mediator damit überprüfen, ob er die Informationen, die er von einer Partei erhalten hat, inhaltlich auch richtig verstanden hat.

- Zum anderen signalisiert er dadurch dem Kommunikationspartner, dass er sich dafür interessiert, was der andere zu sagen hat.

Was banal klingt, ist nicht selbstverständlich. Jeder von uns hat bereits die Erfahrung gemacht, dass die Beiträge der Gesprächspartner nicht ineinandergreifen, sondern gegenläufig zueinander erfolgen. Der Zuhörer überlegt während des Zuhörens bereits, wie er auf das Vorbringen seines Gesprächspartners antworten kann, statt sich darauf zu konzentrieren, was der andere in diesem Moment zu sagen hat.

Beispiel: Ungünstiger Gesprächsverlauf

Krause: „Herr Fink, wir wollen heute darüber sprechen, wie Sie Ihre Leistung verbessern können. Wie Sie wissen, gibt es hier einige Punkte zu kritisieren."

Fink: „Ich kann mich nicht daran erinnern, dass Sie mich in der Vergangenheit schon einmal wegen meiner Leistung kritisiert hätten."

Krause: „Darum schlage ich Ihnen vor, ein Seminar zum Zeitmanagement zu besuchen. Ich finde, Sie verzetteln sich viel zu sehr mit Ihren einzelnen Aufgaben."

Fink: „Wann habe ich mich mit meinen Aufgaben verzettelt?"

Krause: „Ihnen gelingt es eben häufig nicht, die richtige Priorisierung zu finden."

An diesem zugegebenermaßen etwas konstruierten Beispiel können Sie sehen, wie die Informationen der beiden Gesprächspartner aneinander vorbeilaufen. Herr Krause hat offenbar ein vorbereitetes Konzept, welche Informationen er Herrn Fink geben möchte. Dabei überhört er, wie Herr Fink inhaltlich darauf reagiert, und löst Unverständnis bei seinem Gesprächspartner aus.

Besser wäre es gewesen, wenn Herr Krause die Antworten von Herrn Fink wiederholt hätte, um sicherzustellen, dass er sie auch richtig verstanden hat.

Beispiel: Aktives Zuhören

Krause: „Herr Fink, wir wollen heute darüber sprechen, wie Sie Ihre Leistung verbessern können. Wie Sie wissen, gibt es hier einige Punkte zu kritisieren."

Fink: „Ich kann mich nicht daran erinnern, dass Sie mich in der Vergangenheit schon einmal wegen meiner Leistung kritisiert hätten."

Krause: „Ihnen ist also nicht präsent, dass wir bereits ein Gespräch zu Ihrer Leistung hatten?"

Fink: „Ja, können Sie mir auf die Sprünge helfen? Nach meiner Erinnerung hatten wir immer positive Gespräche."

Krause: „Es ist richtig, dass wir meistens positive Gespräche hatten. Aber im Buchhaltungsprojekt hatte es erhebliche Verzögerungen gegeben. Darüber hatten wir eingehend gesprochen."

Fink: „Dafür konnte ich aber nichts, weil die externe Softwarefirma das Update nicht rechtzeitig geschickt hatte."

Krause: „Sie sind also der Meinung, es lag nicht an Ihnen, dass die Verzögerung eintrat? Mit der Softwarefirma war aber vereinbart, dass …"

In diesem Beispiel verläuft die Kommunikation sehr viel flüssiger. Das ist bereits daran ersichtlich, dass der Vorgesetzte und sein Mitarbeiter sehr viel schneller auf den Kern des Gesprächs stoßen als im vorhergehenden Beispiel. Insbesondere das gegenseitige inhaltliche Verständnis ist deutlich besser.

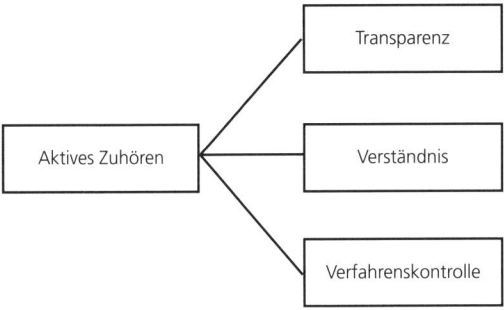

Auswirkungen des aktiven Zuhörens

Der Mediator sorgt für Transparenz hinsichtlich der verschiedenen Aussagen der Parteien, indem er sie mit eigenen Worten wiederholt und damit auch für die andere Partei „übersetzt". Sollte der Mediator eine Aussage falsch verstanden haben, hat der Mediand die Gelegenheit, seinen Standpunkt zu präzisieren und zu ergänzen. So ist sichergestellt, dass es nicht zu Missverständnissen zwischen den Parteien kommt beziehungsweise dass bereits bestehende, den Konflikt verursachende Missverständnisse ausgeräumt werden.

> Der Mediator wiederholt die Äußerung des Medianden nicht wortwörtlich, sondern verwendet sinnverwandte Wörter. Dadurch wirkt diese Gesprächstechnik nicht gekünstelt, sondern natürlich. Hierzu gehört eine erhebliche Portion Konzentration und Übung. Außerdem beschließt der Mediator seine Zusammenfassung damit, sich von der Partei bestätigen zu lassen, dass seine Zusammenfassung richtig war: „Ist es also richtig, dass Sie meinen, ..."

Des Weiteren fühlt sich die Partei alleine dadurch verstanden und wertgeschätzt, dass der Mediator ihre Aussage wiederholt und damit unter Beweis stellt, dass er aufmerksam zugehört hat. Nachdem die Medianden in der Eskalation ihres Konflikts für gewöhnlich ihre Auffassung noch nicht einmal benennen konnten, geschweige denn wirklich verstanden wurden, hat diese Gesprächstechnik des Mediators verblüffende Auswirkungen. Die Parteien öffnen sich und sind bereit, weitere Hintergründe des Konflikts preiszugeben. Das Selbstbewusstsein und die Zuversicht, dass sich der Konfliktpartner wider Erwarten mit der eigenen Auffassung auseinandersetzt, steigen. Das Vertrauen in das Mediationsverfahren wird gefestigt.

> Für den Mediator geht es nicht nur darum, das verbal Gesagte zu wiederholen. Vor allem die nonverbale Kommunikation sollte er aufgreifen. Denn darin verbergen sich in der Regel Emotionen, die vorrangig behandelt werden müssen, bevor die Parteien an die Sachthemen herangehen.

> **Beispiel**
>
> Fink zu Krause: „Dauernd meckern Sie an meiner Leistung herum. Ich frage mich, warum Sie es dann schon so lange mit mir ausgehalten haben."
>
> Mediator: „Sie sind also enttäuscht darüber, dass Herr Krause Sie oft kritisiert. Sie hätten es gerne, wenn er Sie bei guten Leistungen auch loben würde."
>
> Fink: „Na klar, wer hätte das nicht gerne!"

Schließlich führt das aktive Zuhören des Mediators dazu, dass es zunächst nicht zu einer direkten Kommunikation zwischen den Kontrahenten kommt. Diese war in der Vergangenheit durch Missverständnisse, Unklarheiten und Fehlinterpretationen meist der Konfliktauslöser. Diese Schwierigkeiten räumt der Mediator durch aktives Zuhören aus dem Weg. Er dient gewissermaßen als Drehscheibe für die Kommunikation zwischen den Streithähnen. Das Ohr der einen Partei erreichen nur noch unmissverständliche und klare Äußerungen. Dadurch behält der Mediator die Kontrolle über das Verfahren.

Ich-Botschaften

Ist es Ihnen schon einmal so gegangen, dass Sie auf eine berechtigte Kritik gegenüber Ihrem Mitarbeiter bloßes Unverständnis geerntet haben? Waren Sie dann ärgerlich darüber, dass Ihr Mitarbeiter so uneinsichtig war, dass er Ihr Anliegen einfach abblockte? Vermutlich wird es Sie überraschen, dass in vielen Fällen Ihre eigene Art der Kommunikation zu diesem unerwünschten Ergebnis führt.

Gerade in Kritikgesprächen neigen Führungskräfte dazu, ihre Erwartungen in konfrontativer Weise an ihren Mitarbeiter zu richten. Das führt dazu, dass sich der Mitarbeiter verschließt und gegen weitere Vorwürfe zur Wehr setzt. Der Mediator unterstützt die Konfliktpartner nun dabei, ihre Position in adäquater Weise zu äußern.

> **Beispiel: Konfrontation**
>
> In einer Mediation klagt der Vorgesetzte Herr Fellner: „Herr Riedel, Sie haben mal wieder einen potenziellen neuen Kunden zu spät angerufen. Der war natürlich verärgert darüber und hat inzwischen die Konkurrenz beauftragt. So geht das nicht, Sie wissen ganz genau, dass neues Geschäft oberste Priorität hat!"
>
> Herr Riedel ist wegen dieser Standpauke sauer auf Herrn Fellner und zieht sich erst einmal in sich zurück.

In diesem Beispiel mag die Kritik von der Sache her berechtigt sein. Aber der Ton macht die Musik, und da hat sich Herr Fellner vergriffen. Er baut durch diesen pauschalen Angriff bei Herrn Riedel einen natürlichen Widerstand auf. Dessen Abwehrhaltung wird aber sicherlich nicht dazu führen, dass er in Zukunft Kunden aus freien Stücken schneller zurückruft. Besser hätte Herr Fellner so kommuniziert:

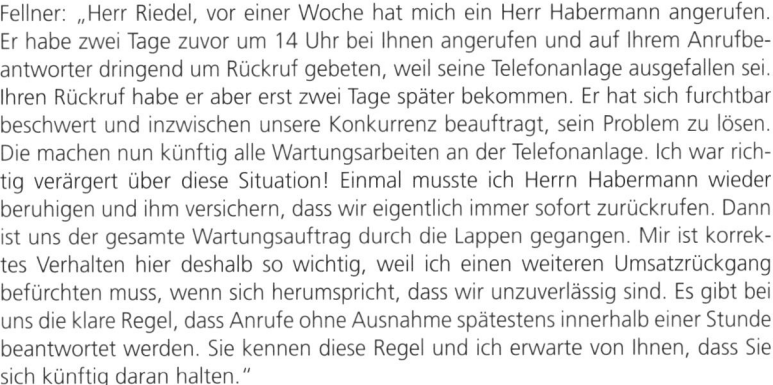

Beispiel

Fellner: „Herr Riedel, vor einer Woche hat mich ein Herr Habermann angerufen. Er habe zwei Tage zuvor um 14 Uhr bei Ihnen angerufen und auf Ihrem Anrufbeantworter dringend um Rückruf gebeten, weil seine Telefonanlage ausgefallen sei. Ihren Rückruf habe er aber erst zwei Tage später bekommen. Er hat sich furchtbar beschwert und inzwischen unsere Konkurrenz beauftragt, sein Problem zu lösen. Die machen nun künftig alle Wartungsarbeiten an der Telefonanlage. Ich war richtig verärgert über diese Situation! Einmal musste ich Herrn Habermann wieder beruhigen und ihm versichern, dass wir eigentlich immer sofort zurückrufen. Dann ist uns der gesamte Wartungsauftrag durch die Lappen gegangen. Mir ist korrektes Verhalten hier deshalb so wichtig, weil ich einen weiteren Umsatzrückgang befürchten muss, wenn sich herumspricht, dass wir unzuverlässig sind. Es gibt bei uns die klare Regel, dass Anrufe ohne Ausnahme spätestens innerhalb einer Stunde beantwortet werden. Sie kennen diese Regel und ich erwarte von Ihnen, dass Sie sich künftig daran halten."

In diesem Fall hat es Herr Fellner richtig gemacht. Zuerst beschrieb er konkret die kritische Situation, also den Namen des Kunden und seine Anfrage, den Zeitpunkt des Rückrufs durch Herrn Riedel und dann die Folgen der Verspätung. Anschließend machte er deutlich, welche Gefühle dieses Verhalten von Herrn Riedel bei ihm ausgelöst haben, nämlich Ärger über die Beschwerde und Verlust des Auftrags. Dann machte Herr Fellner klar, warum korrektes Verhalten für ihn so wichtig ist. Zum Schluss äußerte Herr Fellner klar und deutlich seine Erwartung an Herrn Riedel, wie dieser sich zukünftig verhalten solle.

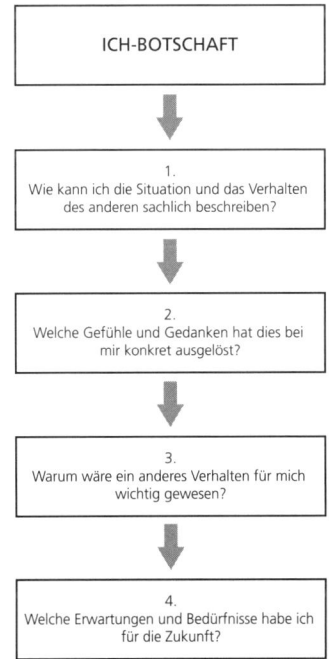

Kommunikation bei der Ich-Botschaft

Gelingt es Ihnen in einer Mediation nicht, die Ich-Botschaft zu verwenden, wird der Mediator Ihre konfrontative Äußerung mithilfe aktiven Zuhörens hinterfragen, bis Sie schließlich durch den Dialog mit dem Mediator gewissermaßen eine indirekte Ich-Botschaft an Ihren Kontrahenten senden. Denn dieser Dialog wird alle vier Elemente der Ich-Botschaft enthalten.

Zusammenfassen

Positiv formulieren

Im Rahmen des bereits oben beschriebenen aktiven Zuhörens wird auch das Zusammenfassen als Technik verwendet. Jedoch geht der Mediator mit dem Zusammenfassen in der Regel darüber hinaus: Er wiederholt nicht nur das Gesagte eines Medianden, um es für den anderen transparent zu machen, sondern er formuliert es in der Weise positiv um, dass für den anderen die Zukunftsorientierung der Aussage deutlich wird. Der Mediator sollte möglichst die Anteile der Aussage eines Medianden zusammenfassen, die Raum für Lösungen geben und sachlich sind. Weglassen wird er dagegen negative Aspekte, die lediglich Rückschritte und weitere Verhärtungen erzeugen würden. Dabei muss der Mediator allerdings aufpassen, dass er die Aussage des Medianden nicht falsch interpretiert oder diesen sogar manipuliert.

> **Beispiel**
>
> Mediator: „Herr Fellner, Sie sind also der Meinung, dass Sie als professionell arbeitendes Unternehmen gute Chancen haben, weitere Aufträge zu gewinnen und die Umsätze zu steigern. Professionell sind Sie aus Ihrer Sicht dann, wenn die Kunden durch schnelle Reaktionszeiten zufriedengestellt werden. Die Kunden haben dann das Gefühl, dass sie wichtig für Sie sind."
>
> Fellner: „Genau so ist es."

Hier konzentriert sich der Mediator auf positive Werte wie Professionalität, wirtschaftlicher Erfolg und Kundenzufriedenheit. Er vermittelt damit Herrn Riedel, dass nicht nur das Unternehmen, sondern vor allem er als Mitarbeiter diese Werte verkörpert. Dadurch wird Herr Riedel das Anliegen von Herrn Fellner besser verstehen. Denn welcher Mitarbeiter möchte nicht als professionell und erfolgreich gelten?

Fokussieren

Aspekte isolieren

Mithilfe des Fokussierens hebt der Mediator die Unterschiedlichkeit der verschiedenen Positionen der Medianden hervor. Er legt im Rahmen des oben beschriebenen Zusammenfassens besonderes Gewicht darauf, die verschiedenen Aspekte der gegensätzlichen Auffassungen zu isolieren und in ihrer ganzen Deutlichkeit einander gegenüberzustellen. Dadurch verhindert er, dass die Positionen der Konfliktparteien ineinander verschwimmen, und erzeugt durch die Verschärfung der Gegensätzlichkeiten gewissermaßen eine „Provokation", eine Auflösung der vorhandenen Blockaden. Den Parteien wird glasklar vor Augen geführt, wo die Unterschiedlichkeit ihres Denkens liegt. Dadurch erlangen sie das Bewusstsein, an der Überwindung der Unterschiedlichkeit arbeiten zu müssen, um den Konflikt lösen zu können.

> **Beispiel**
>
> Mediator: „Herr Fellner, Sie meinen also, die oberste Priorität liege in der Gewinnung neuer Kunden, die deshalb immer sofort zurückgerufen werden müssen. Dagegen vertreten Sie, Herr Riedel, die Auffassung, die Betreuung der Bestandskunden habe oberste Priorität. Darum muss ein neuer Kunde warten, bis Sie mit der Kundenbetreuung fertig sind. Richtig?"

Normalisieren

In Konflikten haben die Parteien häufig das Gefühl, sie seien mit ihren Problemen allein auf der Welt. Nur sie würden auf Unverständnis bei ihren Kollegen stoßen, dauernd Fehler machen, ihre Mitarbeiter nicht motivieren oder ihre Ideen nicht umsetzen können. Diese Medianden glauben, im negativen Sinn etwas Besonderes zu sein. Diese Einstellung ist natürlich fatal, weil sie dazu führt, dass sich diese Fehleinschätzung am Ende durch Unsicherheit und mangelndes Selbstbewusstsein bewahrheitet. Somit schließt sich der Kreis, die Prophezeiung hat sich selbst erfüllt. Aus diesem Teufelskreis befreit der Mediator die Parteien, indem er die Konfliktsituation entsprechend seiner Erfahrung als alltäglich bezeichnet. Damit nimmt er den Medianden das beschriebene Stigma und stärkt ihr Selbstbewusstsein.

Raus aus dem Teufelskreis

> **Beispiel**
>
> Mediator: „In Mediationen habe ich fast immer erfahren, dass Mitarbeiter ihr Bestes tun, um das Unternehmen erfolgreich zu machen. Wenn sie aber falsch priorisieren, ist das keine böse Absicht, sondern eine Frage der richtigen Kommunikation zwischen Geschäftsführung und Mitarbeitern."

Herr Riedel soll durch diesen Einwurf des Mediators wieder gestärkt werden. So hat er im weiteren Verlauf der Mediation die Energie, nach vorn zu schauen und mit Herrn Fellner nach einer guten Lösung zu suchen.

Zukunftsorientieren

Nach vorn zu schauen ist eine wichtige Fähigkeit von Konfliktparteien. In der Regel ist aber die Situation, in der sie sich befinden, so verfahren, dass es ihnen kaum gelingen kann, aus dem Dickicht an Einzelproblemen herauszufinden. In diesem Fall hat der Mediator die Aufgabe, den Parteien den Blick in eine positive Zukunft zu öffnen. Das Licht am Ende des Tun-

Den Blick öffnen

nels, der Silberstreif am Horizont, all dies motiviert uns Menschen zum Weitermachen. So auch bei der Mediation.

> **Beispiel**
>
> Mediator: „Herr Fellner, stellen Sie sich doch einmal vor, in fünf Jahren ist Ihr Unternehmen Marktführer, und Sie, Herr Riedel, leiten inzwischen die Abteilung. Was müssen Sie beide tun, um dieses Ziel zu erreichen?"

Der Mediator führt die Parteien aus ihrem aktuellen Kleinkrieg heraus und eröffnet ihnen eine positive Perspektive. Sie erkennen, dass es sich lohnt, dafür zu kämpfen, statt zu resignieren oder sich zu trennen.

Partialisieren

Ausschnitte betrachten

Gerade in komplexen Konfliktfällen kommen die Parteien in der Lösung oft nicht weiter, weil sie sich immer wieder in der Vielfalt der einzelnen Themenkomplexe verheddern. In diesen Fällen lohnt es sich, das ganze Bild in verschiedene Ausschnitte zu unterteilen und diese getrennt voneinander zu betrachten. Aus diesen Ausschnitten lassen sich dann wiederum Unterausschnitte herauslösen und separat behandeln. Diese Methode stößt freilich da an ihre Grenzen, wo Ausschnitte so stark miteinander verwoben sind, dass sich eine getrennte Behandlung verbietet. Der Mediator partialisiert die Themenkomplexe in der Regel durch Visualisierungstechniken, auf die wir an anderer Stelle eingehen wollen.

Paraphrasieren

Neutral formulieren

Diese Technik des Mediators besteht darin, stark emotionale Äußerungen einer Partei in neutrale Formulierungen zu fassen und damit der anderen Partei inhaltlich und emotional zugänglich zu machen. Beim Zusammenfassen haben wir bereits gesehen, dass die Umwandlung einer neutralen in eine positive Aussage durch den Mediator der Lösungsfindung dienlich sein kann. So weit darf man hier nicht gehen, weil es einer Manipulation gleichkäme, aus einer stark negativen Emotion eine positive Aussage zu machen. Es gelingt allenfalls der Sprung um eine Stufe zur neutralen Aussage.

> **Beispiel**
>
> Fellner: „Mir reicht es jetzt mit Ihren dummen Ausreden! Sie glauben wohl, ich bin so blind und sehe nicht, dass Sie lieber mit Ihrem festen Kundenstamm reden, als neue Kunden zu akquirieren!"
>
> Mediator: „Mir scheint, Sie werden in dieser Mediation zuerst über das Thema ‚gegenseitiges Vertrauen' reden müssen."

Der Mediator erkennt, dass Herr Fellner kein Vertrauen zu Herrn Riedel hat. Bevor über inhaltliche Sachthemen gesprochen wird, muss zuerst das schwerwiegende Beziehungsthema aus dem Weg geräumt werden. Zu diesem Zweck „übersetzt" der Mediator den emotionalen Ausbruch von Herrn Fellner, damit Herr Riedel erkennt, wo das eigentliche Problem ihrer gemeinsamen Beziehung liegt.

Visualisieren

Für eine erfolgreiche Mediation ist ein Klima der Offenheit und Ehrlichkeit essenzielle Voraussetzung. Nur wenn alle Parteien sicher sein können, dass ihnen zu jeder Zeit alle ausgetauschten Informationen zugänglich sind, fassen sie Vertrauen und öffnen sich.

Transparenz herstellen

Diese Transparenz kann nur dadurch hergestellt werden, dass der Mediator die wechselseitigen Äußerungen dokumentiert. Dies hat zugleich den Vorteil, dass mittels der Visualisierung eine Struktur in den Mediationsprozess gebracht werden kann. Zum oben beschriebenen Partialisieren passt beispielsweise die Technik des Visualisierens sehr gut. Die einzelnen Themenkomplexe und Unterpunkte können auf Flipcharts oder auf Metaplanwänden mit Karten festgehalten und immer wieder neu sortiert werden. Die Dokumentation nimmt der Mediator am Ende einer Sitzung mit, schreibt sie gegebenenfalls ab und verteilt sie als Vorbereitung für die nächste Sitzung an die Parteien. Dort kann er die Flipcharts und Metaplanwände wieder bestücken, sodass das Anknüpfen an die bisherigen Ergebnisse einen schnellen Start ermöglicht.

Auch die Technik des Mindmappings eignet sich hervorragend zur Visualisierung komplexer Abläufe.

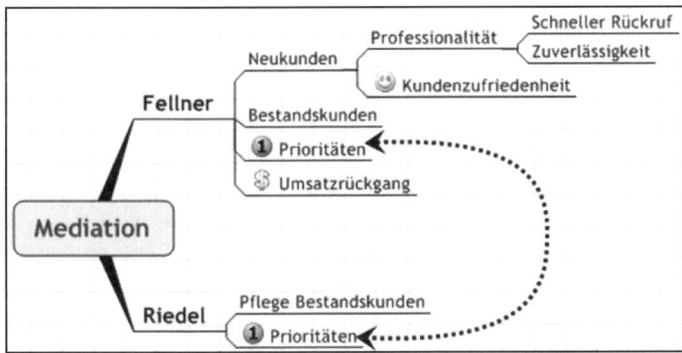

Beispiel einer Mindmap

Der Mediator und die Parteien sind hier in der Lage, auf einen Blick die verschiedenen Problemfelder und ihre Hierarchie sowie Beziehungen zueinander zu erfassen. Es fällt leicht, gleichzeitig an allen Punkten weiterzuarbeiten, ohne an eine feste Struktur gebunden zu sein. Dies erhöht die Kreativität gerade wenn es darum geht, Lösungsoptionen zu finden, weil der Ideenfluss durch formale Einschränkungen, die beispielsweise bei der Erstellung von Listen vorhanden sind, nicht gehemmt wird.

Einzelgespräche und Pendeldiplomatie

Im Verlauf einer Mediation kann sich herausstellen, dass eine Partei nicht bereit ist, sich vor der anderen so weit zu öffnen, wie dies eigentlich erforderlich wäre. Dadurch kommt der Einigungsprozess ins Stocken, denn die wahren Hintergründe des Konflikts bleiben unerforscht. Diese Blockade kann dadurch entstehen, dass die Partei befürchtet, durch das Offenlegen aller Fakten etwa eine Schmälerung der eigenen Verhandlungsposition oder einen Gesichtsverlust zu erleiden.

Doch öffnen?

Der Mediator kann eine solche verfahrene Situation durch Einzelgespräche („Caucus") auflösen. Die betroffene Partei kann sich dem Mediator hier bedenkenlos öffnen, schließlich ist dieser zur Verschwiegenheit verpflichtet. Die Gegenseite wird von den mitgeteilten Informationen nichts erfahren. Im Caucus kann der Mediator die Partei dabei unterstützen zu prüfen, ob eine Öffnung gegenüber dem Kontrahenten nicht vielleicht doch sinnvoll ist. Oftmals stellen sich die Bedenken des Medianden als nicht so gravierend dar, dass sie in der Gegenüberstellung mit den Vorteilen überwiegen würden. Letztlich kann die Partei selbst entscheiden, ob und in welchem Umfang sie den Gesprächsinhalt des Caucus anschließend im Plenum wiederholen möchte.

Mögliche Gefahren

Die Nachteile des Caucus sind jedoch nicht von der Hand zu weisen. Möglicherweise kann die Partei, die gerade nicht am Caucus teilnimmt, ihr Vertrauensverhältnis zum Mediator verlieren. Welche Gefühle würden sich bei Ihnen einstellen, wenn der Mediator nun ein „Geheimgespräch" mit Ihrem Gegner führt? Zugegebenermaßen ist dadurch einerseits das Prinzip der Transparenz und Offenheit infrage gestellt. Andererseits ist die neutrale Rolle des Mediators gefährdet.

Dieser Gefahren muss sich der Mediator unbedingt bewusst sein und ihnen entgegenwirken. Dies geschieht dadurch, dass er bereits zu Beginn der Mediation ausdrücklich auf das Instrument des Einzelgesprächs hinweist, um einen schädlichen Überraschungseffekt zu verhindern. Wenn der Mediator dann ein Einzelgespräch mit der einen Partei vorschlägt, sollte er betonen, dass er selbstverständlich auch mit der anderen Partei ein solches Gespräch führen wird, wenn die Partei oder er dies für hilfreich erachten. Ein nochmaliger Verweis auf seine Allparteilichkeit schadet an dieser Stelle sicherlich nicht. Schließlich sollte der Mediator die Dynamik des Verfahrens dadurch erhalten, dass er der Partei, die gerade eine Pause hat, eine konkrete und sinnvolle Aufgabe gibt. Dadurch behält sie das Gefühl, weiterhin Teil der Mediation und nicht etwa hiervon ausgeschlossen zu sein. Außerdem wird die Zwischenzeit im Sinne der Lösungsfindung effektiv genutzt.

4.5 So läuft eine Mediation ab

Der erfolgreiche Ablauf einer Mediation wird einerseits durch die Einhaltung klarer Verfahrensgrundsätze und andererseits mithilfe einer eindeutigen Ablaufstruktur, des sogenannten Fünfphasenmodells, erreicht.

Verfahrensgrundsätze

Eindeutige Spielregeln sind wesentlich für den Mediationserfolg, weil sie den zerstrittenen Parteien Orientierung und Sicherheit geben und bei ihnen Vertrauen dahin gehend erzeugen, dass ihnen eine eigenständige Lösung für den Konflikt gelingen wird.

Grundsätzlich sind die Parteien für den Erfolg der Mediation selbst verantwortlich. Aber wofür wird dann ein Mediator engagiert? Selbstverständlich kann der Mediator nicht aus seiner Verantwortung entlassen werden, die Rahmenbedingungen für einen gedeihlichen Gesprächsverlauf zu schaffen und den Einigungsprozess effektiv zu steuern. Dabei handelt es sich aber um eine Verantwortung für den Prozess als solchen. Dagegen sind die Parteien diejenigen, die die inhaltliche Verantwortung tragen. Sie müssen ihre Positionen und Vorstellungen vortragen, ihre Befindlichkeiten und Emotionen artikulieren und letztlich dazu bereit sein, aufeinander zuzugehen und den Konfliktpartner zu respektieren und anzuerkennen. Eine Mediation ist also bereits von Beginn an zum Scheitern verurteilt, wenn die Kontrahenten sich zurücklehnen und vom Mediator erwarten, er werde ihre Probleme schon lösen.

Eigenverantwortlichkeit

Voraussetzung dafür, dass die Medianden sich eigenverantwortlich in den Einigungsprozess einbringen, ist, dass sie an der Mediation freiwillig teilnehmen. Jetzt werden Sie bestimmt sagen, das sei doch selbstverständlich. In vielen Fällen ist es aber nicht so. Gerade in Unternehmen gibt es immer eine Instanz, die hierarchisch über den Streitparteien steht. Der Vorgesetzte wird in der Regel zuerst seine Mitarbeiter in die Pflicht nehmen, den Konflikt selbst zu lösen, bevor er dies über eine einseitige Anordnung selbst tut. Denn die Nachhaltigkeit der Lösung ist signifikant höher, wenn sich die Parteien selbst wieder zusammengerauft haben. Nimmt also der Vorgesetzte seine Mitarbeiter in die Pflicht und bietet gleichzeitig einen Mediator als Unterstützung an, so liegt für die Konfliktparteien natürlich ein gewisser Zwang vor, diese Hilfestellung auch zu akzeptieren. Andernfalls könnte ihre Konfliktlösungsbereitschaft in Zweifel gezogen werden.

Freiwilligkeit

In Wahrheit kommen die Parteien also oft nicht freiwillig zur Mediation. Ist dadurch bereits der Verfahrensgrundsatz der Freiwilligkeit verletzt? Sicherlich ja, wenn Sie Ihre Mitarbeiter dazu vergattern, so lange an der Mediation teilzunehmen, „bis ihr euch geeinigt habt", nicht jedoch, wenn Sie ihnen ein Hilfsangebot machen, das sie zuvor nicht gekannt haben. Insoweit eröffnen Sie Ihren Mitarbeitern unbekannte Optionen, die sie vielleicht vorschnell ablehnen würden, wenn Sie ihnen hier allzu viel Entscheidungsfreiheit über das Ob der Mediation lassen würden.

Es muss aber betont werden, dass die Mediation nur dann erfolgreich sein kann, wenn Sie den Konfliktparteien gestatten, jederzeit auszusteigen. Nur auf diese Weise wird ein Klima der Zukunftsorientierung und konstruktiven Lösungsfindung geschaffen, das insbesondere für nachhaltige Lösungen unerlässlich ist. Der Mediator wird somit auf die Freiwilligkeit der Teilnahme zu Beginn hinweisen.

Vertraulichkeit

Eine Mediation kann nur in einer vertrauensvollen Atmosphäre erfolgreich sein. Die Parteien gehen bewusst einen freiwilligen Weg, auf dem sie sich einander öffnen müssen. Schließlich wurde zwischen den Konfliktparteien meist genügend schmutzige Wäsche gewaschen, waren Indiskretionen an der Tagesordnung. Der Mediator hat deshalb die Aufgabe, zwischen den Parteien neues Vertrauen zu stiften. Essenziell ist dabei die absolute Verschwiegenheit aller Mediationsteilnehmer hinsichtlich der Gesprächsinhalte. Dies gilt übrigens auch gegenüber Ihnen als Führungskraft. Bitte erwarten Sie vom Mediator nicht, dass er Sie über alle Details auf dem Laufenden hält.

Ergebnisoffenheit

Erwarten Sie auch nicht, dass eine von Ihnen initiierte Mediation positiv abgeschlossen wird, wenn Sie die Streithähne mit einer definierten Zielvorgabe losschicken. Falsch wäre beispielsweise bei Kompetenzstreitigkeiten unter Kollegen Ihre Forderung nach einer bestimmten Aufgabenverteilung. Richtig ist es dagegen, wenn Sie allenfalls die Hoffnung äußern, dass die Zusammenarbeit durch die Mediation verbessert wird.

Im Rahmen der Mediation sollten die Konfliktparteien zunächst kreativ sein dürfen und anschließend alle gefundenen Wege auf ihre Machbarkeit und Sinnhaftigkeit überprüfen. Durch eine enge Vorgabe schließen Sie von vornherein Möglichkeiten aus, von denen sich bei näherem Besehen eine als die beste Variante herausstellen könnte.

Informiertheit

Transparenz, Offenheit und ein identischer Wissenstand bei allen Beteiligten ist die Grundlage für eine sachgerechte Zusammenarbeit in der Mediation. Falsch wäre es von den Parteien, wenn sie versteckte Ziele verfolgten und diese durch das Vorenthalten von Informationen zu erreichen versuchten. Ebenfalls schädlich wäre der sorglose Umgang der Parteien mit Informationen, frei nach dem Motto: „Darauf kommt es bestimmt nicht an." Im schlimmsten Fall scheitert nämlich kurz vor Schluss eine mühevoll gefundene Lösung an Umständen, die man bei rechtzeitiger Kenntnis problemlos hätte berücksichtigen können.

Gleichberechtigung

Gerade bei einem Konflikt über Hierarchiestufen hinweg besteht ein strukturelles Ungleichgewicht zwischen den Parteien. In diesem Fall sowie generell dann, wenn sich eine Partei in einer defensiven Rolle befindet, muss der Mediator besonders darauf achten, beiden Parteien gleichmäßig Aufmerksamkeit zu schenken und bei Bedarf Raum zur Entfaltung zu verschaffen. Keinesfalls darf ein Machtgefüge Einzug halten, das bereits außerhalb der Mediation konfliktverschärfend wirkte. Sie können davon ausgehen, dass eine Mediation, die diese Regel nicht beachtet, schnell vonseiten des Schwächeren beendet wird.

Das Fünfphasenmodell

Die Mediation folgt einer klaren Struktur in fünf Phasen, wenngleich ein erfahrener Mediator im Interesse eines fließenden Prozesses nicht sklavisch daran haften wird. Andernfalls wirkt er leicht schematisch und unerfahren. Es ist daher manchmal besser, die Lehrbuchmethoden beiseite zu lassen, um einer kritischen Situation in der Mediation besser begegnen zu können. Dies zeigt den Parteien, dass der Mediator ihre Bedürfnisse erkennt und darauf eingeht.

Die Phasen einer Mediation	
Eröffnung/Einführung	• Organisation und Planung des gesamten Mediationsverfahrens • Noch keine Konfliktklärung • Schaffung einer guten Atmosphäre • Festlegung von Umgangs- und Prozessregeln • Schaffung klarer Strukturen
Ansprüche/Positionen	• Sammlung der (subjektiven) Sicht der Konfliktparteien über strittigen Sachverhalt • Parteien äußern sich nacheinander • Parteien sollen auch im Konflikt aufgetretene Gefühle zum Ausdruck bringen
Konfliktanalyse	• Klärung des Konflikts • Ermittlung der hinter den Positionen verborgenen Interessen und Zielsetzungen • Sichtbarmachen für die jeweils andere Seite • Verständnis für die jeweiligen Interessen des Gegenübers
Konfliktbearbeitung	• Erarbeitung von Lösungsvorschlägen • Bewertung/Nichteinigungsalternativen • Weiterentwicklung der besten Lösungsvorschläge • Fokus auf Konsensfähigkeit der Lösungsvorschläge • Win-win-Strategie: Interessen aller Medianden optimal berücksichtigt?
Abschlussvereinbarung	• Einigung auf konsensfähigste Lösung • Regelung konkreter Maßnahmen • Modalitäten der Bearbeitung von Pannen • Spielregeln für zukünftigen Umgang und Kommunikation miteinander • Termine für Zwischenbilanz und Standortbestimmung

Phase 1: Eröffnung/Einführung

Sicherheit vermitteln

In der ersten Phase der Mediation ist es Aufgabe des Mediators, den Kontrahenten durch die Festlegung von Umgangs- und Prozessregeln sowie die Vermittlung der klaren Strukturen des Mediationsverfahrens Sicherheit zu geben.

Die Konfliktparteien fassen erst dann Vertrauen in das Mediationsverfahren, wenn sie verstehen, welche Struktur es hat. Es verhält sich hier wie mit einer Reise in ein unbekanntes Land, die in der Regel nur dann gelingt, wenn man sich mit dem Studium von Landkarten und Reiseführern darauf vorbereitet hat. Konkret wird der Mediator den Medianden erklären, in welchen einzelnen Phasen das Mediationsverfahren ablaufen wird und welche Zielsetzungen diese Abschnitte haben.

Organisatorisches

In diese Phase gehört außerdem, mit den Konfliktparteien organisatorische Themen zu besprechen, etwa den zeitlichen und örtlichen Rahmen des Verfahrens. Es ist wichtig, gleich zu Beginn festzulegen, wann die gemeinsame Arbeit an den jeweiligen Tag beginnen und spätestens enden soll. Möglicherweise haben die Konfliktparteien Anschlusstermine oder bereits ihre Rückreise für einen bestimmten Zeitpunkt gebucht. So wissen alle Parteien, worauf sie sich einrichten müssen. Auch der Mediator kann das Mediationsverfahren dahin gehend steuern, dass kein störender Zeitdruck am Ende des Tages auftritt.

Stimmung

Der Mediator hat außerdem die Aufgabe, bereits in dieser Phase eine gute Atmosphäre zu schaffen, indem er sich bei den Parteien dafür bedankt, dass sie die Offenheit und den Mut aufbringen, sich auf das Mediationsverfahren einzulassen. Er wird versuchen, die sicherlich angespannte Stimmung etwas aufzulockern, indem er mit viel Fingerspitzengefühl Gemeinsamkeiten der Parteien herausfindet und in angemessener Weise humorvoll benennt.

In vielen Fällen ist der auf den Parteien lastende Druck so groß, dass sie sich so schnell wie möglich davon befreien wollen. Dadurch besteht die Gefahr, dass schon in dieser ersten Phase der Konflikt auf den Tisch gebracht wird und erste Lösungsansätze vorgeschlagen werden. Man muss dabei bedenken, dass sich die Parteien während der Entwicklung des Konflikts bereits vielfältig Gedanken darüber gemacht haben, wie man das Problem lösen könnte. Diesen Wissens- und Erkenntnisvorsprung haben die jeweils andere Partei sowie der Mediator nicht, weshalb es wichtig ist, nicht bereits zu diesem Zeitpunkt in die Konfliktklärung einzusteigen.

Phase 2: Ansprüche/Positionen

Individuelle Sicht

Nachdem organisatorische Einzelheiten und die Struktur des Mediationsverfahrens geklärt sind, geht es daran, die Karten auf den Tisch zu legen. Die Parteien sollen nun Gelegenheit erhalten, ihr Herz auszuschütten und die Streitigkeit aus ihrer ganz individuellen Sicht darzustellen. Dabei ist es eminent wichtig, dass der Mediator dafür sorgt, dass jede

Partei ohne Unterbrechung des anderen ihre Position darstellen kann. Denn der vorhergehende Konflikt war wie jeder Streit sicherlich dadurch gekennzeichnet, das keine der beiden Parteien die andere ausreden ließ und ihr bei ihren Äußerungen wirklich zuhörte. Entweder werden die Vorwürfe wechselseitig lautstark vorgebracht, wobei die Kontrahenten bemüht sind, durch höhere Lautstärke mehr Gesprächsanteile zu bekommen, oder der Konflikt findet im Verborgenen statt und die Parteien haben noch überhaupt nicht miteinander gesprochen.

Die zweite Phase des Mediationsverfahrens stellt also ein Forum dar, in dem alle Konfliktparteien die Gelegenheit erhalten, in einer geschützten Atmosphäre ihre Sichtweise der Dinge darzulegen.

Ein weiteres Kennzeichen eines Konflikts ist, dass die eine Partei nicht versteht, was die andere sagt. Hier setzt wiederum der Mediator ein, indem er die Äußerungen der einen Partei mithilfe aktiven Zuhörens gewissermaßen so „übersetzt", dass die andere Partei versteht, was gemeint ist.

> **Beispiel**
>
> Frau Blum: „Obwohl mir Herr Schmidt nichts zu sagen hat, mischt er sich immer in meine Angelegenheiten ein, und das auch noch vor meinen Mitarbeitern!"
>
> Mediator: „Sie fühlen sich dadurch von Herrn Schmidt bevormundet, dass er in Ihren Zuständigkeitsbereich eingreift. Dadurch wird die Autorität gegenüber Ihren Mitarbeitern geschmälert."
>
> Frau Blum: „Genau!"

Vielleicht wollte Herr Schmidt Frau Blum nur helfen und sie von seiner Erfahrung profitieren lassen. Frau Blum hingegen fasste dies als Kompetenzüberschreitung auf, die zudem ihre Akzeptanz bei den ihr direkt unterstellten Mitarbeitern schwinden ließ. Der Mediator trägt in diesem Fall also dazu bei, die „fremde" Sprache der Frau Blum in die „eigene" Sprache des Herrn Schmidt zu übersetzen und ihm so Frau Blums Sichtweise deutlich zu machen.

Auf diese Weise kommt nun eine Partei nach der anderen an die Reihe und schildert, ohne von der anderen Partei unterbrochen zu werden, die Entstehung und die Kernpunkte des bestehenden Streits. Der Mediator muss dabei sehr konzentriert die jeweiligen Äußerungen aufnehmen und für sich protokollieren. Nur so kann er sie jeweils wiederholen und damit sicherstellen, dass er sie auch wirklich verstanden hat.

Bereits in dieser Phase bietet es sich an, die jeweiligen Positionen zu visualisieren. Dies kann dadurch geschehen, dass der Mediator die geäußerten Kernpunkte des Konflikts aus der Sicht einer jeden Partei auf einem Flipchart festhält und so die verschiedenen Positionen zu einem Konfliktpunkt einander gegenüberstellt.

Gegenüberstellung der Positionen auf einem Flipchart		
Thema	Frau Blum	Herr Schmidt
Zuständigkeit	• Für den Bereich Kundenbuchhaltung bin ich alleine zuständig. • …	• Ich sehe mich wegen meiner Erfahrung als Berater von Frau Blum. • …
Zusammenarbeit	• Nehme gerne Ratschläge an, aber nur wenn ich selbst danach frage. • …	• Ich kann doch nicht zusehen, wenn Frau Blum in eine Falle läuft. Es geht doch um die Firma! • …
Kommunikation	• Dauernd überhäuft er mich mit einer Unmenge E-Mails, die mich bedrängen und von meiner Arbeit abhalten. • …	• Es ist umständlich, wegen jeder Sache mit Frau Blum eine Besprechung zu organisieren. Das geht mit einer E-Mail doch viel effizienter! • …

Konflikt-struktur

So wird auf einen Blick deutlich, welche Konfliktthemen bestehen, wie die Sichtweise der jeweiligen Konfliktparteien hierzu ist und wie die einzelnen Themen miteinander zusammenhängen. Die erste Struktur des Konflikts ist gefunden!

Ein wichtiger Nebeneffekt dieser Vorgehensweise ist, dass dabei häufig zum ersten Mal gegenüber dem Konfliktpartner klar artikuliert wird, was einem auf der Seele brennt. Der innere Druck lässt nach, Erleichterung stellt sich ein. Im besten Fall kann bereits ein erstes zartes Pflänzchen von wechselseitigem Verständnis entstehen.

Zum Abschluss dieser Phase fragt der Mediator die Kontrahenten, ob sie der Materialsammlung noch etwas hinzufügen möchten. Sollte dem nicht so sein, kann die Ermittlung der wechselseitigen Positionen abgeschlossen werden. Hilfreich ist ein Hinweis des Mediators, dass die Parteien im Verlauf des Verfahrens jederzeit neue Punkte aufbringen können, sollten sie ihnen erst dann einfallen. Damit wird signalisiert, dass nun nicht etwa der Zug abgefahren ist, sondern jederzeit in Vergessenheit geratene Themen auf den Tisch gebracht werden können.

Phase 3: Konfliktanalyse

Entscheidend ist nun der Übergang von der Phase der Positionsbestimmung zur Phase der Interessensermittlung. Doch was bedeutet das?

Bei einem Konflikt stehen sich die Positionen der Parteien in den allermeisten Fällen unversöhnlich gegenüber. Sie überlappen sich nicht, daher kann keine Schnittmenge für eine gemeinsame Lösung gefunden werden. Die Position von Frau Blum, von Herrn Schmidt nur dann Ratschläge annehmen zu wollen, wenn sie selbst danach fragt, ist nicht vereinbar mit der Position von Herrn Schmidt, Ratschläge an Frau Blum im Interesse der Firma erteilen zu müssen. Es ist klar erkennbar, dass es hier keinen

Weg gibt, der diese beiden Positionen zumindest zu einer teilweisen Deckung bringt.

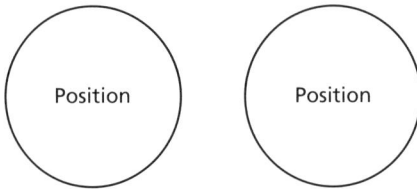

Verhältnis der beiden Positionen zueinander

Die Aufgabe von Phase 3 ist es nun, die hinter den Positionen stehenden
Interessen der Parteien zu ermitteln. In unserem Fall ist herauszufinden,
warum Frau Blum von Herrn Schmidt keine Ratschläge erhalten will und
warum Herr Schmidt darauf besteht, Frau Blum auf bevorstehende Fehler hinzuweisen. Warum ist es so wichtig, den Hintergrund für eine Position zu erfahren? Das Interesse einer Konfliktpartei geht weit über die
von ihr eingenommene Position hinaus. Die Position stellt lediglich ein
Mittel dafür dar, die eigenen Interessen zu wahren. Naturgemäß gibt es
neben dieser einen Position auch viele andere Positionen, die einer Inter-
essenwahrung dienlich sein können. Die Partei hat sich lediglich für diese
eine Position entschieden und kennt vielleicht keine anderen Positionen,
die das von ihr verfolgte Ziel ebenfalls sicherstellen.

**Interessen
ermitteln**

Frau Blum fürchtet vielleicht, in ihrer Stellung als Abteilungsleiterin nicht
akzeptiert zu werden, wenn sie nicht aus eigener Initiative heraus die sich
ihr stellenden Probleme löst. Ihr Selbstwertgefühl leidet unter den „wohlmeinenden" Ratschlägen ihres Kollegen Herrn Schmidt, der in ihren Augen als derjenige angesehen wird, der in Wirklichkeit am ehesten für ihre
Stelle geeignet gewesen wäre. Oder sie befürchtet, ihrer Verantwortung
gegenüber ihrem Vorgesetzten nicht gerecht und letztlich nur an den Re-
sultaten gemessen zu werden. Sie will deshalb möglicherweise die volle
Kontrolle über den von ihr verantworteten Bereich behalten und empfindet die „Einmischung" des Herrn Schmidt als Störfaktor.

Sie können bereits an diesem Beispiel sehen, dass Frau Blums Befürchtungen und Vorstellungen sehr vielfältiger Art sein können, mit der Wirkung, dass um den Kreis der Position ein viel weiterer Kreis der Interessen gezogen werden kann.

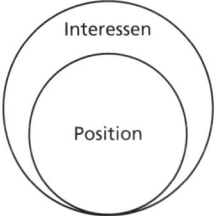

Verhältnis Interesse zu Position

Man kann deshalb allgemein sagen, dass durch die Ermittlung der hinter einer Position stehenden Interessen der Kreis der möglichen Lösungen für den Konflikt deutlich erweitert wird. Denn die Wahrscheinlichkeit, dass sich die hinter gegenläufigen Positionen stehenden Interessen überlappen, ist deutlich höher.

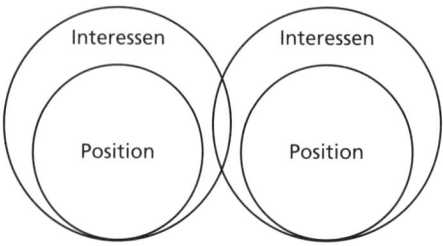

Überlappung von Interessen

Es ist aus zwei verschiedenen Gründen eine sehr anspruchsvolle Aufgabe des Mediators, die hinter den Positionen stehenden Interessen der Medianden zu ermitteln. Zum einen sind sich die Parteien oft selbst nicht bewusst, welche Beweggründe für die von ihnen eingenommene Position bestehen. Hier muss der Mediator mit geeigneten Mitteln versuchen, das Bewusstsein der Medianden zu schärfen, sodass sie in der Lage sind, ihre Interessen zu artikulieren. Zum anderen kann es vorkommen, dass die Kontrahenten sehr wohl wissen, warum sie eine bestimmte Position einnehmen, dies jedoch aus strategischen Gründen nicht offenlegen wollen,.

Einzel-gespräch Sollte der zweite Fall zutreffen, empfiehlt es sich für den Mediator, in einem vertraulichen Gespräch mit jedem einzelnen Medianden zumindest für sich ein Verständnis für die jeweiligen Beweggründe zu gewinnen. Von diesen „Caucus" haben Sie oben schon gelesen. Dem Mediator kann es in diesem Gespräch gelingen, die jeweilige Partei davon zu überzeugen, dass ein Offenlegen ihrer Interessen dem Einigungsprozess äußerst dienlich ist, weil sich dadurch Überschneidungen mit den Interessen der Gegenseite transparent machen lassen. Allerdings ist hierbei zu beachten, dass es dem Mediator untersagt ist, gegen den Wunsch des Medianden den Inhalt des Caucus im Plenum offenzulegen. Dies widerspräche dem Prinzip der Vertraulichkeit. In aller Regel wird aber das vertrauliche Einzelgespräch neuen Schwung in eine verhärtete Mediation bringen.

Sollten sich die Medianden ihre Interessen noch nicht bewusst gemacht haben, kann der Mediator die Parteien mit folgenden Fragestellungen dazu in die Lage versetzen:

• Was glauben Sie, was eigentlich hinter diesem Konflikt steckt?

• Was meinen Sie, welche Beweggründe Sie haben, diese Position einzunehmen?

• Wenn ich Ihren Bruder fragen würde, warum Sie dieser Meinung sind, was würde er antworten?

Die Medianden bekommen nun von dem Mediator die Aufgabe, für jeden Konfliktbereich die Ursache für ihre Position auf eine Karte zu schreiben. Nachdem es sich dabei um eine sehr tief gehende Reflexion handelt, sollte der Mediator den Parteien ausreichend Zeit lassen, diese Aufgabe zu bewältigen.

Reflexion

Frau Blum sollte überlegen, warum es ihr so wichtig ist, ausschließlich aktiv Rat bei Herrn Schmidt einzuholen. Herr Schmidt hingegen muss sich die Frage beantworten, warum er nicht abwarten kann, Ratschläge zu geben, bis Frau Blum ihn danach fragt. Mögliche Ursachen schreiben die Parteien nun auf Karten, die der Mediator im Anschluss einsammelt. Die eingesammelten Karten strukturiert der Mediator geordnet nach Konfliktbereichen und befestigt sie der Übersichtlichkeit halber an einer Metaplanwand. Häufig wird es notwendig sein, dass der Mediator durch erneutes Nachfragen die Bedeutung von geschriebenen Karten verifiziert. Damit stellt er zum einen sein eigenes Verständnis des Konflikts sicher, zum anderen ist er in der Lage, die für die eine Partei hinter dem Konflikt stehenden Gründe der anderen Partei durch „Übersetzen" verständlich zu machen.

Achtung: Die Erzielung von gegenseitigem Verständnis ist Kernpunkt der Konfliktlösung. Erst wenn sich die eine Seite in die Lage der anderen Seite versetzt, kann wechselseitiges Verständnis entstehen, das notwendig ist, um einen vorangegangenen Vertrauensverlust wieder auszugleichen.

Nun stehen also die jeweiligen Interessen der Parteien geordnet einander gegenüber und zeigen, wo die Unterschiede in den jeweiligen Auffassungen zu finden sind. Um das oben genannte Verständnis zwischen den Medianden herzustellen, bittet der Mediator die Parteien, zu den Interessen des jeweils anderen folgendermaßen Stellung zu nehmen:

Stellungnahme

- Welche Interessen des anderen verstehe ich?
- Welche Interessen des anderen akzeptiere ich?
- Welche Interessen des anderen unterstütze ich?

Die Abstufung dieser drei Fragen ist klar erkennbar:

1. Die Interessen des anderen zu verstehen bedeutet lediglich, dass man sie nachvollziehen kann. Sie bleiben trotzdem allein die Interessen der anderen Partei. Dies ist die schwächste Form des Verständnisses, vermittelt dem anderen jedoch den Eindruck, dass man sich auf seine Gedankenwelt einlässt. Es ist ein erster Schritt dafür, das verlorene Vertrauen wieder entstehen zu lassen.

2. Wenn Sie die Interessen des anderen akzeptieren, verstehen Sie sie nicht nur, sondern lassen sie auch in Ihrem eigenen Wertesystem gelten. Das bedeutet, dass Ihr Konfliktpartner darauf vertrauen darf, dass Sie ihm sein Interesse nicht streitig machen, sondern dass es so stehen bleiben kann.

3. Am weitesten kommen Sie dem anderen schließlich entgegen, wenn Sie sein Interesse unterstützen. Sie beschränken sich also nicht auf die bloße passive Akzeptanz, sondern versprechen eine aktive Förderung des Interesses des Konfliktpartners.

Naturgemäß werden Sie das Interesse des Kontrahenten eher dann unterstützen, wenn es sich mit Ihrem eigenen Interesse deckt. Im Gegensatz dazu können Sie dort, wo keine Deckung gegeben ist, sein Interesse allenfalls verstehen.

Jede Partei markiert nun also die Karten des anderen mit den Kategorien „verstanden" (v), „akzeptiert" (a) und „unterstützt" (u). Anhand dieser Einteilung kann der Mediator anschließend die Karten sortieren und Gemeinsamkeiten wie auch offene Konfliktfelder eindeutig benennen. Denn an den Stellen, wo eine Partei das Interesse der anderen unterstützt, liegt eine Gemeinsamkeit vor. Dort, wo allenfalls ein Verstehen der gegnerischen Position vorliegt, tritt ein Konfliktpunkt offen zutage.

Die Medianden empfinden es in einer Mediation häufig als großen Fortschritt, Gemeinsamkeiten mit ihrem Kontrahenten festzustellen. Es tritt dann Erleichterung darüber ein, dass es vielleicht doch möglich sein wird, eine gemeinsame Basis für die weitere Zusammenarbeit zu finden.

Achtung: Aufgabe der Mediation ist es zwar, Konfliktthemen zu benennen und einer Lösung zuzuführen. Gleichzeitig sollen aber Gemeinsamkeiten der Kontrahenten betont werden. Denn Gemeinsamkeiten sind gewissermaßen der Kitt einer jeden Beziehung.

Zum Schluss von Phase 3 visualisiert der Mediator die offenen Punkte und die Gemeinsamkeiten am Flipchart, um eine fundierte Ausgangsbasis für die nun folgende Phase der Konfliktbearbeitung zu haben.

Visualisierung offener Themen und Gemeinsamkeiten	
Offene Themen	Gemeinsamkeiten
• Kommunikation mündlich oder schriftlich? • Ratschläge von Herrn Schmidt nur auf Anforderung oder auch ungefragt? • Rolle Herr Schmidt im Team von Frau Blum? • …	• Das Wohl der Firma steht an oberster Stelle. • Die Akzeptanz meines Vorgesetzten und meiner Mitarbeiter ist mir sehr wichtig. • Wir finden uns gegenseitig eigentlich sympathisch. • …

Phase 4: Konfliktbearbeitung

Nachdem der Konflikt zwischen den Parteien zu Beginn überwiegend diffus und wenig greifbar war, hat sich nun herausgeschält, welche Probleme ihnen tatsächlich zu schaffen machen. Die Themenfelder, an denen gearbeitet werden muss, sind ebenso klar benannt wie Gemeinsamkeiten der Kontrahenten. Häufig geht nun ein Aufatmen durch den Raum und

Zuversicht breitet sich aus, die Probleme, wie sie am Flipchart stehen, schon bearbeiten zu können. Diesen Schwung kann der Mediator nun in die nächste Phase, nämlich die der Konfliktbearbeitung, mitnehmen. Er muss allerdings aufpassen, dass der Schwung nicht zum Überschwang wird. Der Konflikt ist noch nicht gelöst, er kann jederzeit wieder aufbrechen und dann umso mehr für Enttäuschung bei den Medianden sorgen!

Konfliktbearbeitung bedeutet, dass die Parteien nun versuchen, zu den identifizierten offenen Themen Lösungen zu finden.

Lösungen finden

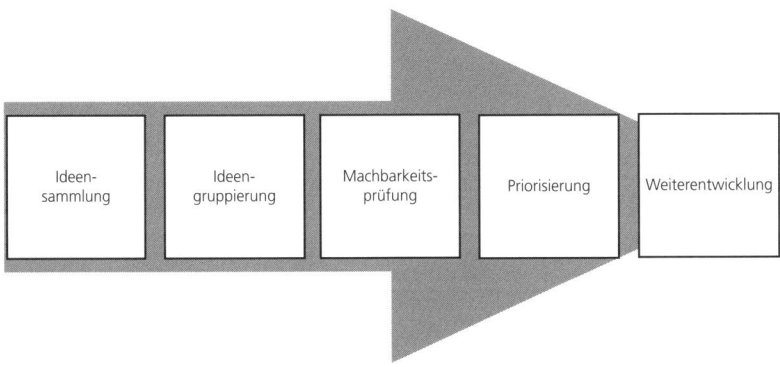

Phasen der Konfliktbearbeitung

Bei der Ideensammlung geht es nicht darum, sofort die richtige Lösung zu finden. Ganz im Gegenteil: Möglichst viele, auch die verrücktesten Ideen sind hier gefragt! Denn dadurch verlassen die Kontrahenten ihr enges Korsett aus früheren erfolglosen Lösungsversuchen und erweitern den Horizont für die zukünftige Problembehebung. Außerdem lohnt es sich häufig, aus verrückten Ideen Teilaspekte herauszunehmen und in machbare Strategien einzubauen.

Ideen sammelt man am besten durch die Technik des Brainstormings. Der Mediator führt dabei den Parteien nochmals die identifizierten Problemfelder vor Augen und bittet sie, auf jeweils eine Karte eine Lösungsidee zu schreiben, wobei jeder so viele Karten beschriften soll wie möglich. Hierbei ist Spontaneität gefragt: Nicht die Machbarkeit einer Idee ist Maßstab, sondern die Anzahl der Ideen!

Brain-storming

Der Mediator sammelt anschließend die Karten ein und sortiert sie nach gleichartigen Lösungsansätzen (Clustern). Dadurch gelingt es, eine Übersicht über die Verschiedenartigkeit von Lösungswegen zu gewinnen und unterschiedliche Einzelideen miteinander zu verknüpfen.

Beispiel

Zwei Kollegen in einem Team geraten regelmäßig aneinander. Ein Missverständnis reiht sich an das nächste. Keiner der beiden weiß, wie weit seine Kompetenzen reichen. Die Mediation ergibt, dass vor allem die beiden Themen „Kommunikation" und „Rolle im Team" die Problemfelder sind. Die Medianden entwickeln verschiedene Lösungsansätze, die der Mediator u. a. zu den Oberpunkten „Kommunikation" und „Rolle im Team" sortiert. Diese Lösungsansätze sehen vor, feste Regeln für die Kommunikation per E-Mail zu vereinbaren. Auch wird vorgeschlagen, dass die Kommunikation per E-Mail unterbleiben soll, wenn sich ein Kollege über den anderen ärgert. In diesem Fall sollen die Parteien das persönliche Gespräch miteinander suchen. Hinsichtlich der eigenen Rolle im Team bringt ein Kollege ins Spiel, man könne den jeweiligen Zuständigkeitsbereich an den Stellen genau definieren, wo gegenwärtig immer wieder Kompetenzstreitigkeiten auftreten.

Vorschläge umsetzbar?

In der Regel sind aber die besten Ideen nicht viel wert, wenn sie in der Realität nicht umgesetzt werden können. Da aber die Mediation zu nachhaltigen Lösungen führen soll, ist den Parteien nicht damit geholfen, unrealistische Ideen, die auf dem Papier gut aussehen, in der Praxis weiterzuverfolgen. Jetzt kommt es darauf an, die gefundenen und gruppierten Ideen auf ihre Machbarkeit hin zu überprüfen und gegebenenfalls nicht umsetzbare Lösungsansätze auszusortieren. Wenn beispielsweise der Streit zwischen den Kollegen dadurch gelöst werden kann, dass zwei neue Kollegen zusätzlich eingestellt werden, die einen Teil der Aufgaben übernehmen, so ist dieser Lösungsvorschlag unrealistisch und auszusortieren, wenn der Vorgesetzte bereits in der Vergangenheit den Kollegen mitgeteilt hat, dass ein Budget für Neueinstellungen nicht vorhanden sei. Nach diesem Schritt bleiben nur noch die Vorgehensweisen übrig, die Erfolg versprechen.

Die Medianden sind nun in ihrem Einigungsprozess schon sehr weit fortgeschritten. Es liegen einige Lösungsvorschläge auf dem Tisch, die so realistisch sind, dass es sich lohnt, sie weiterzuverfolgen. Im Sinne einer ökonomischen Vorgehensweise bietet es sich an, eine Priorisierung dieser Vorschläge vorzunehmen. Diese Priorisierung kann verschiedenen Aspekten folgen: Schnelligkeit, Nachhaltigkeit und Wichtigkeit der Umsetzung sind nur drei Kriterien, die für die Kontrahenten von Bedeutung sein können. Der Mediator unterstützt die Medianden dabei, die richtige Reihenfolge der Lösungsansätze zu finden, indem er ihnen beispielsweise eine feste Anzahl von Klebepunkten gibt, die jede Partei auf die verschiedenen Lösungsvorschläge beliebig verteilen darf. So wird klar, welche Optionen die Medianden als am erfolgversprechendsten einstufen.

Nun können die Parteien darangehen, die gefundenen und priorisierten Lösungsvorschläge weiterzuentwickeln, bis sich daraus eine unmittelbar umsetzbare Maßnahme ergibt.

> **Beispiel**
>
> In unserem Beispiel oben legen die Kollegen fest, dass sie immer dann, wenn sie nicht genau einschätzen können, wie die E-Mail des Kollegen eigentlich gemeint war, keinesfalls per E-Mail antworten, sondern den Kollegen anrufen und mit ihm einen kurzen Gesprächstermin vereinbaren. In diesem Gesprächstermin soll der Empfänger der E-Mail seinen Kollegen fragen, was dieser mit seiner E-Mail gemeint hat. Anschließend soll er ihm sagen, wie er die Nachricht zunächst aufgefasst hat. Schließlich nehmen sich beide Kollegen vor herauszufinden, warum es zu diesem Missverständnis gekommen ist.

So gehen die Parteien mit allen Lösungsvorschlägen um, die sie in konkrete Maßnahmen transferieren wollen. Zum Schluss verbleibt ein ganzes Maßnahmenpaket, das die Parteien mithilfe des Mediators in der letzten Phase der Mediation in eine Abschlussvereinbarung gießen wollen.

Phase 5: Abschlussvereinbarung

Die Abschlussvereinbarung macht die verabredeten Maßnahmen zur Konfliktbewältigung verbindlich. Dies ist in einigen Fällen wichtig. Beispielsweise könnte die hier gefundene Lösung zu einem finanziellen Anspruch der einen Partei gegen die andere führen. Dieser Anspruch hätte jedoch nur dann einen Wert, wenn die begünstigte Partei eine wirksame Möglichkeit besitzt, diesen Anspruch im Bedarfsfall auch gerichtlich durchzusetzen. Insofern ist es wichtig, in solchen Fällen für die Vereinbarung eine adäquate Form zu finden. Die Schriftform sollte für solche Vereinbarungen in jedem Fall eingehalten werden. Gegebenenfalls ist die notarielle Beurkundung der Vereinbarung sinnvoll.

Verbindlichkeit

> Die Medianden sollten bei Konflikten insbesondere mit finanzieller Tragweite durch ihre Rechtsanwälte klären lassen, inwieweit eine bestimmte Form der Abschlussvereinbarung erforderlich ist.

Aber auch wenn keine bestimmte Form für die Abschlussvereinbarung vorgeschrieben ist, empfiehlt es sich für die Parteien, eine schriftliche Verabredung zu treffen. Es ist sehr hilfreich, im weiteren Verlauf der gegenseitigen Beziehung dieses Dokument hervorholen zu können, um zu prüfen, ob die Umsetzung der Konfliktbehebung in der Weise erfolgt, wie man dies vereinbart hat. Schließlich ist es möglich, den Kontrahenten in der gebotenen Art und Weise an die Einhaltung der gemeinsamen Vereinbarung zu erinnern.

Die Abschlussvereinbarung der Parteien enthält häufig auch einen Zeitplan, nach dem überprüft wird, wie sich das Verhältnis zueinander infolge der Umsetzung der verabredeten Maßnahmen verändert hat.

4.6 Umsetzung am Praxisfall Gisela Weiß

Nun wollen wir die Mediation als wirksames Konfliktlösungsinstrument an unserem Beispielsfall Gisela Weiß ansehen.

Nehmen wir an, Gisela Weiß ist es nicht gelungen, Herrn Dr. Braun ins Boot zu holen. Er ist der Meinung, dass er klar und deutlich die neue Rolle von Gisela Weiß kommuniziert habe. Eine weitere Äußerung gegenüber dem Team hält er für unnötig.

Gleichzeitig macht er Gisela Weiß Mut: „Das wird schon klappen, Frau Weiß! Machen Sie sich nicht zu viele Gedanken. Ihre Autorität muss erst noch wachsen. Sehen Sie mich an: Ich bin auch erst einmal ins kalte Wasser geworfen worden. Das war die beste Schule für mich. Durchbeißen hat noch keinem geschadet!"

Mit hängenden Schultern verlässt Gisela Weiß das Büro ihres Chefs. Sie ist von ihm enttäuscht und fühlt sich im Stich gelassen. Auf der Bahnfahrt nach Hause kreisen alle Gedanken um ihren Konflikt. Gisela Weiß besinnt sich auf ihren Plan, den Konflikt vorausschauend anzupacken und nicht wieder in ihre alte Rolle zurückzufallen. Dann muss es zunächst eben ohne ihren Chef gehen!

Von einem alten Freund hat sie erfahren, dass in dessen Firma kürzlich eine Mediation zur Klärung eines Teamkonflikts stattgefunden hat. Das soll sehr hilfreich gewesen sein. Nachdem sie sich näher erkundigt hat, beschließt Gisela Weiß, diesen Weg der Konfliktlösung zu versuchen. Am nächsten Tag sucht sie erneut ihren Chef auf und bittet ihn um ein Budget für eine Mediation in ihrem Team. Dr. Braun sagt sofort zu: „Ich hatte Ihnen ja bereits ein Coaching genehmigt. Das ist doch das Gleiche wie Mediation. Also, legen Sie los, meinen Segen haben Sie!"

Gisela Weiß fackelt nicht lange und kontaktiert Klaus Neumann, den ihr alter Freund als Mediator empfohlen hat. Lassen Sie uns nun die einzelnen Schritte der Mediation betrachten:

Phase 1: Eröffnung/Einführung

Gisela Weiß ruft Herrn Neumann an und berichtet ihm kurz die Konfliktsituation, die sie beheben möchte. Neumann fragt an dieser Stelle bewusst nicht nach, sondern belässt es bei der Sachverhaltsschilderung von Gisela Weiß. Er möchte dem eigentlichen Mediationsverfahren nicht vorgreifen und an dieser Stelle nur den groben Verlauf der Mediation und die Konditionen klären. Gisela Weiß hat das Gefühl, mit Klaus Neumann den richtigen Mediator gefunden zu haben, und teilt ihm mit, dass sie gerne mit ihm zusammenarbeiten möchte. Klaus Neumann kündigt Gisela Weiß die Zusendung einer Medationsvereinbarung an, in der alle Konditionen für die Durchführung der Mediation geregelt sind. Als erster Mediationstermin wird der Dienstag der übernächsten Woche vereinbart.

Media-
tionsverein-
barung

Vorbereitung im Teammeeting

Für Mittwoch dieser Woche beruft Gisela Weiß ein Teammeeting ein. Als Tagesordnungspunkt teilt sie ihren Mitarbeiterinnen und Mitarbeitern mit, dass sie über die aktuelle Situation der Abteilung sprechen möchte. Bei der Teamsitzung erscheinen alle Mitarbeiter. Gisela Weiß führt kurz in die aus ihrer Sicht problematische Teamkonstellation ein und teilt mit, dass sie sich entschlossen habe, mithilfe professioneller externer Hilfe die Zusammenarbeit in der Abteilung zu verbessern. Weiter informiert sie darüber, dass sie sich für das Verfahren der Mediation entschieden habe, weil sie der Auffassung sei, dass in diesem Rahmen für jeden Mitarbeiter der Abteilung und auch für sie eine Plattform für die Aufarbeitung und Lösung der bestehenden Konflikte geboten werde.

Grundsätzlich kommt diese Mitteilung bei den Teilnehmern des Meetings gut an, weil sie sich mit der gegenwärtigen Stimmung in der Abteilung nicht sehr wohlfühlen. Andererseits werden auch einige Einsprüche dahin gehend erhoben, ob es sich dabei nicht bloß um eine „softe" Veranstaltung handle, die dazu dienen solle, die einzelnen Mitarbeiter des Teams kleinzukriegen und Gisela Weiß dadurch das Sagen leichter zu machen. Gisela Weiß verweist darauf, dass es sich bei der Mediation um ein strukturiertes Verfahren der Konfliktlösung handle. Sie teilt ihren Mitarbeitern unmissverständlich mit, dass sie von ihnen erwarte, konstruktiv am Konfliktlösungsprozess und damit an der Mediation mitzuwirken. Gleichzeitig äußert sie aber auch Verständnis für die Vorbehalte einiger Mitarbeiter und verspricht ihnen, dass der Mediator in der ersten Mediationssitzung den genauen Verfahrensablauf erklären werde, sodass letzte Vorbehalte im Team dadurch ausgeräumt werden können.

Reaktionen im Team

Nach dieser kurzen Einführung ist den Mitarbeitern zwar noch etwas mulmig und sie sind unsicher, was in der nächsten Woche bei der ersten Mediationssitzung auf sie zukommen wird, jedoch haben sie das Gefühl, dass sie immer noch Einfluss darauf haben, was am Ende bei der Mediation herauskommt. Gisela Weiß ihrerseits hat ihre Mitarbeiter auf das Mediationsverfahren richtig eingestellt. Einerseits hat sie deutlich gemacht, dass sie diese Veranstaltung für die Mitarbeiter als verpflichtend ansieht. Damit hat sie ihre Rolle als Vorgesetzte klar herausgestellt und ist einen ersten Schritt für das Mediationsverfahren gegangen. Andererseits hat sie die Vorteile für ihre Mitarbeiter benannt und bei ihnen das Gefühl erzeugt, freiwillig an der Veranstaltung teilzunehmen.

Gelingt auch eine unfreiwillige Mediation?

In diesem Fall handelt es sich nicht um ein Paradebeispiel für die Freiwilligkeit aller Teilnehmer an einer Mediation, wie wir das weiter oben dargestellt haben. Üblicherweise müssen alle Medianden aus freien Stücken an diesem Verfahren teilnehmen, um eine höchstmögliche Erfolgswahrscheinlichkeit zu gewährleisten. In diesem Sonderfall der innerbetrieblichen Mediation ist allerdings die einseitige Anordnung der Mediation häufig anzutreffen. Dies kann dazu führen, dass die in der Hierarchie weiter unten stehenden Mitarbeiter der Anweisung des Vorgesetzten zur Teilnahme an der Mediation zwar äußerlich folgen, aber innerlich für die Mitwirkung am Lösungsprozess nicht aufgeschlossen sind. Um diese schwierige Situation weiß der Mediator üblicherweise und kann etwaige Barrieren bei den Mitarbeitern überwinden. So wird es wohl auch in diesem Fall gehen, wo die erste Herausforderung für den Mediator darin besteht, die Teammitglieder für eine aktive Teilnahme am Mediationsverfahren zu motivieren.

Die erste Mediationssitzung

Der große Tag für Gisela Weiß und ihr Team ist gekommen. Die erste Mediationssitzung findet in einem Besprechungsraum des Unternehmens statt. Gisela Weiß ergreift zu Beginn des Meetings kurz das Wort und begrüßt alle Teammitglieder und den Mediator Klaus Neumann. Daraufhin übergibt sie an Klaus Neumann das Wort, der sich dem Team kurz vorstellt. Anschließend führt er in die Mediation ein:

Einführung

„Ich freue mich, dass Sie alle bereit sind, an dieser Mediation teilzunehmen. So viel ich weiß, wurden Sie bisher noch nicht informiert, wie eine Mediation abläuft. Ich möchte mit Ihnen in dieser ersten Sitzung zunächst einige organisatorische Dinge klären, bevor wir in die Mediation einsteigen. Sicherlich sind Sie noch etwas unsicher, was nun auf Sie zukommen wird. Ich kann Ihnen aber versprechen, dass wir nichts tun werden, wozu Sie nicht auch bereit sind. Das Mediationsverfahren ist ein bewährtes Schlichtungsverfahren, das bereits in vielen Fällen zu einer erfolgreichen Konfliktklärung beigetragen hat. Ich selbst habe jahrelange Erfahrung mit der Mediation und bin davon überzeugt, dass wir mithilfe dieses Instruments auch eine Verbesserung des Arbeitsklimas in Ihrer Abteilung schaffen werden. Die Mediation ist dadurch gekennzeichnet, dass sie klaren Strukturen sowie Umgangs- und Prozessregeln folgt. Sie können also sicher sein, dass wir nicht nur schwammig um den heißen Brei herumreden werden, sondern uns in ganz klaren Schritten allmählich dem Ziel, nämlich der Lösung der bestehenden Konflikte, nähern werden.

Wie funktioniert das?

Zunächst möchte ich Sie mit einigen Regeln der Mediation bekannt machen. Zum einen müssen Sie wissen, dass ich als Mediator eine Rolle als neutraler Vermittler einnehme. Ich werde also keine Partei für eine der Seiten ergreifen, sondern für beide Seiten, nämlich für Sie, Frau Weiß, und für Sie alle als Teammitglieder da sein. Meine Aufgabe ist es, dafür zu sorgen, dass jeder von Ihnen gleich viel Raum in der Darstellung seiner Position und Wünsche bekommt. Dazu gehört natürlich in erster Linie, dass Sie alle respektvoll miteinander umgehen und sich gegenseitig ausreden lassen. Wir wollen es schließlich nicht so machen, wie es in den meisten politischen Talkshows abläuft, wo jeder dem andern ins Wort fällt. Es ist wichtig, dass jeder die Gelegenheit hat, ungestört seine Auffassung auf den Tisch zu legen. Bitte haben Sie also Verständnis dafür, wenn ich korrigierend eingreife, falls jemand von Ihnen anderen ins Wort fällt und sie nicht ausreden lässt. Außerdem möchte ich Sie bitten, Ihre Mobiltelefone auszuschalten, sodass wir ungestört arbeiten können. Als erste Pause schlage ich 10.30 Uhr vor. Falls Sie aber vorher bereits eine Pause machen möchten, sagen Sie bitte einfach Bescheid. Ich richte mich dann nach Ihnen. Nun möchte ich Ihnen noch den Ablauf der Mediation erläutern …"

Klaus Neumann stellt den Medianden die fünf Phasen der Mediation vor und teilt ihnen mit, dass sie sich mitten in Phase 1, nämlich der Eröffnung und Einführung, befinden. Auf diese Weise bekommen die Medianden einen Überblick, was auf sie zukommt, und gewinnen das Gefühl, in Klaus Neumann einen kompetenten Koordinator des Mediationsprozesses vor sich zu haben. Manche Teammitglieder, die anfangs noch etwas steif auf ihren Stühlen saßen, sind inzwischen lockerer geworden und haben etwas Zuversicht gewonnen, dass es eine erfolgreiche Veranstaltung werden kann. Klaus Neumann hat mit seiner Einführung und Eröffnung klare Strukturen geschaffen, die notwendigen Umgangs- und Prozessregeln festgelegt und im Team eine gute Atmosphäre erzeugt. Eine Klärung des bestehenden Konflikts hat in dieser Phase noch nicht stattgefunden.

Phase 2: Ansprüche/Positionen

Jetzt beginnt die erste wichtige Phase der Mediation, nämlich die Darstellung der einzelnen Ansprüche und Positionen. Hier hat jeder Teilnehmer die Gelegenheit, seine Sorgen und Nöte und auch seine Sicht der Dinge auf den Tisch zu legen, ohne von den anderen dabei unterbrochen oder gestört zu werden.

Jeweilige Sicht der Dinge

Gisela Weiß beginnt

Auf Neumanns Nachfrage erklärt sich Gisela Weiß bereit, als Erste ihre Sicht der Dinge darzustellen. Sie berichtet davon, wie sie die Situation des Teams vor der Organisationsänderung empfunden hat, dass sie sich im Team sehr wohlgefühlt habe, weil sie von ihren Kollegen anerkannt und geschätzt wurde. Sie vermittelt ihren Mitarbeitern, dass es für sie selbst eine große Überraschung gewesen sei, als Abteilungsleiterin ausgewählt worden zu sein. Sie hätte mit allem gerechnet, nur nicht damit. Entsprechend hilflos sei sie zu Beginn im Umgang mit der neuen Situation gewesen. Gisela Weiß macht deutlich, dass sie gleich zu Beginn das Gefühl hatte, von ihren ehemals guten Kollegen geschnitten und nicht mehr wertgeschätzt zu werden. Sie habe sich das alles nicht erklären können und dadurch sicher in einigen kritischen Situationen nicht richtig reagiert. Andererseits habe sie das Gefühl gehabt, Herrn Dr. Braun beweisen zu müssen, dass sie als junge Mitarbeiterin und neue Chefin ihre Sache nun besonders gut mache. Das habe dazu geführt, dass sie einerseits einen starken Druck von unten durch ihre Mitarbeiter und einen starken Druck von oben durch ihren Chef gespürt habe. Sie sei sich vorgekommen wie eine Frikadelle im Brötchen. Abschließend versichert Gisela Weiß, dass es ihr größter Wunsch sei, am Ende dieser Mediation zu einer ausgewogenen und produktiven Zusammenarbeit mit ihren Mitarbeiterinnen und Mitarbeitern zu kommen.

Klaus Neumann bedankt sich bei Gisela Weiß für ihre offenen Worte und wiederholt kurz die Kernpunkte ihres Statements. Abschließend fragt er Gisela Weiß, ob er alles richtig verstanden habe, was Gisela Weiß auch bejaht.

Jetzt sind die Teammitglieder an der Reihe

Nun stellt reihum jeder Mitarbeiter die Situation im Team aus seiner Sicht dar und äußert sich kritisch zu den Vorgängen in den vergangenen Wochen. Sehr häufig kommt die Bemerkung, dass die Entscheidung für Gisela Weiß als neue Chefin überraschend gekommen sei und man über diese Entscheidung auch enttäuscht sei. Schließlich hätte man ja selbst ausreichend Qualitäten, um diese Position einnehmen zu können. Außerdem sei man es gewohnt, mit Herrn Dr. Braun als disziplinarischem Vorgesetzten zusammenzuarbeiten. Schließlich habe Gisela Weiß' Vorgänger als fachlicher Vorgesetzter lediglich die Aufgaben im Team koordiniert, aber keine Anweisungen geben können. Diese Situation sehe man immer noch als gegeben an. Aus diesem Grund gehe man bei persönlichen Problemen immer noch zu Herrn Dr. Braun und bespreche sie mit ihm. Im Übrigen habe Herr Dr. Braun dies auch bestätigt, da er schließlich bereitwillig alle Gespräche mit den Mitarbeitern geführt habe.

Klaus Neumann greift die Einwendungen der Mitarbeiter jeweils auf und formuliert sie nochmals um, um sicherzustellen, dass die Darstellung von den einzelnen Mitarbeitern und Teilnehmern an der Mediation auch wirklich verstanden wurde. Nach der Umformulierung holt er sich vom entsprechenden Medianden auch die Zustimmung zu seiner Interpretation. Dadurch ist sichergestellt, dass alle Teilnehmer am Ende dieser zweiten Phase der Mediation auf demselben Wissensstand sind und ziemlich genau verstehen, wo die anderen jeweils der Schuh drückt. Insbesondere Gisela Weiß geht immer wieder ein Licht auf, woher die Missverständnisse im Team kommen könnten.

Die Positionen werden visualisiert

Flipchart

Schließlich notiert Klaus Neumann, der sich während der Ausführungen der einzelnen Medianden ausführliche Notizen gemacht hat, die Schwerpunkte der einzelnen Positionen auf ein Flipchart. Dabei achtet er darauf, dass alles, was er schreibt, vom Urheber abgesegnet wird. Ein erstes Ergebnis der Mediation ist also eine Gegenüberstellung der verschiedenen Positionen auf einem Flipchart. Diese Visualisierung ist besonders wichtig, weil sie von den Medianden immer wieder eingesehen und in die eigenen Überlegungen einbezogen werden kann. Die einzelnen Konfliktthemen sind deutlich dargestellt und es wird sichtbar, wie sie miteinander zusammenhängen.

Zum Schluss dankt Klaus Neumann den Teilnehmern für ihre Offenheit, denn es sei nicht selbstverständlich, dass so vorbehaltlos über die eigene Stimmungslage berichtet wird. Außerdem weist Neumann darauf hin, dass diese Materialsammlung jederzeit im Verlauf der Mediation weiter ergänzt werden kann, wenn jemand noch das Bedürfnis hat, seinem Statement etwas hinzuzufügen.

Phase 3: Konfliktanalyse

Jetzt geht Klaus Neumann daran, mit den Medianden herauszufinden, welche Interessen hinter den zuvor geäußerten Positionen stehen. Konkret geht es darum, die Beweggründe für die Position eines jeden Medianden herauszufinden. Wie wir bereits gesehen haben, führt dies dazu, dass Überlappungen zwischen den einzelnen Interessen ermittelt werden, die dann schließlich Lösungsansätze für den Konflikt darstellen können.

Beweg-
gründe

Rollenkonflikt

Zunächst befragt Klaus Neumann Gisela Weiß, was aus ihrer Sicht wohl hinter dem Konflikt im Team stecken könnte. Gisela Weiß vermutet, dass im Team noch nicht abschließend geklärt sei, welche Rolle die einzelnen Teammitglieder einnehmen. Sie habe jedenfalls das Gefühl, dass viele ihrer ehemaligen Kollegen sie immer noch als gleichberechtigte Kollegin sehen, während Herr Dr. Braun sie als die disziplinarische Vorgesetzte der Teammitglieder benannt habe. In dieser unterschiedlichen Sichtweise ihrer Person könnte unter Umständen ein Teil des Konflikts begraben sein. Klaus Neumann notiert „Rollenkonflikt" auf einem Flipchart.

Wertschätzung, Kompetenz und Seniorität

Daraufhin fragt Klaus Neumann die weiteren Medianden, was sie meinten, welche Beweggründe sie hätten, ihre Position einzunehmen. Aus dem Team kommen verschiedene Aussagen, die ebenfalls mit der Frage der Rolle im Team, aber auch mit dem Thema der gegenseitigen Wertschätzung und Anerkennung der jeweiligen Fähigkeiten und Kompetenzen zusammenhängen. Klaus Neumann notiert daraufhin auf das Flipchart „Rollen" und „Wertschätzung" sowie „Kompetenz". Der ältere Mitarbeiter der Abteilung gibt außerdem preis, dass er ein Problem damit habe, dass nun eine wesentlich jüngere Ex-Kollegin seine Chefin sein solle. Aufgrund seiner Seniorität könne er sie als Vorgesetzte nicht akzeptieren. Daraufhin notiert Klaus Neumann das Wort „Seniorität" auf dem Flipchart.

Bewertung der Interessen

v, a oder u?

Nun gilt es für Klaus Neumann herauszufinden, in welchem Umfang die Medianden die jeweilige Interessenlage der anderen annehmen. Wie bereits oben beschrieben lässt er die Medianden nun die Karten der anderen Kollegen mit den Kategorien „verstanden" (v), „akzeptiert" (a) und „unterstützt" (u) markieren. Dadurch gelingt es, Gemeinsamkeiten der Kontrahenten sowie offene Konfliktfelder offen zu benennen.

Erstaunlicherweise kommt dabei heraus, dass Gisela Weiß viele der Interessen ihrer Mitarbeiter nicht nur versteht, sondern sogar akzeptiert. Sie signalisiert damit, dass sie sich in die Mitarbeiter hineindenken und die Situation der Abteilung aus deren Perspektive betrachten kann. Allerdings kann sie die Interessen ihrer Mitarbeiter nicht auch noch unterstützen. Nur in einzelnen Fällen, wo es nicht um die Wünsche einer eigenen Führungsposition, sondern lediglich um die Wertschätzung der eigenen Kompetenz geht, kann Gisela Weiß Unterstützung zusichern.

Umgekehrt können viele ihrer Mitarbeiter nun verstehen, dass Gisela Weiß in ihrer neuen Rolle als disziplinarische Vorgesetzte nicht von Beginn an alle Erwartungen ihrer Mitarbeiter erfüllen kann, weil ihr die entsprechende Erfahrung in der Ausfüllung dieser Position fehlt. Gleichzeitig akzeptieren die meisten, dass Gisela Weiß das Vertrauen, das Dr. Braun in sie als neue Vorgesetzte gesetzt hat, nicht enttäuschen möchte. Sie erntet sogar einige „u", wenn es darum geht, dass sie ihre Abteilung gegenüber der Unternehmensleitung unterstützen und in einem guten Licht darstellen will. Das finden alle Kollegen sehr gut.

Klaus Neumann ordnet nun alle markierten Kärtchen nach „v", „a" und „u". Dadurch wird für alle Medianden deutlich, dass es eine ganze Reihe von Gemeinsamkeiten in der Abteilung gibt.

Gemeinsamkeiten und offene Konfliktfelder

Nach einer kurzen Kaffeepause fragt Klaus Neumann die Stimmung in der Abteilung ab. Die meisten Teilnehmer machen einen wesentlich gelösteren Eindruck und bekunden, dass sie es gut finden, dass Gisela Weiß in vielen Punkten die gleichen Ziele verfolge, wie sie es selbst tun. Klaus Neumann stellt daraufhin zwei Flipcharts vor, auf denen er einerseits die Gemeinsamkeiten aufgelistet und andererseits noch offene Themen der Konfliktbearbeitung visualisiert hat. Auf diese Weise ist eine gute Grundlage dafür geschaffen, aufgrund bestehender Gemeinsamkeiten positiv in die Zukunft zu sehen und dabei die offenen Themen, an denen noch gearbeitet werden muss, nicht aus den Augen zu verlieren.

Phase 4: Konfliktbearbeitung

Nach der Phase 3 sieht das Team jetzt einigermaßen klar. Die Themen, in denen Gemeinsamkeiten bestehen, sind benannt. Trotz aller Konflikte wird die Gruppe dadurch zusammengeschweißt, weil sie daran erinnert wird, dass nicht nur jeder gegen jeden agiert, sondern durchaus gemeinsame Interessen bestehen. Dies sorgt für eine positive Grundstimmung und lockert die Atmosphäre beträchtlich auf. Es ist klar, dass in einer gelösten Atmosphäre mit noch bestehenden Konfliktfeldern anders umgegangen wird als in einer angespannten Atmosphäre. Die Teilnehmer sind deshalb auch bereit, die ebenfalls visualisierten offenen Konfliktfelder anzunehmen und mit ihnen konstruktiv umzugehen. Genau dies ist die Aufgabe dieser Phase der Mediation.

Gemeinsame Interessen

Ideensammlung und -gruppierung

Jetzt geht Klaus Neumann daran, mit der Gruppe möglichst viele Ideen zu sammeln, die zur Konfliktlösung beitragen können. Dazu fokussiert er die Gruppe zunächst einmal auf die noch offenen Konfliktfelder und bittet sie, auf Karten, die er an sie verteilt, mögliche Lösungsvorschläge zu notieren. Er weist darauf hin, dass die Teilnehmer ihre ganze Fantasie spielen lassen können und sich nicht dadurch beschränken sollen, dass eine Idee vielleicht nicht umsetzbar ist. An dieser Stelle gehe es zunächst darum, alle möglichen Ideen zu sammeln, und seien sie noch so verrückt.

Die Medianden machen sich daran, ihre Ideen zu Papier zu bringen. Nach einer halben Stunde sammelt Klaus Neumann die beschrifteten Karten ein und sortiert sie nach ähnlichen Lösungsvorschlägen. Beispielsweise schlägt Gisela Weiß vor, dass Dr. Braun den Verantwortungsbereich und die Kompetenzen von Gisela Weiß gegenüber dem Team verbindlich kommuniziert. Der ältere Kollege hat auf einer Karte notiert, dass Dr. Braun die von ihm getroffene Entscheidung noch einmal überdenken solle. Schließlich habe er die längste Erfahrung. Ein weiterer Kollege schlägt vor, die Aufgaben im Team so zu verteilen, dass einzelne Mitarbeiter aufgrund ihrer Kompetenz für Schwerpunktbereiche allein verantwortlich sind. Schließlich bringt die immer modisch gekleidete Kollegin der Vorschlag, man solle doch regelmäßig Teammeetings abhalten, in denen Gisela Weiß Feedback über ihr Führungsverhalten erhalten soll. Daneben hat das Team noch viele weitere Ideen entwickelt, wie der Konflikt gelöst werden könnte.

Klaus Neumann kann die Lösungsvorschläge der Medianden in die Bereiche Rollenkonflikt, Kompetenz, Kommunikation und Verantwortung clustern.

Machbarkeitsprüfung

Natürlich können nur solche Ideen in die Tat umgesetzt werden, die auch einer Machbarkeitsprüfung standhalten. Bei einer Mediation geht es nicht darum, unerfüllbare Wünsche zu diskutieren. Aus diesem Grund stellt sich Klaus Neumann die Frage, ob der Vorschlag des älteren Mitarbeiters, Herr Dr. Braun solle seine Personalentscheidung noch einmal überdenken, weil er der geeignetere Kandidat für die Abteilungsleitung sei, nicht als unrealistisch aussortiert werden sollte. Er diskutiert dies kurz mit den Teilnehmern, wobei alle zu dem Schluss kommen, dass diese Fragestellung zusammen mit der Rolle der jeweiligen Mitarbeiter im Team und somit auch durch Herrn Dr. Braun zu klären ist. Da Dr. Braun allerdings an der Mediation nicht teilnimmt, ist es wichtig, den Lösungsvorschlag des älteren Mitarbeiters weiterhin ernst zu nehmen und ihn aufzubewahren, um die Machbarkeit durch Dr. Braun entscheiden zu lassen.

Priorisierung

Die Teilnehmer bekommen jetzt von Klaus Neumann Klebepunkte verteilt, die sie an diejenigen Ideen heften sollen, die aus ihrer Sicht die höchste Priorität genießen. Nachdem alle Teammitglieder und Gisela Weiß ihre Punkte geklebt haben, stellt sich heraus, dass die Frage der Rolle der einzelnen Mitarbeiter im Team die höchste Priorität hat. Es wird dadurch visuell deutlich, dass es für die Gruppe am wichtigsten ist, an dieser Stelle weiterzuarbeiten.

Weiterentwicklung

Maß-
nahmen
ableiten

Im letzten Schritt der Phase der Konfliktbearbeitung kommt es nun darauf an, die gefundenen und validierten Ideen so weiterzuentwickeln, dass konkrete Maßnahmen daraus abgeleitet werden können. In unserem Fall wird die Gruppe überlegen, wie die Unklarheiten hinsichtlich der Rolle eines jeden Einzelnen im Team beseitigt werden können.

Dabei kann zumindest die Rolle von Gisela Weiß vom Team und von Gisela Weiß selbst nicht beeinflusst werden. Es kommt vielmehr darauf an, welche Rolle Dr. Braun ihr zugedacht hat. Konkret besteht die Unklarheit hier darin, dass einerseits Gisela Weiß im Gegensatz zu ihrem Vorgänger als disziplinarische Vorgesetzte des Teams benannt wurde, andererseits Dr. Braun diese Rolle wie in der Vergangenheit weiterhin wahrnimmt.

Die konkrete Maßnahme in diesem Konfliktfeld ist also die Aufforderung an Dr. Braun, Gisela Weiß' Aufgaben und Kompetenzen gegenüber dem gesamten Team unmissverständlich zu kommunizieren. Dies ist genau der „Knackpunkt", den Gisela Weiß selbst bereits erkannt hatte; doch war sie mit ihrer Forderung beim Chef auf taube Ohren gestoßen. Der Unterschied ist nun, dass das ganze Team das Problem „ungeklärte Kompetenzen der Chefrolle" erkannt hat und sie bei dieser Forderung unterstützt. Da sich Dr. Braun mit der Mediation einverstanden erklärt hat, wird er der Aufforderung aus dem Team nach Rollenklärung nun wohl endlich nachkommen, wenn es seiner wirklichen Intention entspricht, Gisela Weiß mit disziplinarischer Weisungsbefugnis auszustatten.

Eine weitere Maßnahme könnte sein, die Zuständigkeiten im Team so zu gestalten, dass jedes Mitglied sich hinsichtlich seiner individuellen Kompetenz und Erfahrung wertgeschätzt fühlt. Hier kann das Team für sich alleine entscheiden. Es ist davon auszugehen, dass Dr. Braun bezüglich des Zuschnitts der einzelnen Aufgaben der disziplinarischen Vorgesetzten des Teams, Gisela Weiß, den notwendigen Freiraum lassen wird.

Schließlich ist die vorgeschlagene Maßnahme der regelmäßigen Teammeetings, um Gisela Weiß Feedback zu geben, ebenfalls eine Aktion, die, richtig ausformuliert, problemlos umgesetzt werden kann.

Phase 5: Abschlussvereinbarung

Um der Mediation einen offiziellen und verbindlichen Abschluss zu geben, schlägt Klaus Neumann vor, die auf dem Flipchart festgehaltenen konkreten Maßnahmen durch jeden einzelnen Teilnehmer der Mediation unterzeichnen zu lassen. Wie bei einem Vertrag, der hier freilich durch keine Partei eingeklagt werden kann, entsteht eine gewisse Verbindlichkeit, die im späteren Verlauf der Zusammenarbeit auf ihre Einhaltung überprüft und zumindest innerhalb des Teams eingefordert werden kann.

Schließlich bietet es sich an, die Umsetzung der Abschlussvereinbarung in einem Follow-up einige Wochen später zu überprüfen und notwendige Korrekturmaßnahmen zu beschließen.

Follow-up

Wie Sie am Beispiel Gisela Weiß erkennen können, geht es bei der Mediation vorrangig darum, die sachliche Ebene von der emotionalen zu trennen und beide Ebenen getrennt voneinander zu bearbeiten. Sicherlich ist es bei dieser Mediation auch zu einigen emotionalen Begebenheiten gekommen, aus denen deutlich wird, welche Befindlichkeiten jeder Einzelne dem anderen gegenüber hegt. Diese Gefühle stehen einer sachlichen Lösung des Konflikts regelmäßig im Weg. Deshalb wird Klaus Neumann in solchen Fällen interveniert und die Parteien angeleitet haben, zunächst ihre persönliche Beziehung zueinander zu klären und etwaige Missverständnisse aufzuklären. So war ein Schwerpunkt seiner Arbeit, die Vorbehalte des älteren Kollegen gegenüber Gisela Weiß zu benennen, ernst zu nehmen und die Parteien aufgrund der nun vorhandenen Transparenz dabei zu unterstützen, mit dieser Situation professionell umzugehen.

Wir wissen nicht, ob Gisela Weiß in den nächsten Monaten und Jahren in ihrer neuen Führungsrolle Erfolg haben wird. Sicher ist jedoch, dass durch die Mediation ihr misslungener Start deutlich optimiert wurde und das ganze Team eine Plattform vorfand, auf der es Ungereimtheiten, Vorbehalte, Missverständnisse, Erwartungen, Wünsche aufdecken und vorbringen konnte. Der Kernpunkt des Problems, die ungeklärte Rolle und Befugnisse der Chefin, wurde vom gesamten Team erkannt und es wurde eine Klärung der Kompetenzen durch den Vorgesetzten nachgefordert. Auf diese Weise hat sich die ganze Abteilung eine Struktur erarbeitet und Regeln gegeben, die sie bei der weiteren Zusammenarbeit unterstützen.

5. Arbeitsrecht als letztes Mittel der Konfliktlösung?

Sie sind als Führungskraft bisher sehr verantwortlich vorgegangen. Zunächst haben Sie vor Ihrer eigenen Haustüre gekehrt und mit Selbstmanagement versucht, einen Konflikt in Ihrem Team in den Griff zu bekommen. Sie waren der Überzeugung, dass auch Sie einen Anteil daran haben und wollten die Verantwortung für die Lösung nicht allein Ihren Mitarbeitern überlassen. Eine beachtliche Investition an Selbstkritik und Reflexion!

Nachdem Sie mit diesem ersten Schritt nicht entscheidend weitergekommen sind, entschlossen Sie sich, mithilfe der Mediation dafür zu sorgen, dass es in Ihrem Team wieder rund läuft. Auch dies ist eine Investition, diesmal finanzieller Art, die nicht ohne Weiteres in einem Budget unterzubringen ist.

Machteingriff

Sollte sich auch hier keine Besserung der Situation gezeigt haben, bleibt nur noch der Machteingriff. Was etwas martialisch klingt, entspricht lediglich der Realität. Denn wenn es den Kontrahenten nicht gelingt, selbst eine Lösung zu finden, sind Sie als Führungskraft aufgefordert, unter Berücksichtigung aller Umstände eine Entscheidung zu treffen.

Oftmals reicht es für die Konfliktlösung aus, die Aufgaben im Team neu zu verteilen. Dabei gestalten Sie Schnittstellen zwischen einzelnen Mitarbeitern mit dem Ziel, Reibungsverluste künftig zu minimieren. Sollte dies nicht möglich sein, kann eine abteilungsübergreifende Restrukturierung von Zuständigkeiten helfen. Damit ist häufig die Versetzung eines Mitarbeiters in eine andere Abteilung oder an einen anderen Standort verbunden.

Bei einer fortgeschrittenen Eskalation eines Konflikts kommt es gegebenenfalls zu Entgleisungen der Parteien, auf die Sie mit Disziplinarmaßnahmen reagieren müssen. Welche Möglichkeiten Sie hier haben, werden wir in diesem Kapitel eingehend betrachten. Falls Sie nicht einseitig arbeitsvertragliche Änderungen vornehmen können, kommt der Ausspruch einer Änderungskündigung in Betracht. Allerdings lauern hier, wie auch bei der Beendigungskündigung, eine ganze Reihe von Fallstricken, die es zu umgehen gilt. Gibt es zur Beendigung des Arbeitsverhältnisses keine sinnvolle Alternative mehr, bietet es sich unter Umständen an, mit dem betreffenden Mitarbeiter einen Aufhebungsvertrag zu verhandeln.

Das Arbeitsrecht gibt für all diese Maßnahmen einen Rahmen vor, den Sie beachten müssen, wenn Sie wirksam und ohne Risiko vorgehen wollen.

5.1 Eine andere Aufgabe zuweisen

Die mildeste Maßnahme zur Behebung von Kompetenz- und Zuständig-
keitskonflikten besteht darin, die Aufgaben innerhalb des Teams neu zu
definieren. Als Führungskraft sind Sie grundsätzlich dazu befugt, indem
Sie Ihr Weisungsrecht gegenüber Ihren Mitarbeitern ausüben.

Aufgaben neu definieren

Das Weisungsrecht als Grundlage

Der Arbeitsvertrag zwischen Arbeitgeber und Arbeitnehmer bildet die
Rechtsgrundlage für die wechselseitigen Rechte und Pflichten. Er kann
aber naturgemäß nicht abbilden, welche Tätigkeiten der Arbeitnehmer
im Einzelnen schuldet. Wollte er das, müssten die Vertragsparteien bereits im Voraus jedes Detail der Tätigkeit wissen.

Zwar gibt es in vielen Unternehmen sogenannte Stellenbeschreibungen,
in denen minutiös festgehalten ist, was der neue Kollege alles tun muss
und welche Qualifikationen er dafür mitzubringen hat. Sie dienen einerseits dazu, dass sich der Arbeitgeber Klarheit darüber verschafft, was er
vom Arbeitnehmer erwartet und an welcher Stelle dieser in die Organisation des Unternehmens eingefügt wird. Andererseits soll die Stellenbeschreibung dem neuen Mitarbeiter eine Orientierung für die optimale
Erfüllung seiner Aufgaben verschaffen. Eine verbindliche rechtliche Qualität gewinnt die Stellenbeschreibung dann, wenn auf sie im Arbeitsvertrag Bezug genommen wird. Eine entsprechende Klausel könnte lauten:

**Stellenbe-
schreibung**

> **Beispiel**
>
> „Die Arbeitnehmerin wird als Personalsachbearbeiterin eingestellt. Näheres zum
> Aufgabengebiet regelt die jeweils gültige Stellenbeschreibung, die fester Bestand-
> teil des Arbeitsvertrags ist."

Durch die Stellenbeschreibung werden die Aufgaben der Arbeitnehmerin
so konkretisiert, dass beiden Seiten klar ist, was eine Personalsachbear-
beiterin in diesem Unternehmen tun muss. Allerdings stellt auch die Stellenbeschreibung nur einen (wenn auch detaillierteren) Rahmen für die zu
erbringenden Leistungspflichten dar, der konkretisierungsbedürftig ist.
Diese Konkretisierung geschieht dadurch, dass Sie als Führungskraft in
Stellvertretung für Ihren Arbeitgeber das Weisungsrecht gegenüber dem
Arbeitnehmer ausüben. Es ist im Übrigen charakteristisches Merkmal eines Arbeitsverhältnisses, dass der Arbeitnehmer weisungsgebunden ist.
Andernfalls würde er im Rahmen eines Dienst- oder Werkvertrags selbstständig Leistungen erbringen.

Inhalt des Weisungsrechts

Mithilfe des Weisungsrechts kann der Arbeitgeber Zeit, Ort und Inhalt
der Leistungserbringung durch den Arbeitnehmer einseitig festlegen. Al-

lerdings muss er dabei die Grenze des billigen Ermessens einhalten. Dies ist in § 106 der Gewerbeordnung geregelt.

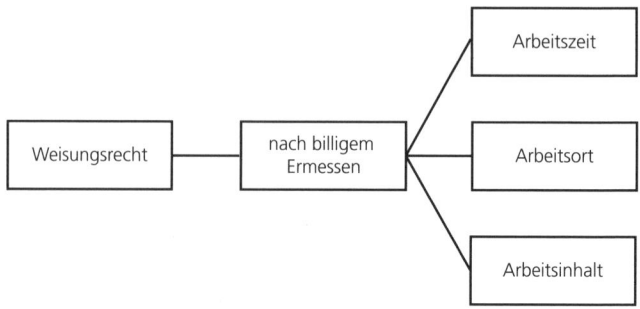

Inhalt und Grenzen des Weisungsrechts

Arbeitszeit

Zeitliche Trennung

Möglicherweise ist es sinnvoll, einen Konflikt in der Weise zu entzerren, dass Sie die Arbeitszeiten der Konfliktparteien so unterschiedlich gestalten, dass sie sich nicht mehr über den Weg laufen können. Praktische Bedeutung kann dieser Weg im Bereich von Schichtarbeit haben. In der Regel legt der Arbeitsvertrag nicht fest, in welcher Schicht ein Arbeitnehmer konkret eingesetzt wird. Dadurch können Sie zwei Mitarbeiter, die nicht miteinander zurechtkommen, so einteilen, dass der eine in der Früh- und der andere in der Spätschicht arbeitet. Probleme können allenfalls bei der Einteilung für die Nachtschicht auftreten. Bestimmte Personengruppen, beispielsweise Schwangere, dürfen nicht in der Nacht beschäftigt werden. Gleichfalls haben Arbeitnehmer, die Kinder unter zwölf Jahren zu versorgen haben, gegebenenfalls einen Anspruch auf Versetzung auf einen Tagarbeitsplatz. Abgesehen von diesen gesetzlichen Verboten müssen Sie bei der Zuweisung einer anderen Arbeitszeit nach billigem Ermessen handeln. Das bedeutet, dass Sie nicht nur die Interessen des Unternehmens, sondern auch die des betroffenen Arbeitnehmers berücksichtigen müssen.

Beispiel

Um einen Streit zwischen zwei Mitgliedern seines Teams zu schlichten, hat Herr Krause bereits einiges getan. Zuletzt hat sogar eine Mediation keine Lösung gebracht. Schließlich platzt ihm der Kragen und er teilt einen der beiden Streithähne von der Frühschicht nun in die Spätschicht ein. Dieser protestiert mit dem Argument, er könne wegen Kinderbetreuung nicht in der Spätschicht arbeiten. Zu dieser Zeit müsse seine Frau bereits arbeiten. Eine Kinderbetreuung könne er sich finanziell nicht leisten. Soll doch sein Kollege in der Spätschicht arbeiten, der keine Familie zu versorgen hat. Daraufhin teilt Herr Krause den anderen Mitarbeiter zur Spätschicht ein.

Herr Krause hat hier richtig gehandelt. Zwar ist er grundsätzlich in der Entscheidung frei, welchen der Mitarbeiter er in die Spätschicht versetzt, sofern ihn keine gesetzlichen Verbote daran hindern. Jedoch muss er sein Weisungsrecht nach billigem Ermessen ausüben und den Mitarbeiter mit Familie verschonen, weil dessen berechtigtes Interesse der Kinderbetreuung zu berücksichtigen ist.

Arbeitsort

Ist eine Entzerrung des Konflikts durch Gestaltung der Arbeitszeit nicht möglich, kann die Zuweisung eines anderen Arbeitsplatzes helfen. Vertragen sich zwei Ihrer Mitarbeiter nicht, die in einem gemeinsamen Büro arbeiten, kann es Wunder wirken, wenn Sie sie trennen. Die Gelegenheiten für Reibereien nehmen ab, das Streitpotenzial sinkt.

Räumliche Trennung

Allerdings sind auch hier die vertraglichen Vereinbarungen und der Grundsatz des billigen Ermessens zu beachten. Das bedeutet einerseits, dass als Arbeitsort im Zweifel der Einsatzbetrieb vereinbart ist, falls der Arbeitsvertrag keine eindeutige Regelung beinhaltet. Andererseits darf der neue Arbeitsort des Mitarbeiters keine unbillige Härte für ihn darstellen. Diese Frage stellt sich in der Regel aber erst, wenn der neue Arbeitsort mit einem erheblich weiteren Fahrweg verbunden ist.

> **Beispiel**
>
> Diesmal entscheidet sich Herr Krause, eines der Teammitglieder künftig in dem zehn Kilometer östlich entfernten Zweigbetrieb arbeiten zu lassen. Dessen Arbeitsvertrag sieht vor, dass er auch in diesem Zweigbetrieb eingesetzt werden darf. Trotzdem weigert sich der Mitarbeiter, da sich sein Arbeitsweg dadurch um das Doppelte auf 30 Minuten verlängern würde, denn er wohnt etwa zehn Kilometer westlich des Hauptbetriebs. Sein Kontrahent hingegen wohnt ganz in der Nähe des Zweigbetriebs.

Ähnlich wie bei der Frage der Arbeitszeit muss Herr Krause natürlich auch beim Arbeitsort die privaten Umstände der betroffenen Mitarbeiter berücksichtigen und eine sorgfältig abgewogene Entscheidung treffen. Dazu gehören selbstverständlich auch der Wohnort und der damit verbundene Anfahrtsweg der betroffenen Mitarbeiter. Der Einwand des weiter entfernt wohnenden Mitarbeiters kommt daher zu Recht, weshalb der näher wohnende Kollege in den Zweigbetrieb umzusetzen ist.

Arbeitsinhalt

Weitaus häufiger als die zeitliche oder räumliche Trennung von Konfliktparteien wird die Gestaltung der jeweiligen Arbeitsinhalte sein. Denn hieraus resultieren aller Erfahrung nach häufig Streitigkeiten zwischen Arbeitskollegen. Wenn die Aufgabenbereiche und die dazu erforderlichen Kompetenzen nicht klar definiert sind, sind Probleme zwischen

Arbeitskollegen vorprogrammiert. Gerade wenn Arbeitsabläufe in einem Unternehmen in Prozessen organisiert sind, ist es essenziell, die Schnittstellen zwischen zwei Prozessschritten festzulegen.

> **Beispiel**
>
> Die Kundenbetreuung wird bislang von zwei Mitarbeitern erledigt, wobei für potenzielle Neukunden in Vertragsfragen Herr Brüning und für Bestandskunden in technischen Fragen Frau Kleinschmidt Ansprechpartner sind. Während der Urlaubsvertretung kommt es immer wieder zu Problemen, weil Herr Brüning die Bestandskunden seiner Kollegin nicht ausreichend qualifiziert beraten kann. Frau Kleinschmidt muss dann nach ihrer Urlaubsrückkehr die Fehler ihres Kollegen ausbaden. Herr Brüning ist auch nicht bereit, sich nur wegen der Urlaubsvertretung für Frau Kleinschmidt in komplexe technische Fragen einzuarbeiten. Der Vorgesetzte strukturiert daraufhin die Aufgabenbereiche in der Weise neu, dass künftig beide Mitarbeiter sowohl Neu- als auch Bestandskunden betreuen sollen. Die Aufteilung der Kunden erfolgt alphabetisch. Sowohl Frau Kleinschmidt als auch Herr Brüning sollen Schulungen in ihren jeweils neuen Arbeitsgebieten erhalten.

Diese Umorganisation ist durch das Weisungsrecht des Vorgesetzten gedeckt, sofern der Arbeitsvertrag nicht die bisherigen Aufgabeninhalte fest vorsieht. Sie entspricht auch billigem Ermessen, da den Mitarbeitern Schulungen angeboten werden, um das fremde Arbeitsgebiet zu erlernen. Es muss dem Arbeitgeber also vorbehalten bleiben, durch Neugestaltung der Arbeitsabläufe eine Steigerung der Effizienz zu bewirken.

Grenzen des Weisungsrechts

Wir haben bereits gesehen, dass Sie das Weisungsrecht nur in den Grenzen der im Arbeitsvertrag vereinbarten Tätigkeit und unter Berücksichtigung der Interessen Ihres Mitarbeiters ausüben dürfen. Dies sind aber nicht die einzigen Grenzen des Weisungsrechts.

Mitbestimmung des Betriebsrats

Ordnung
des
Betriebs

Zwar kann der Betriebsrat in Bezug auf Ihre Einzelanweisungen Ihren Mitarbeitern gegenüber nicht mitbestimmen. Hingegen ist sein Mitbestimmungsrecht dann zu beachten, wenn sich Weisungen auf eine größere Gruppe von Mitarbeitern erstrecken. Denn in diesem Fall handelt es sich um Fragen der Ordnung des Betriebs und des Verhaltens der Arbeitnehmer im Betrieb, welche nach § 87 Absatz 1 Nr. 1 des Betriebsverfassungsgesetzes der Mitbestimmung des Betriebsrats unterliegen.

Folgende Beispiele für das Mitbestimmungsrecht sind zu nennen:

- Rauchverbot
- Radiohören
- Kleiderordnung
- Firmenparkplatzordnung

- Dienstwagenregelung
- Nutzung von Internet und Telefon
- Ethikrichtlinien
- Torkontrolle
- Benutzung von Werksausweisen

Sollten Sie einem Mitarbeiter einen anderen Arbeitsbereich für länger als einen Monat oder unter erheblicher Änderung der Arbeitsumstände zuweisen, dann hat der Betriebsrat ebenfalls ein Mitbestimmungsrecht, diesmal nach § 99 des Betriebsverfassungsgesetzes, das Sie beachten müssen. Der Betriebsrat kann die Zustimmung zu dieser Versetzung allerdings nur verweigern, wenn dadurch beispielsweise gegen Gesetze verstoßen oder der versetzte Mitarbeiter sowie Arbeitskollegen Nachteile dadurch erleiden.

Tarifvertragliche Grenzen

Ist Ihr Unternehmen tarifgebunden und ist die Geltung des maßgeblichen Tarifvertrags für Ihre Mitarbeiter arbeitsvertraglich vereinbart, dann ist zu beachten, dass Mitarbeitern Arbeiten zugewiesen werden können, die der Vergütungsgruppe entsprechen, der sie zugeordnet sind. Außerdem müssen bei der Erteilung von Weisungen Regelungen des Tarifvertrags über die Dauer, Lage und Gestaltung der Arbeitszeit beachtet werden.

Gesetzliche Grenzen

Es gibt eine ganze Reihe gesetzlicher Vorschriften, die den Schutz der Arbeitnehmer bezwecken und die Sie bei der Erteilung von Weisungen beachten müssen. Darunter fallen zum Beispiel:

Schutz der Arbeitnehmer

- Unfallverhütungsvorschriften
- Arbeitszeitgesetz
- Jugendarbeitsschutzgesetz
- Arbeitsschutzgesetz
- Mutterschutzgesetz

Eine Weisung, die einen Verstoß gegen eines dieser Gesetze zur Folge hätte, wäre rechtswidrig und muss deshalb nicht befolgt werden.

> **Beispiel**
>
> Während der Sommerferien ist im Lager eines Unternehmens die Personaldecke immer sehr dünn. Nun wird auch noch einer der Gabelstaplerfahrer krank. Herr Winter wird von seinem Chef aufgefordert einzuspringen. Seinen Hinweis, er habe keinen Staplerschein, wiegelt der Chef ab: „Das bringe ich dir in einer Viertelstunde bei!". Herrn Winter ist dabei mulmig; er weigert sich, als Gabelstaplerfahrer zu arbeiten.

Nachdem eine gesetzliche Vorschrift bestimmt, dass ein gültiger Staplerschein Voraussetzung für die Arbeit als Gabelstaplerfahrer ist, ist die Weisung des Chefs rechtswidrig und Herr Winter muss sie nicht befolgen.

5.2 In eine andere Abteilung versetzen

Wenn die Zuweisung eines anderen Arbeitsbereichs durch Ausübung des Weisungsrechts keine Früchte trägt, weil es trotzdem zu engen Berührungspunkten zwischen den Konfliktparteien kommt, ist eine weitere räumliche oder inhaltliche Trennung sinnvoll. Diese Trennung kann dadurch geschehen, dass eine Partei oder beide in eine andere Abteilung versetzt werden. Die Versetzung eines Arbeitnehmers ist ein tiefer gehender Eingriff in das Arbeitsverhältnis als die Weisung im Rahmen des Direktionsrechts. Sie unterliegt deshalb strengeren Voraussetzungen, die wir uns nun genauer ansehen wollen.

**Defini-
tionen**

Im Arbeitsrecht ist der Begriff der Versetzung unterschiedlich definiert. Zum einen wird sie im Arbeitsvertragsrecht, also hinsichtlich der Beziehung zwischen Arbeitnehmer und Arbeitgeber, als einseitige Änderung des Arbeitsplatzes nach Ort, Zeit, Umfang oder Inhalt der Arbeit bezeichnet. Im Betriebsverfassungsrecht dagegen, d. h. in der Beziehung zwischen dem Arbeitgeber und dem Betriebsrat, versteht man unter „Versetzung" die Zuweisung eines anderen Arbeitsbereichs, die voraussichtlich die Dauer von einem Monat überschreitet oder mit einer erheblichen Änderung der Umstände verbunden ist, unter denen die Arbeit zu leisten ist.

Beide Definitionen sind für Sie als Führungskraft von Bedeutung, wenn Sie eine Versetzung rechtswirksam vornehmen wollen. Dabei kann es passieren, dass Ihre Maßnahme zwar einerseits eine Versetzung im Sinne des Arbeitsvertragsrechts ist und deshalb die hierfür erforderlichen Voraussetzungen vorliegen müssen, andererseits jedoch keine Versetzung im Sinne des Betriebsverfassungsrechts ist und deshalb eine Zustimmung des Betriebsrats nicht erforderlich ist. Selbstverständlich ist auch ein umgekehrter Sachverhalt denkbar.

Versetzung und Arbeitsvertrag

Sie müssen also zunächst dafür Sorge tragen, dass der zukünftige Einsatz Ihres Mitarbeiters in einer anderen Abteilung den Voraussetzungen des Arbeitsvertrags entspricht. Dies kann dadurch geschehen, dass Sie bereits aufgrund Ihres Weisungsrechts dazu befugt sind, die Personalmaßnahme durchzuführen. Sollte die Maßnahme weiter gehen, als Ihr Weisungsrecht dies gestattet, kommt eine Änderung des Arbeitsvertrags in Betracht. Sollte Ihr Mitarbeiter mit einer Vertragsänderung nicht einverstanden sein, bleibt als letztes Mittel die Versetzung durch Änderungskündigung.

Versetzung durch Weisungsrecht

Eine Versetzung durch Ausübung Ihres Weisungsrechts entspricht weitgehend der Zuweisung eines anderen Aufgabengebiets durch Ausübung des Weisungsrechts. Die Voraussetzungen und Rechtsfolgen hiervon haben wir uns bereits oben angesehen. Bei der Versetzung in eine andere Abteilung durch Weisungsrecht gilt grundsätzlich nichts anderes.

Allerdings soll an dieser Stelle noch eine Besonderheit im Arbeitsvertrag erwähnt werden. Häufig finden sich dort sogenannte Versetzungsklauseln, die es dem Arbeitgeber erleichtern sollen, einen Arbeitnehmer in seinem Betrieb oder in seinem Unternehmen an einen anderen Arbeitsplatz zu versetzen.

Versetzungsklausel

> **Beispiel**
>
> § 9 des Arbeitsvertrags von Herrn Wichmann lautet:
>
> „Das Arbeitsverhältnis bezieht sich auf eine Tätigkeit in Münster. Das Unternehmen behält sich vor, den Mitarbeiter innerhalb des gesamten Unternehmens – auch an einem anderen Ort – im Rahmen seiner Arbeitspflichten zu versetzen, wenn ihm dies bei Abwägung der betrieblichen und seiner persönlichen Belange zuzumuten ist."

In diesem Beispielsfall erweitert das Unternehmen sein Weisungsrecht vertraglich. Solche Versetzungsklauseln sind nicht uneingeschränkt zulässig. Nachdem der Arbeitsvertrag als allgemeine Geschäftsbedingung anzusehen ist, die der Arbeitgeber dem Arbeitnehmer einseitig stellt, muss der Arbeitgeber hinnehmen, dass diese Vertragsklausel nach den einschlägigen Regeln der sog. Inhaltskontrolle (§§ 305 ff. BGB) geprüft werden. Die vorliegende Versetzungsklausel ist wirksam, weil sie die persönlichen Belange des Mitarbeiters bei der Prüfung, ob eine Versetzung vorgenommen werden soll oder nicht, einbezieht. Sie ist auch deshalb nicht unangemessen, weil dem Arbeitnehmer eine gleichwertige neue Position im Rahmen der Versetzung angeboten werden muss.

In letzter Konsequenz ist aber die Versetzung aufgrund einer arbeitsvertraglichen Versetzungsklausel nur dann wirksam, wenn sie billigem Ermessen entspricht. Wir haben bereits oben gesehen, dass der Arbeitgeber vor Durchführung einer Personalmaßnahme verpflichtet ist, die wesentlichen Umstände des Einzelfalls abzuwägen und sowohl die Interessen des Arbeitnehmers als auch diejenigen des Arbeitgebers in die Abwägung einzubeziehen. Beispielsweise ist es wichtig, dass bei einer Versetzung schutzwürdige familiäre Belange des Arbeitnehmers, beispielsweise die Berufstätigkeit der Ehefrau oder die Betreuungssituation des Kindes, berücksichtigt werden.

Versetzung durch Vertragsänderung

Mitarbeiter muss zustimmen

Ermöglicht der Arbeitsvertrag eine einseitige Versetzung nicht, ist die Zustimmung des Mitarbeiters erforderlich. In diesem Fall sind Sie als Arbeitgeber dazu gezwungen, mit dem Arbeitnehmer über die neue Ausgestaltung des Arbeitsplatzes hinsichtlich Ort, Zeit, Umfang und Inhalt zu verhandeln und die Ergebnisse schriftlich zu fixieren.

> **Beispiel**
>
> Nachdem Herr Wichmann mit seiner einseitigen Versetzung von Münster nach Potsdam unter Beibehaltung der vertraglichen Bedingungen nicht einverstanden ist und der Arbeitsvertrag eine einseitige Versetzung nicht ermöglicht, einigen sich Arbeitgeber und Arbeitnehmer auf eine Vertragsänderung:
>
> „Der Arbeitnehmer wird ab dem 01.01.2011 als Abteilungsleiter Qualitätskontrolle am Standort Potsdam tätig. Der genaue Inhalt seiner Tätigkeit richtet sich nach einer Stellenbeschreibung, die diesem Vertrag beigefügt ist. Das Grundgehalt des Arbeitnehmers wird gleichzeitig auf monatlich € 5.500,00 brutto angehoben. Alle übrigen Bedingungen des Arbeitsvertrags bleiben unverändert."

Nachdem die Änderung des Arbeitsorts von Herrn Wichmann von Münster nach Potsdam erhebliche persönliche Belastungen mit sich bringt, war eine einseitige Versetzung durch den Arbeitgeber nicht möglich. Eine entsprechende Versetzungsklausel war in Herrn Wichmanns Arbeitsvertrag nicht enthalten. Der Arbeitgeber war deshalb gezwungen, mit Herrn Wichmann neue Konditionen zu vereinbaren, sodass dieser mit einer Änderung des Arbeitsortes einverstanden war. Die Vertragsänderung bestand hier aus einer Erhöhung des monatlichen Grundgehalts.

Eine Versetzung an einen entfernten Arbeitsort kann aber auch dadurch abgemildert werden, dass dem Mitarbeiter für einen festgelegten Zeitraum Unterbringungskosten am neuen Einsatzort sowie Reisekosten zum Erstwohnsitz erstattet werden. Auf diese Weise wäre es Herrn Wichmann möglich zu prüfen, ob es sich bei dieser Versetzung um eine dauerhafte Lösung handelt und er die Familie an den neuen Arbeitsort nachholt.

Versetzung und Betriebsrat

Auch andere Mitarbeiter tangiert

Man müsste meinen, der Arbeitgeber und der Arbeitnehmer könnten sich einvernehmlich auf eine Versetzung einigen, ohne dass sie dazu jemand anders fragen müssten. Dem ist aber nicht so. Der Arbeitgeber hat vor jeder Versetzung den Betriebsrat zu beteiligen. Es liegt auch auf der Hand, warum dies so ist.

Eine Versetzung wirkt sich nicht nur auf das Arbeitsverhältnis des betroffenen Arbeitnehmers aus. Es besteht in vielen Fällen die Möglichkeit, dass durch eine Versetzung auch andere Mitarbeiter des Betriebs tangiert werden. Der Betriebsrat hat die Aufgabe, die Belegschaft des Betriebs zu schützen. Insoweit verfolgt die Beteiligung des Betriebsrats bei einer Versetzung zwei Ziele:

- Zum einen ist der von der Versetzung betroffene Mitarbeiter zu schützen,

- zum anderen sollen auch die übrigen Mitarbeiter vor Nachteilen durch die Versetzung des Mitarbeiters bewahrt werden.

Die Mitbestimmung des Betriebsrats bei der Versetzung gilt allerdings nur, wenn das Unternehmen mehr als 20 Arbeitnehmer beschäftigt.

Definition „Versetzung"

Unter einer Versetzung versteht das Betriebsverfassungsgesetz die Zuweisung eines anderen Arbeitsbereichs, die voraussichtlich die Dauer von einem Monat überschreitet oder die mit einer erheblichen Änderungen der Umstände verbunden ist, unter denen die Arbeit zu leisten ist.

Bei einer Versetzung müssen also zwei Voraussetzungen erfüllt sein:

1. Dem Arbeitnehmer muss ein anderer Arbeitsbereich übertragen werden.

2. Die Umstände seiner Arbeit müssen sich dadurch erheblich verändern.

Das Gesetz vermutet eine erhebliche Änderung der Arbeitsumstände, wenn der Arbeitsbereich länger als einen Monat übertragen wird. Sollte die Übertragung des anderen Arbeitsbereichs kürzer als einen Monat dauern, dann muss im Einzelfall geprüft werden, ob die Veränderung der Arbeitsumstände wesentlich ist.

Beispiel

Herr Wichmann soll von Münster nach Potsdam versetzt werden. Ein Ortswechsel ist zugleich immer die Zuweisung eines anderen Arbeitsbereichs. Die erste Voraussetzung der Versetzung ist somit erfüllt. Als Zweites ist jedoch zu prüfen, ob dieser Ortswechsel für Herrn Wichmann eine erhebliche Änderung der Arbeitsumstände mit sich bringt. Sollte er nicht länger als einen Monat andauern, müsste detailliert geprüft werden, wie die Arbeitsumstände in Potsdam sein würden. Man müsste dabei berücksichtigen, wie lange der Anfahrtsweg und die Anfahrtszeit wären, ob seine Beanspruchung genauso wäre wie in Münster und ob es etwa zu Arbeitszeitverkürzungen kommt. Nachdem zwischen Münster und Potsdam 450 Kilometer und eine Fahrtstrecke von über vier Stunden liegen, kann man bereits bei einem Einsatz, der kürzer als einen Monat dauert, von einer Versetzung sprechen. Der Betriebsrat ist deshalb zu beteiligen.

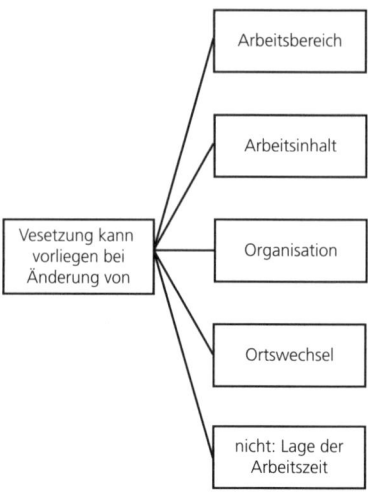

Mitbestimmung des Betriebsrats bei Versetzungen

Änderung des Arbeitsbereichs

Andere Tätigkeit

Eine Versetzung durch Änderung des Arbeitsbereichs liegt für einen Arbeitnehmer dann vor, wenn sich das Gesamtbild seiner bisherigen Tätigkeit so verändert, dass sich die neue Tätigkeit vom Standpunkt eines mit den betrieblichen Verhältnissen vertrauten Beobachters als eine andere Tätigkeit darstellt. Hat ein Mitarbeiter beispielsweise als Laborant in einem Versuchslabor gearbeitet und soll zukünftig im Labor eines Produktionsbetriebs am selben Standort tätig sein, so ändert sich zweifellos das Gesamtbild seiner Tätigkeit. Eine Versetzung läge vor. Soll der Mitarbeiter jedoch von einem Versuchslabor in ein benachbartes anderes Versuchslabor wechseln, in dem er dieselben Arbeiten erledigt wie bisher, ist das Gesamtbild seiner Tätigkeiten weitgehend identisch. Eine Versetzung läge dementsprechend nicht vor.

Änderung des Arbeitsinhalts

Im Gegensatz zum Arbeitsbereich, wo vor allem die Einordnung in den Arbeitsablauf des Betriebs entscheidend ist, muss beim Arbeitsinhalt die bisher tatsächlich ausgeübte Tätigkeit mit der künftig zu verrichtenden Tätigkeit verglichen werden. Anhaltspunkt für eine Veränderung des Arbeitsinhalts kann eine veränderte Stellenbeschreibung sein. Allerdings würden nur geringfügige Änderungen zwischen den Tätigkeitsbeschreibungen nicht ausreichen.

> **Beispiel**
>
> Herr Krause ist als Fernfahrer bei einer Spedition angestellt. Bisher steuerte er einen vierachsigen Lkw im Fernverkehr, vor allem zwischen Hamburg und Stuttgart. Sein Arbeitgeber möchte ihn künftig mit einem dreiachsigen Lkw im Nahverkehr von Hamburg nach Lübeck einsetzen.

Das Bundesarbeitsgericht hat zu einem ähnlichen Fall entschieden, dass es sich hierbei um eine Versetzung im Sinne des Betriebsverfassungsgesetzes handelt. Der Arbeitsinhalt ist bei einem Kraftfahrer im Nahverkehr wesentlich anders als bei einem Kraftfahrer im Fernverkehr. Genauso liegt eine Versetzung vor, wenn ein Staplerfahrer, der zusätzlich mit organisatorischen Lageraufgaben betraut ist, zusätzlich mit innerbetrieblichen Transporten mit einem kleinen Lkw eingesetzt werden soll. Diese Aufgabenänderung ändert wesentlich den Arbeitsinhalt und ist somit eine Versetzung.

Änderung der betrieblichen Organisation

Ob durch einen Wechsel der Abteilung, in der der Arbeitnehmer tätig ist, eine Versetzung vorliegt, muss ebenfalls wieder nach den Besonderheiten des Einzelfalls beurteilt werden.

> **Beispiel**
>
> Herr Bauer ist als Lohnbuchhalter beschäftigt. Die Lohnbuchhaltung ist organisatorisch dem Finanz- und Rechnungswesen angegliedert. Im Rahmen einer Reorganisation soll sie dem Personalbereich zugeordnet werden. Der Betriebsrat beruft sich auf sein Recht, bei der „Versetzung" von Herrn Bauer mitbestimmen zu wollen.

Allein die organisatorische Zuordnung eines Aufgabengebiets zu einer anderen Abteilung stellt noch keine Versetzung dar. Nachdem sich die Art und Weise der Tätigkeit von Herrn Bauer in der Personalabteilung gegenüber dem Bereich Finanz- und Rechnungswesen nicht ändern wird und die dort zu erledigenden Aufgaben und Kompetenzen bleiben, ist die Forderung des Betriebsrats unberechtigt. Ist allerdings geplant, dass Herr Bauer künftig neben der Lohnabrechnung auch noch die Zeiterfassung der Mitarbeiter verwalten soll, würden sich sein Aufgabengebiet und seine Arbeitsinhalte maßgeblich ändern, weshalb in diesem Fall eine Versetzung vorläge.

Ortswechsel

Ein Ortswechsel stellt für sich erst dann zweifelsfrei eine Versetzung dar, wenn er länger als einen Monat andauert. Ist er kürzer, müssen zusätzliche Umstände hinzutreten, die zu einer Änderung der Umstände führen, unter denen die Arbeit zu leisten ist.

> **Beispiel**
>
> Herr Krause ist als Elektrotechniker in der Montage von Maschinen beschäftigt. Sein Arbeitgeber fordert ihn regelmäßig auf, zusammen mit einem Mitarbeiter des Entwicklungsbereichs Dienstreisen zu Kunden zu übernehmen, wo auftretende Fehler zu beheben sind. Der Betriebsrat ist der Meinung, dass die Dienstreisen eine Versetzung im Sinne des Betriebsverfassungsgesetzes darstellen.

Dienst-reisen

Nachdem es sich immer nur um kurzfristige Ortswechsel im Sinne von Dienstreisen handelt, könnte man zunächst annehmen, dass der Betriebsrat nicht mitzubestimmen hat. Es können aber auch Dienstreisen Versetzungen darstellen, wenn sie mit erheblicher Änderung der Arbeitsumstände verbunden sind. Nachdem Herr Krause regulär mit der Montage von Maschinen beschäftigt ist und diese Montage am Standort des Unternehmens stattfindet, stellen die häufigen Dienstreisen durchaus eine Versetzung dar. Herr Krause muss einen deutlich längeren Anfahrtsweg zum Arbeitsplatz auf sich nehmen und auch die Beanspruchung durch die Dienstreisen ist deutlich höher als die Tätigkeit im Montagebereich. Die Tätigkeit selbst unterscheidet sich ebenfalls signifikant von seiner regulären Arbeit. Hinzu kommt, dass die Anweisung zu Dienstreisen für einen Elektrotechniker im Montagebereich sicherlich nicht typisch ist. Anders wäre es, wenn Herr Krause zur Montage an wechselnden Einsatzorten eingeteilt wäre. Dann wäre die Durchführung weiterer Dienstreisen zu Kunden sicherlich nicht als Versetzung zu beurteilen.

Lage der Arbeitszeit

Schließlich ist zu bemerken, dass bloße Veränderungen in der Lage der Arbeitszeit normalerweise keine Versetzung darstellen. Wenn also ein Mitarbeiter von der Tag- in die Nachtschicht wechseln soll, besteht aus diesem Grund regelmäßig kein Mitbestimmungsrecht des Betriebsrats.

Reaktionsmöglichkeiten des Betriebsrats

Zustim-mung geben oder verweigern

Der Betriebsrat hat zwei verschiedene Möglichkeiten, auf die Versetzungsmitteilung des Arbeitgebers zu reagieren: Er kann die Zustimmung zur Versetzung geben oder die Zustimmung verweigern. Eine Zustimmungsverweigerung ist allerdings nur in den vom Betriebsverfassungsgesetz vorgesehenen Fällen möglich. Wie oben schon erwähnt, ist es Ziel des Betriebsrats, im Rahmen seiner Mitbestimmung nicht nur den Mitarbeiter, der versetzt werden soll, zu schützen, sondern auch die restliche Belegschaft. Dementsprechend beinhaltet das Gesetz folgende Zustimmungsverweigerungsgründe:

- Verstoß gegen Gesetz, Verordnung, Unfallverhütungsvorschrift, Tarifvertrag, Betriebsvereinbarung oder gerichtliche Entscheidung
- Verstoß gegen Personalauswahlrichtlinie
- gleichzeitige Kündigung anderer Mitarbeiter des Betriebs
- Benachteiligung des betroffenen Arbeitnehmers
- keine Stellenausschreibung im Betrieb
- Störung des Betriebsfriedens

Verwei-
gerungs-
gründe

Liegt eine der oben genannten Voraussetzungen vor, darf der Betriebsrat die Zustimmung zur Versetzung des Mitarbeiters verweigern.

Beispiel

Herr Martin soll von der Dreherei in die Fräserei versetzt werden. Gleichzeitig beschließt die Geschäftsleitung, die Zahl der Mitarbeiter in der Fräserei um fünf zu reduzieren, weil die schlechte Auftragslage dies erfordert. Der Betriebsrat verweigert die Zustimmung zur Versetzung, weil dadurch fünf Mitarbeiter der Fräserei gekündigt werden müssten. Ohne die Versetzung des Herrn Martin in die Fräserei dürfte ein Mitarbeiter dort verbleiben, sodass insgesamt nur vier Mitarbeiter zu kündigen wären. Um den einen Mitarbeiter, der in der Fräserei verbleiben darf, zu schützen, ist die Verweigerung der Zustimmung durch den Betriebsrat notwendig und sinnvoll.

Ein weiteres Beispiel:

Beispiel

Im oben genannten Fall hat es der Arbeitgeber unterlassen, die in der Fräserei zu besetzende Stelle im Betrieb auszuschreiben. Herr Martin wird von vornherein als der gewünschte Kandidat für diese Stelle angesehen, sodass eine Stellenausschreibung für entbehrlich gehalten wird. Ein Kollege von Herrn Martin, Herr Mühlbauer, erfährt von der beabsichtigten Stellenbesetzung in der Fräserei und beschwert sich beim Betriebsrat. Der Betriebsrat verweigert die Zustimmung zur Versetzung des Herrn Martin, weil sich Herr Mühlbauer bei einer entsprechenden Stellenausschreibung auf diese Position ebenfalls hätte bewerben können.

In diesem Fall hat der Betriebsrat die Zustimmung zur Versetzung des Herrn Martin zu Recht verweigert, weil der Arbeitgeber in jedem Fall eine Stellenausschreibung im Betrieb hätte durchführen müssen. Allein aufgrund dieses formalen Fehlers ist die Versetzung nicht wirksam.

Das folgende Schaubild soll zeigen, welche Reaktionsmöglichkeiten der Betriebsrat auf eine beabsichtigte Versetzung des Arbeitgebers hat und welche rechtlichen Folgen sich hieraus ergeben.

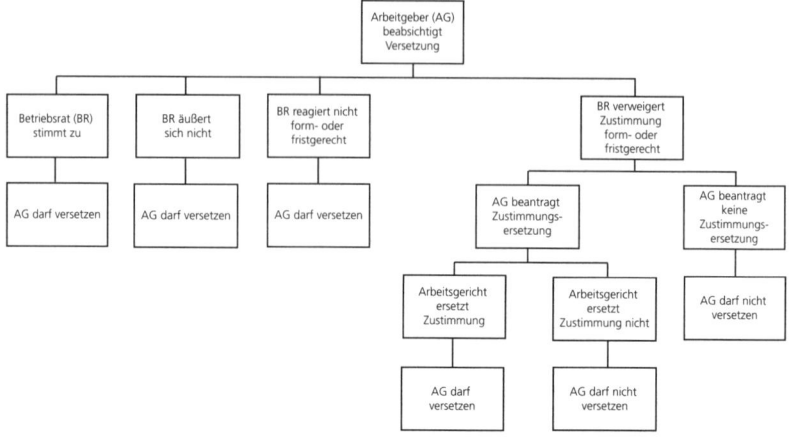

Reaktionsmöglichkeiten des Betriebsrats bei Versetzungsanzeige

Der Arbeitgeber hat die Mitbestimmung des Betriebsrats ordnungsgemäß durchgeführt und darf den Arbeitnehmer, zumindest aus kollektivrechtlicher Sicht, versetzen, wenn der Betriebsrat zugestimmt, sich hierzu nicht geäußert oder nicht form- oder fristgerecht auf die Versetzungsanzeige reagiert hat. Der Betriebsrat muss für seine Zustimmungsverweigerung eine Frist von einer Woche nach Unterrichtung durch den Arbeitgeber einhalten. Gleichzeitig muss er dem Arbeitgeber seine Zustimmungsverweigerung schriftlich mitteilen. Fehlt eine dieser Voraussetzungen, hat der Betriebsrat die ihm obliegenden Formvorschriften nicht eingehalten und der Arbeitgeber darf die Versetzung vornehmen.

> **Beispiel**
>
> Der Personalchef übergibt dem Vorsitzenden des Betriebsrats am 17.10. die Unterrichtung über die beabsichtigte Versetzung des Herrn Martin. Der Betriebsrat hat nun bis einschließlich 24.10. Zeit, auf diese Versetzungsanzeige zu reagieren. Am 24.10. trifft der Vorsitzende des Betriebsrats den Personalchef in der Kantine und teilt ihm beim Mittagessen mit, dass beabsichtigt sei, der Versetzung des Herrn Martin zu widersprechen. Begründet wird dies damit, dass die interne Stellenausschreibung unterblieben sei. Einen Tag später, also am 25.10., geht bei der Personalabteilung die schriftliche Zustimmungsverweigerung zur Versetzung ein.

In diesem Beispiel ist die Zustimmungsverweigerung zwar rechtzeitig, also innerhalb einer Woche erfolgt, weil der Betriebsratsvorsitzende dem Personalchef am letzten Tag der Frist die Zustimmungsverweigerung mitgeteilt hat. Jedoch hat der Betriebsrat die zwingende Schriftform nicht eingehalten, sodass keine wirksame Zustimmungsverweigerung vorliegt.

Damit der Betriebsrat das Zustimmungsverfahren zu einer Versetzung nicht mutwillig blockieren kann, sieht das Betriebsverfassungsgesetz eine Zustimmungsfiktion vor. Hält der Betriebsrat die Form- und Fristvorschriften nicht ein, so gilt die Zustimmung zur Versetzung als erteilt. Im geschilderten Fall hätte die verspätete Zustimmungsverweigerung des Betriebsrats zur Folge, dass die Zustimmung zur Versetzung als erteilt gilt, obwohl der Betriebsrat genau das Gegenteil erreichen wollte.

Komplizierter wird es, wenn der Betriebsrat innerhalb der Wochenfrist seine Zustimmung schriftlich verweigert hat und damit die Formvorschriften eingehalten hat. In diesem Fall hat der Arbeitgeber zwei Reaktionsmöglichkeiten: Er kann entweder die beabsichtigte Versetzung zurückziehen; in diesem Fall verbleibt der Mitarbeiter auf seinem ursprünglichen Arbeitsplatz. Oder aber er möchte die Versetzung in jedem Fall durchführen. Dies wäre aus Sicht des Arbeitgebers natürlich nur dann anzuraten, wenn er davon ausgehen kann, dass der Betriebsrat seine Zustimmungsverweigerung zu Unrecht erklärt hat und keiner der hierfür notwendigen Gründe vorliegt.

Zustim-
mung
verweigert

Der Arbeitgeber kann über die Zustimmungsverweigerung des Betriebsrats nicht einfach hinweggehen, sondern muss nun das Arbeitsgericht einschalten. Konkret wird der Arbeitgeber dort einen Antrag auf Ersetzung der Betriebsratszustimmung stellen. Nun hat das Arbeitsgericht zu prüfen, ob der Betriebsrat seine Zustimmung zu Recht verweigert hat. Bei einer rechtmäßigen Verweigerung der Zustimmung wird das Arbeitsgericht dem Antrag des Arbeitgebers auf Zustimmungsersetzung nicht entsprechen. Die Versetzung bleibt für den Arbeitgeber weiterhin ausgeschlossen. Vertritt jedoch das Arbeitsgericht die Auffassung, dass der Betriebsrat keinen der Zustimmungsverweigerungsgründe, die im Betriebsverfassungsgesetz stehen, anführen kann, so wird es die Zustimmung des Betriebsrats ersetzen und somit die Voraussetzungen für eine wirksame Versetzung durch den Arbeitgeber schaffen.

Beispiel

Der Arbeitgeber schreibt die neu zu besetzende Stelle mit der Überschrift „Mitarbeiter für unser Fräszentrum" aus und beschreibt die Position im weiteren Text so, dass davon ausgegangen werden kann, dass ausschließlich Männer mit dieser Stellenausschreibung angesprochen werden. Nach Ablauf der Aushangfrist wird Herr Kleinschmidt für die neue Stelle im Fräszentrum ausgewählt und eine entsprechende Versetzungsmeldung an den Betriebsrat geschickt. Der Betriebsrat verweigert die Zustimmung zur Versetzung. Der Arbeitgeber erklärt sich damit nicht einverstanden und beantragt beim Arbeitsgericht die Ersetzung der Zustimmung des Betriebsrats. Im Gerichtsverfahren bringt der Betriebsrat vor, die Stellenausschreibung sei rechtswidrig gewesen, weil sie ausschließlich an männliche Bewerber gerichtet gewesen sei. Damit habe der Arbeitgeber das Gebot der Geschlechterneutralität verletzt. Die Stellenausschreibung sei in diesem Fall unwirksam. Mit diesem Argument dringt der Betriebsrat beim Arbeitsgericht durch, denn Stellenausschreibungen dürfen nur ohne Ansehung des Geschlechts erfolgen. Nachdem hier also keine rechtswirksame Stellenausschreibung vorliegt, war der Betriebsrat berechtigt, zur beabsichtigten Versetzung des Herrn Kleinschmidt seine Zustimmung zu verweigern. Nachdem das Arbeitsgericht die Zustimmung des Betriebsrats nicht ersetzt hat, darf der Arbeitgeber die Versetzung nicht durchführen.

Sie sollten als Vorgesetzter also immer im Hinterkopf behalten, dass der Betriebsrat im Unternehmen eine wichtige Rolle bei Personalentscheidungen spielt, und deshalb die Kommunikation mit ihm auf eine vertrauensvolle Basis stellen. Grundsätzlich sollten Sie versuchen, einen Gleichklang zwischen Ihrem arbeitsrechtlichen Verhalten dem Mitarbeiter gegenüber und Ihrem arbeitsrechtlichen Verhalten dem Betriebsrat gegenüber herzustellen. Denn nur wenn beide streng synchron verlaufen, können bei einer Versetzung Probleme vermieden werden.

Das Mitbestimmungsrecht des Betriebsrats ist streng zu trennen von der Versetzungsbefugnis des Arbeitgebers dem Arbeitnehmer gegenüber. Also auch wenn der Betriebsrat einer Versetzung zustimmt, darf der Arbeitgeber sie dann nicht durchführen, wenn er sich nicht an die weiter oben beschriebenen Regeln hält und beispielsweise keine Änderungsvereinbarung mit dem Arbeitnehmer abschließt. Umgekehrt entbindet den Arbeitgeber das Einverständnis des Arbeitnehmers mit der Versetzung nicht davon, den Betriebsrat in die Mitbestimmung bezüglich der Versetzung einzubeziehen.

5.3 Abmahnung aussprechen

Verfehlung sanktionieren

In seltenen Fällen wird es nicht sinnvoll sein, lediglich mit einer Versetzung auf eine Konfliktsituation zu reagieren. Dies ist immer dann der Fall, wenn es nicht darum geht, zwei Konfliktparteien voneinander zu trennen, sondern eine Verfehlung eines Mitarbeiters zu sanktionieren. In diesem Fall sind Sie möglicherweise vor die Herausforderung gestellt, eine Abmahnung gegenüber einem oder mehreren Mitarbeitern auszusprechen. Sie hat das Ziel, das Verhalten des Arbeitnehmers im positiven Sinne zu ändern, sodass es in Zukunft nicht zu weiteren, gleichgelagerten arbeitsvertraglichen Pflichtverstößen kommt. Insofern dient die Abmahnung in aller Regel als Voraussetzung für eine spätere verhaltensbedingte Kündigung des Arbeitsverhältnisses.

Beispiel

Herr Müller fährt jeden Tag mit der S-Bahn zur Arbeit. Trotz der im Betrieb geltenden Kernarbeitszeit von 09.00 bis 15.00 Uhr trifft Müller jeden Morgen erst fünf Minuten nach neun an seinem Arbeitsplatz ein. Seinem Vorgesetzten ist dies ein Dorn im Auge, weil er befürchtet, dass die Disziplin in seiner Abteilung darunter leiden würde, wenn er hier eine Ausnahme macht. Herr Müller dagegen besteht auf dem gewohnten Arbeitsbeginn, weil er ansonsten wegen des Fahrplans der S-Bahn bereits 40 Minuten früher von zu Hause losfahren müsste. Trotz nochmaliger Erklärung des Vorgesetzten zur Pflicht, die Kernarbeitszeit einzuhalten, beharrt Müller auf seiner gewohnten Arbeitszeit. Daraufhin erteilt ihm sein Vorgesetzter eine Abmahnung.

Eine Abmahnung ist nur dann sinnvoll, wenn die formalen und inhaltlichen Voraussetzungen gegeben sind und Sie tragfähige Gründe für ihren Ausspruch haben. Außerdem ist es für Sie wichtig zu wissen, welche Rechtsfolgen die Abmahnung hat und auf welche Weise der Mitarbeiter auf die Abmahnung reagieren kann.

Die formalen Voraussetzungen der Abmahnung

Grundsätzlich sind folgende Regeln festzuhalten:

- kein Schriftformerfordernis
- Ausspruch von einem zur Abmahnung Berechtigten
- keine Verwirkung
- Anhörung des Arbeitnehmers
- keine Anhörung des Betriebsrats
- Zugang der Abmahnung

Wie bereits erwähnt, dient die Abmahnung dazu, den Mitarbeiter zu einer Änderung seines Verhaltens hin zur ordnungsgemäßen arbeitsvertraglichen Pflichterfüllung anzuhalten. Sollte es zu weiteren Pflichtverstößen kommen, können Sie im Anschluss an eine einschlägige Abmahnung die Kündigung des Arbeitsverhältnisses aussprechen. Nachdem es über die Rechtswirksamkeit einer Kündigung häufig zu einer arbeitsrechtlichen Auseinandersetzung kommt, ist es wichtig, die Abmahnung als formale Voraussetzung der verhaltensbedingten Kündigung belegen zu können. Aus diesem Grund ist es zwar nicht notwendig, jedoch sinnvoll, die Abmahnung in schriftlicher Form abzufassen. Dies hat den wünschenswerten Nebeneffekt, dass der Mitarbeiter sich den vorgeworfenen Sachverhalt wiederholt durchlesen und besser verstehen kann.

Schriftform sinnvoll

Die Abmahnung muss nicht grundsätzlich in schriftlicher Form abgefasst werden. Eine mündliche Abmahnung und anschließende Aktennotiz zur Personalakte reicht aus. Aus Beweis- und Dokumentationsgründen ist es allerdings sinnvoll, eine Abmahnung stets in schriftlicher Form abzufassen und dem Arbeitnehmer zu übergeben.

Eine weitere formale Voraussetzung der Abmahnung ist, dass sie von einer Person im Unternehmen ausgesprochen wird, die dazu berechtigt ist. Grundsätzlich ist zum Ausspruch einer Abmahnung jeder berechtigt, der dem Arbeitnehmer Anweisungen zu Ort, Zeit sowie zur Art und Weise der Arbeitsleistung erteilen darf. Neben Ihnen als disziplinarischem Vorgesetzten ist auch ein Fachvorgesetzter ohne disziplinarische Verantwortung in der Regel zum Ausspruch einer Abmahnung berechtigt. Hinzu kommt jeder im Unternehmen, der auch zum Ausspruch einer Kündigung berechtigt ist. Dies sind in der Regel der Personalleiter und der Geschäftsführer.

Berechtigte

Bitte beachten Sie, dass Sie nicht nur Ihren Stammmitarbeitern gegenüber zum Ausspruch der Abmahnung berechtigt sind. Auch Mitarbeiter von Zeitarbeitsfirmen, die in Ihrem Bereich eingesetzt sind und die Sie in ihrer Arbeit anweisen dürfen, können von Ihnen eine wirksame Abmahnung erhalten. Hintergrund dafür ist, dass die Zeitarbeitsfirma durch die Überlassung eines Arbeitnehmers auch ihr Weisungsrecht an die Entleihfirma und damit an Sie als Vorgesetzten abtritt. Generell gilt: Wer das Weisungsrecht hat, darf abmahnen.

Keine Frist

Häufig stellt sich in der betrieblichen Praxis die Frage, wie viel Zeit ins Land gehen darf, bis nach einem Pflichtverstoß eines Arbeitnehmers die Abmahnung ausgesprochen werden muss. Im Gegensatz zu vielen anderen arbeitsrechtlichen Sachverhalten ist im Fall der Abmahnung die Einhaltung einer Frist nicht erforderlich. Die Abmahnung darf auch längere Zeit nach der Arbeitspflichtverletzung ausgesprochen werden. Einzige Grenze hierfür ist die sogenannte Verwirkung. Der Arbeitgeber hat das Abmahnungsrecht verwirkt, wenn bereits ein langer Zeitraum verstrichen ist. Zum anderen muss er beim Arbeitnehmer den Anschein erweckt haben, dass er ihm zwischenzeitlich verziehen hat und von seinem Abmahnungsrecht keinen Gebrauch mehr machen wird.

Beispiel

Herr Müller, der regelmäßig nach Anbruch der Kernzeit an seiner Arbeitsstelle erschien, hat nach einem ernsten Personalgespräch mit seinem Vorgesetzten sein Verhalten geändert und kommt nun jeweils 40 Minuten vorher ins Büro. Drei Monate nach dem letzten Vorfall führt der Vorgesetzte mit Herrn Müller ein positives Personalgespräch, worin er ihm eine gute Arbeitsleistung attestiert und eine Gehaltserhöhung von € 200,00 monatlich zusagt. Einen Monat später liefert Herr Müller bei seinem Vorgesetzten ein Arbeitsergebnis ab, mit dem dieser nicht sonderlich zufrieden ist. Der Vorgesetzte erinnert sich an die früheren Verspätungen und spricht Herrn Müller diesbezüglich eine Abmahnung aus.

Die Abmahnung wäre in diesem Fall nicht wirksam, weil der Vorgesetzte Herrn Müller gegenüber durch das positive Personalgespräch, die zugesagte Gehaltserhöhung und den langen Zeitraum seit dem letzten Zuspätkommen signalisiert hat, dass er ihm verziehen hat und keine Abmahnung mehr aussprechen möchte. Das Recht auf Abmahnung ist verwirkt.

Normalerweise werden Sie als Vorgesetzter mit Ihrem Mitarbeiter, den Sie abmahnen möchten, zuvor nochmals ein Personalgespräch führen, um den Sachverhalt aufzuklären und dem Mitarbeiter die beabsichtigte Abmahnung anzukündigen. Bitte beachten Sie aber auch, dass eine vorherige Anhörung in privatwirtschaftlichen Unternehmen keine formale Voraussetzung für eine Abmahnung darstellt. Lediglich in öffentlichen Verwaltungen muss vor Ausspruch einer Abmahnung der Mitarbeiter angehört werden. Eine Anhörung des Betriebsrats oder Personalrats vor Ausspruch einer Abmahnung ist in jedem Fall nicht erforderlich.

Die Abmahnung kann ihren Zweck nur erreichen, wenn sie buchstäblich beim Mitarbeiter ankommt. Der Mitarbeiter muss also den Inhalt der Abmahnung erhalten und verstanden haben. Sollten Sie sich dazu entschließen, eine Abmahnung mündlich auszusprechen, müssen Sie sicherstellen, dass Ihr Mitarbeiter den Inhalt Ihres Vorwurfs auch wirklich verstanden hat. Sinnvoll ist es in diesem Fall, zumindest ein Protokoll des Personalgesprächs anzufertigen. Auf diese Weise hat der Mitarbeiter die Möglichkeit, den Inhalt des Vorwurfs nochmals zu reflektieren und gegebenenfalls Einwände geltend zu machen. Bei einem Mitarbeiter, der der deutschen Sprache nicht mächtig ist, müssen Sie gegebenenfalls eine schriftliche Abmahnung übersetzen lassen oder bei einer mündlichen Abmahnung einen Dolmetscher hinzuziehen.

Erhalten und verstanden

Eine schriftliche Abmahnung muss dem Mitarbeiter zugehen. Beispielsweise können Sie ihm die Abmahnung persönlich übergeben. In diesem Fall muss der Arbeitnehmer sie auch annehmen. Eine pflichtwidrige Annahmeverweigerung würde dazu führen, dass der Zugang der Abmahnung fingiert wird. Wollen Sie dem Arbeitnehmer die Abmahnung per Post zuschicken, so ist sie ihm zugegangen, wenn sie in seinen Briefkasten eingeworfen oder einem Mitglied seines Haushalts übergeben worden ist.

Der sicherste Weg, einem Arbeitnehmer eine Abmahnung zukommen zu lassen, ist das Einwurfeinschreiben. Dabei wirft der Postzustelldienst die Abmahnung in den Hausbriefkasten des Empfängers ein und erstellt über den Einwurf ein Protokoll, das im Streitfall bei der Post angefordert und dann vorgelegt werden kann. Das Einwurfeinschreiben hat gegenüber dem Einschreiben mit Rückschein den Vorteil, dass der Arbeitnehmer keine Möglichkeit hat, den Zugang des Schreibens zu verhindern. Denn bei einem Einschreiben mit Rückschein kann er jederzeit die Annahme des Briefes verweigern. In diesem Fall würden Sie die Beweislast dafür tragen, dass die Nichtannahme durch den Arbeitnehmer treuwidrig war und damit ebenfalls der Zugang fingiert wird.

Der Inhalt einer Abmahnung

Neben der Form einer Abmahnung spielt auch der Inhalt für die Wirksamkeit eine wesentliche Rolle.

Checkliste „Notwendiger Inhalt einer Abmahnung"	
Detaillierte Sachverhaltsdarstellung	
Benennung des Pflichtverstoßes	
Erklärung fehlender Akzeptanz	
Androhung der Kündigung	

Besondere Sorgfalt ist bei der Darstellung des abmahnungswürdigen Sachverhalts geboten. Hier ist es besonders wichtig, dass Sie jedes Detail des Pflichtverstoßes des Mitarbeiters angeben und nicht lediglich pauschale Beschreibungen vornehmen.

Beispiel

Sehr geehrter Herr Müller,

Sie sind in den letzten vier Wochen insgesamt dreimal zu spät zu Arbeit erschienen.

Diese Sachverhaltsbeschreibung ist nicht ausreichend. Herr Müller kann nicht überprüfen, an welchen Tagen er zu spät zur Arbeit erschienen sein soll. Vielleicht ist der Vorwurf unbegründet, weil die Stempeluhr defekt war. Oder er hatte dafür einen guten Grund, wie zum Beispiel eine Zugverspätung. Diese Abmahnung wäre unwirksam.

Beispiel

Sehr geehrter Herr Müller,

Sie sind in den letzten vier Wochen insgesamt dreimal zu spät zu Arbeit erschienen. Ihr Arbeitsbeginn ist um 08.30 Uhr. In der Zeiterfassung ist jedoch unter „Kommen" dokumentiert: 22.05.2009 um 09.05 Uhr, 24.05.2009 um 09.37 Uhr, 31.05.2009 um 08.58 Uhr.

Hier haben Sie ausreichend präzise beschrieben, inwieweit Herr Müller gegen seinen Arbeitsvertrag verstoßen hat. Dies gibt ihm die Möglichkeit, die Richtigkeit des Vorwurfs zu überprüfen.

Anschließend müssen Sie noch präzise begründen, inwieweit Herr Müller durch das beschriebene Verhalten gegen seine arbeitsvertraglichen Pflichten verstoßen hat.

Beispiel

Dadurch haben Sie gegen Ihre arbeitsvertraglichen Pflichten verstoßen.

Diese Begründung ist nicht präzise genug. Es ist nicht beschrieben, welche arbeitsvertragliche Pflicht genau verletzt ist. Das Fehlen möglicher Entschuldigungsgründe ist nicht erwähnt. Ihr Ziel, den Arbeitnehmer zu vertragsgerechtem Handeln in der Zukunft zu bewegen, kann hierdurch nicht erfüllt werden.

Beispiel

Diese Verspätungen haben Sie vor Arbeitsbeginn weder Ihrem Vorgesetzten noch der Personalabteilung mitgeteilt. Auch danach haben Sie keinen nachvollziehbaren und akzeptablen Grund für diese Verspätungen vorgebracht. Dadurch haben Sie gegen Ihre arbeitsvertragliche Pflicht verstoßen, pünktlich am Arbeitsplatz zu erscheinen.

Hier haben Sie genau beschrieben, wie sich der Arbeitnehmer im Verspätungsfall zu verhalten hat. So ist es Herrn Müller zukünftig möglich, sich vertragsgerecht zu verhalten. Nun müssen Sie noch den Pflichtverstoß bewerten und Ihre Missbilligung aussprechen.

> **Beispiel**
>
> Wir sind nicht bereit, dieses Fehlverhalten hinzunehmen.

Dadurch machen Sie Herrn Müller klar, dass Sie hier nicht etwa ein Auge zudrücken und über das Fehlverhalten hinwegsehen. Sie bemängeln es und bewerten es als nicht akzeptablen Vertragsverstoß.

Zuletzt muss die Abmahnung die sogenannte Warnfunktion erfüllen. Das bedeutet, dass Herrn Müller die Konsequenzen eines erneuten gleichartigen Pflichtverstoßes deutlich gemacht werden müssen.

> **Beispiel**
>
> Wir weisen Sie darauf hin, dass Sie im Wiederholungsfall mit arbeitsrechtlichen Konsequenzen bis hin zur Kündigung des Arbeitsverhältnisses rechnen müssen.

Die Ernsthaftigkeit der Abmahnung wird durch diese Formulierung besonders deutlich gemacht mit der Absicht, Herrn Müller wieder auf den Pfad der Tugend zurückzuführen.

Die vollständige Abmahnung finden Sie als Muster auf Ihrer CD-ROM, direkt zum Übernehmen in Ihre Textverarbeitung.

Zahlreiche Abmahnungen wegen gleichartiger Vertragsverstöße sind kontraproduktiv, weil sie die Warnfunktion der Abmahnung abschwächen. Formulieren Sie die letzte Abmahnung allerdings besonders eindringlich, kann sie Grundlage für eine wirksame Kündigung sein.

Tragfähige Gründe für eine Abmahnung

Weitaus schwieriger als die Einhaltung formaler Voraussetzungen ist die Beurteilung der Frage, ob das beanstandete Fehlverhalten überhaupt abmahnungsfähig war. Wie so häufig im Arbeitsrecht kommt es dabei ganz wesentlich auf die konkreten Umstände an. Deshalb hat sich zur Rechtmäßigkeit einzelner Abmahnungsgründe eine ausgesprochen einzelfallbezogene Rechtsprechung entwickelt.

Allgemein gilt, dass eine Abmahnung immer in den Fällen möglich ist, in denen der Arbeitgeber wegen Verletzung arbeitsvertraglicher Pflichten beim nächsten gleichartigen Verstoß auch eine Kündigung aussprechen könnte.

Im folgenden Beispiel liegt bereits kein Verstoß gegen arbeitsvertragliche Pflichten vor.

> **Beispiel**
>
> Herr Weber ist bereits seit mehreren Wochen arbeitsunfähig krank. Die Krankmeldungen hat er immer sofort in der Personalabteilung eingereicht. Seinen Vorgesetzten hat er telefonisch informiert. Nachdem das Arbeitsvolumen in seiner Abteilung extrem hoch ist, möchte der Vorgesetzte Herrn Weber abmahnen, damit er endlich wieder zur Arbeit kommt.

Hier hat Herr Weber nicht gegen seine Pflichten verstoßen. Den Krankheitsverlauf kann er nicht beeinflussen, es handelt sich deshalb um ein sogenanntes nicht steuerbares Verhalten. Eine Abmahnung würde den Gesundungsprozess nicht beschleunigen und wäre deshalb unzulässig.

Im Gegensatz dazu hat die Rechtsprechung in folgenden Fällen eine Abmahnung für zulässig erachtet:

Akzeptierte Gründe

- **Verspätetes Erscheinen am Arbeitsplatz:** Hier kommt es darauf an, ob es eine betriebsinterne Regelung zum Arbeitsbeginn gibt. Diese kann auch darin bestehen, dass Sie Ihrem Mitarbeiter mündlich mitteilen, wann er am nächsten Tag zur Arbeit zu erscheinen hat. Hat er hingegen gleitende Arbeitszeit und gibt es keine Anweisung Ihrerseits zum Arbeitsbeginn, so kann Ihr Mitarbeiter selbst darüber entscheiden. Eine Verspätung läge in diesem Fall nicht vor.

- **Schwänzen von Schulungsveranstaltungen:** Es muss sich um eine verpflichtende Schulungsveranstaltung handeln. Das heißt, Sie haben entweder Ihren Mitarbeiter aufgefordert, an einer bestimmten Schulungsveranstaltung teilzunehmen, oder er hat sich freiwillig zu einer betriebsinternen Schulungsveranstaltung angemeldet. In diesem Fall darf er dieser Veranstaltung natürlich nicht fernbleiben.

- **Fahrlässige Arbeitsfehler:** Zunächst muss eine objektive Fehlleistung vorliegen, was nur der Fall ist, wenn Sie eine klare Anweisung über die von Ihrem Mitarbeiter auszuübenden Tätigkeiten gegeben haben. Wurde Ihr Mitarbeiter beispielsweise nach einer Versetzung in eine bestimmte Tätigkeit nicht ausreichend eingearbeitet, so können Sie ihm im Gegenzug nicht vorhalten, dass er bei dieser neuen Tätigkeit Fehler begangen habe. Auch die Arbeitsumstände spielen eine gewichtige Rolle dabei, ob ein unterlaufener Arbeitsfehler durch eine Abmahnung vorgehalten werden kann.

> **Beispiel**
>
> Herr Schneider ist als Automatenfülltechniker tätig. Er muss jeden Tag zirka 50 Automaten an verschiedenen Standorten mit seinem Servicefahrzeug anfahren, reinigen, neu befüllen und Funktionsfehler beheben. Schneider hat sich bereits mehrmals bei seinem Vorgesetzten darüber beklagt, dass er diese Anzahl an einem Tag nicht schaffen kann. Schließlich seien anderen Kollegen nur etwa 30 Automaten zugeordnet. Dem Vorgesetzten ist dieser Einwand egal. Prompt unterlaufen Herrn Schneider bei der Reinigung einige Fehler. Sofort erhält er von seinem Chef eine Abmahnung wegen fehlerhafter Arbeitsleistung.

Eine Abmahnung wäre in diesem Fall unzulässig. Der Vorgesetzte hat durch sein eigenes Verhalten das Entstehen von Arbeitsfehlern gefördert. Es wäre unverhältnismäßig, den Arbeitnehmer in einem solchen Fall alleine die Konsequenzen dafür tragen zu lassen.

- **Beleidigung von Kollegen und Vorgesetzten:** Die Beleidigung von Kollegen und Vorgesetzten ist in jedem Fall tabu. Sie kann auch nicht dadurch gerechtfertigt werden, dass Ihr Mitarbeiter vorbringt, er habe sich nur wehren wollen und sei vor seinem eigenen Ausrutscher selbst durch einen Kollegen oder etwa durch Sie beleidigt oder auf andere Weise angegangen worden.

- **Unerlaubtes Surfen im Internet:** Gibt es im Betrieb kein einheitliches Verbot der privaten Nutzung des dienstlichen Computers und vor allem des Surfens im Internet, dann dürfen Arbeitnehmer zumindest in ihren Pausen den dienstlichen Computer in angemessenem Umfang und auf zulässige Weise privat nutzen. Das bedeutet, dass es ihnen trotz fehlenden Verbots dennoch nicht erlaubt ist, umfangreiche Datenmengen aus dem Internet herunterzuladen.

Achtung: Unabhängig von einer Regelung im Betrieb dürfen aus dem Internet keine rechtswidrigen Inhalte heruntergeladen werden. Das gilt insbesondere für pornografische oder menschenverachtende Bilder oder Filme. Auch Programme, die einen Schaden am Firmennetzwerk anrichten können, sind verboten. Privates Surfen während der Arbeitszeit ist ebenfalls nicht erlaubt.

- **Alkoholisiert beim Kundengespräch:** Auch hier kommt es wieder auf die Umstände an. Sind Mitarbeiter mit einem Kunden in geselliger Runde beim Abendessen und alle Anwesenden sprechen dem Alkohol zu, dann ist sicherlich nichts dagegen einzuwenden, wenn sich auch Ihre Mitarbeiter entsprechend verhalten. Anders wäre es, wenn sie erheblich mehr über die Stränge schlagen würden als der Kunde. Allgemein gilt, dass trotz aller Geselligkeit das Unternehmen weiterhin angemessen repräsentiert werden muss.

- **Verweigerte Auskunft über Nebentätigkeit:** Wenn Sie Ihren Mitarbeiter fragen, ob er einer Nebentätigkeit nachgeht, dann muss er Ihnen ordnungsgemäß Auskunft hierüber erteilen. Nur dann sind Sie in der Lage zu beurteilen, ob diese Nebentätigkeit nicht etwa gegen den Arbeitsvertrag verstößt. Das wäre bei einer Konkurrenztätigkeit der Fall oder auch bei einem zu hohen Arbeitsvolumen, wenn dadurch die Leistungsfähigkeit für das Unternehmen eingeschränkt wäre. Wenn also Ihr Mitarbeiter die Auskunft über eine Nebentätigkeit grundlos verweigert, riskiert er eine Abmahnung.

- **Nichtbefolgung von Anweisungen des Vorgesetzten:** Gerade dieser Fall ist knifflig. Gegen seine arbeitsvertraglichen Pflichten verstößt ein Arbeitnehmer nur, wenn die Anweisung seines Vorgesetzten berechtigt war. Andernfalls muss er der Weisung nicht Folge leisten.

Beispiel

Ihre Assistentin hat in den letzten Wochen auf Ihre Anweisung hin häufig länger als zehn Stunden am Tag gearbeitet. Es handelte sich dabei immer um Notfälle. Weil Sie nun am nächsten Tag freinehmen möchten und deshalb noch viel aufzuarbeiten haben, verlangen Sie von Ihrer Assistentin erneut, länger als zehn Stunden zu arbeiten. Bei allem Engagement reißt ihr nun der Geduldsfaden und sie weigert sich, länger zu bleiben, woraufhin Sie eine Abmahnung erteilen.

Die Abmahnung ist hier nicht rechtmäßig, weil Ihre Weisung einen Verstoß gegen das Arbeitszeitgesetz zur Folge hätte. Nur in engen, durch das Gesetz festgelegten Grenzen darf die maximale tägliche Arbeitszeit von zehn Stunden überschritten werden. Die eigene Freizeitplanung fällt nicht darunter.

Verhältnismäßigkeit der Abmahnung

Generell gilt, dass der Arbeitgeber nicht berechtigt ist, jede arbeitsvertragliche Pflichtverletzung des Arbeitnehmers abzumahnen. In jedem Fall muss die Abmahnung verhältnismäßig sein. Das heißt, dass ein vertretbares Verhältnis zwischen Abmahnung und Fehlverhalten vorliegen muss. Ob ein vertretbares Verhältnis zwischen Abmahnung und Fehlverhalten vorliegt, lässt sich an folgendem Beispiel plastisch darstellen:

Beispiel

Herr Schulze ist neu im Unternehmen und kommt gleich am ersten Arbeitstag fünf Minuten zu spät, weil er die Stempeluhr nicht finden kann. Der Chef ist der Meinung, dass man so etwas von Anfang an nicht einreißen lassen soll, und erteilt Herrn Schulze deshalb eine Abmahnung.

Diese Abmahnung wäre nicht verhältnismäßig, weil das Gewicht der arbeitsvertraglichen Pflichtverletzung so gering ist, dass es dem Arbeitgeber in diesem konkreten Fall zuzumuten ist, sie hinzunehmen. Nur wenn der Arbeitgeber die Pflichtverstöße des Arbeitnehmers ernsthaft für so gewichtig halten durfte, dass er später bei einem erneuten Verstoß eine Kündigung des Arbeitsverhältnisses darauf stützen könnte, wäre eine Abmahnung verhältnismäßig. Ein weiteres Beispiel aus einem Gerichtsurteil macht dies deutlich:

Entscheidung des Landesarbeitsgerichts Hamm

„Die eigenmächtige Abweichung von einem Speiseplan durch einen Koch in einem Seniorenwohnheim in der Weise, dass Hackfleischbällchen gedünstet statt gebraten worden sind, rechtfertigt eine ordentliche Kündigung selbst dann nicht, wenn der Arbeitnehmer bereits zuvor abgemahnt worden ist, weil er in einer Woche dreimal von einem Speiseplan abgewichen ist, indem er Wirsing statt Erbsen- und Möhrengemüse, Kartoffelsalat mit Ei und Gurke statt mit Speck und eine rote statt einer braunen Soße zu einer Haxe gefertigt hat." (LAG Hamm, Urteil vom 16.11.2005 – 3 Sa 1713/05)

In diesem Fall war bereits die Erteilung der Abmahnung durch den Arbeitgeber unverhältnismäßig. Nachdem eine unverhältnismäßige Abmahnung unwirksam ist, konnte darauf auch später keine Kündigung gestützt werden.

Rechtsfolgen der Abmahnung

Wie bereits erwähnt, hat die Abmahnung den Zweck, beim betroffenen Mitarbeiter eine Verhaltensänderung zu bewirken. Mit der Abmahnung soll dem Mitarbeiter ein „Schuss vor den Bug" gegeben werden. Bei einem weiteren Verstoß droht als Konsequenz die Kündigung des Arbeitsverhältnisses. Es ist jedoch wichtig zu wissen, dass nur ein gleichartiger weiterer Verstoß die drastische Konsequenz der Kündigung auslöst. Mehr dazu weiter unten bei der Kündigung.

Achtung: In der Regel wirkt sich eine Abmahnung nicht sofort, sondern erst später als Grundlage für eine verhaltensbedingte Kündigung aus. Denn eine verhaltensbedingte Kündigung ist gewöhnlich ohne vorherige Abmahnung unwirksam.

Das bedeutet umgekehrt aber auch, dass Sie als Vorgesetzter mit Ausspruch der Abmahnung auf ein etwaiges Kündigungsrecht wegen der Gründe, die Gegenstand der Abmahnung waren, verzichtet haben. Sie würden sich widersprüchlich verhalten, wenn Sie zuerst eine Abmahnung für ausreichend und später eine Kündigung für notwendig hielten.

Achtung: Dieser Grundsatz gilt sogar bei einer Abmahnung, die innerhalb der sechsmonatigen Probezeit und damit außerhalb des Schutzes nach dem Kündigungsschutzgesetz erklärt wird. Obwohl in diesem Fall der Arbeitgeber jederzeit ohne besondere Gründe kündigen kann, ist ihm das Kündigungsrecht wegen des gerügten Sachverhalts nach Ausspruch der Abmahnung verwehrt.

Wenn sich aber die für die Abmahnung maßgebenden Umstände nachträglich geändert haben und sich herausstellt, dass die Pflichtverletzung schwerwiegender war, als zunächst angenommen, dann behalten Sie das Recht zur späteren Kündigung.

Die Abmahnung selbst hat zunächst keine negativen rechtlichen Auswirkungen. Sie soll dem Mitarbeiter lediglich deutlich machen, welches Verhalten als vertragswidrig gerügt wird und welche Konsequenzen im Wiederholungsfall gezogen werden sollen.

Nachdem die Abmahnung in der Regel in der Personalakte abgelegt wird, kann es natürlich vorkommen, dass auch andere Mitarbeiter des Unternehmens davon erfahren. Wenn sich der Arbeitnehmer zum Beispiel unternehmensintern auf eine andere Stelle bewirbt, wird in der Regel seine Personalakte dem potenziellen neuen Vorgesetzten vorgelegt, damit sich dieser ein Bild von ihm machen kann. Dabei erfährt er natürlich von dessen Abmahnung, was insbesondere bei einer unberechtigten

Personal-
akte

Abmahnung von Nachteil sein kann. Auch im Rahmen von anderen Personalentwicklungsmaßnahmen kann eine Abmahnung daran hindern, die Karriereleiter weiter zu erklimmen, weil der betroffene Mitarbeiter dadurch ein schlechteres Bild abgibt als seine Kollegen.

Gegen eine Abmahnung kann der Arbeitnehmer auf verschiedene Weise mit unterschiedlichen Rechtsfolgen reagieren. Sie sollten als Führungskraft darauf vorbereitet sein, um Ihrerseits angemessene Maßnahmen ergreifen zu können.

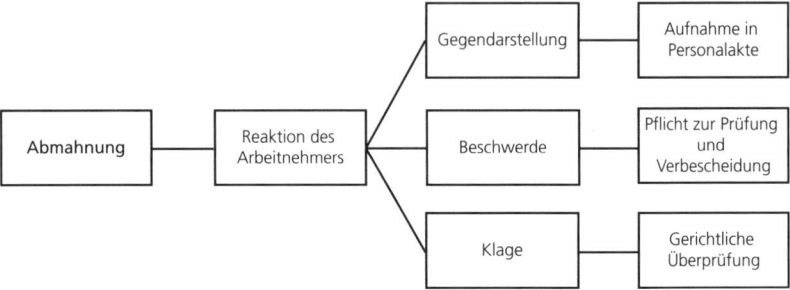

Reaktionsmöglichkeiten des Arbeitnehmers auf eine Abmahnung und Folgen

Gegendarstellung

Zunächst kann der Arbeitnehmer der Abmahnung, die in die Personalakte aufgenommen ist, eine eigene Stellungnahme beifügen. Dieses Recht ergibt sich aus § 83 Absatz 2 des Betriebsverfassungsgesetzes, der vorsieht, dass Erklärungen des Arbeitnehmers zum Inhalt der Personalakte auf sein Verlangen beizufügen sind.

Achtung: Nicht nur Arbeitnehmer, in deren Betrieb ein Betriebsrat besteht, können das Recht der Gegendarstellung für sich in Anspruch nehmen. Alle Arbeitnehmer können sich darauf berufen. Der Arbeitgeber hat eine entsprechende Nebenpflicht aus dem Arbeitsverhältnis, die Gegendarstellung des Arbeitnehmers in der Personalakte zu dulden.

Die Gegendarstellung soll einen sachlichen Text beinhalten, der sich auf die Punkte bezieht, die Gegenstand der Abmahnung sind. Keinesfalls erlaubt ist es, unsachliche, polemische oder sogar beleidigende Äußerungen aufzunehmen, die mit dem abgemahnten Sachverhalt nichts zu tun haben. In diesem Fall verhält sich der Arbeitnehmer rechtsmissbräuchlich, was der Arbeitgeber natürlich nicht dulden muss. Die Gegendarstellung ist die mildeste Reaktion und stellt auf eine sachliche Art und Weise den gerügten Sachverhalt aus einem anderen Blickwinkel dar. Sie ermöglicht somit dem Leser, sich ein eigenes Bild vom streitigen Sachverhalt zu machen, vermeidet zunächst eine weitere Eskalation des Konflikts zwischen Arbeitgeber und Arbeitnehmer und kann die weitere Zusammenarbeit fördern. Andererseits birgt die Gegendarstellung auch die

Gefahr, die Abmahnung in einem späteren Kündigungsschutzverfahren abzuschwächen oder sogar zu entkräften. Genauso wie die Abmahnung dazu dient, eine arbeitsvertragliche Pflichtverletzung zu dokumentieren, hat auch die Gegendarstellung den Zweck, die Auffassung des Arbeitnehmers festzuhalten, dass der gerügte Sachverhalt keine arbeitsvertragliche Pflichtverletzung darstellt.

Achtung: In einer Gegendarstellung ist ebenso detailliert wie in der Abmahnung der streitige Sachverhalt darzustellen. Dabei werden häufig etwaige Beweismittel wie z. B. Zeugen oder Dokumente benannt und eventuell beigefügt. Sie sollten in diesem Fall die Gegendarstellung auf Inhalte prüfen, für die Sie noch Gegenargumente und Beweismittel finden müssen. Es wird Ihnen leichter möglich sein, die Abmahnung zeitnah zum fraglichen Ereignis wasserdicht zu machen, als erst später anlässlich eines Gerichtsprozesses.

Beschwerde beim Vorgesetzten

Neben der Gegendarstellung hat der Arbeitnehmer auch die Möglichkeit, sich bei Ihnen als seinem Vorgesetzten über die Erteilung einer Abmahnung zu beschweren. Dieses Recht resultiert aus § 84 Absatz 1 Betriebsverfassungsgesetz, das wiederum auch Arbeitnehmer in Betrieben ohne Betriebsrat für sich reklamieren können. Existiert ein Betriebsrat, dann kann die Beschwerde auch diesem gegenüber erhoben werden. Wenn der Betriebsrat die Abmahnung für fehlerhaft oder unwirksam hält, muss er beim Arbeitgeber darauf hinwirken, dass sie aus der Personalakte entfernt wird. Teilt der Arbeitgeber allerdings die Einschätzung des Betriebsrats nicht, dann hat der Betriebsrat keine weiteren Möglichkeiten, eine Entfernung der Abmahnung aus der Personalakte, etwa durch die Anrufung der Einigungsstelle, herbeizuführen.

Achtung: Der Arbeitnehmer wird es als hilfreich erachten, über eine Beschwerde den Betriebsrat einzuschalten. Dieser wird versuchen, seinen Einfluss dahin gehend geltend machen, zusammen mit Ihnen eine gütliche Einigung über den strittigen Sachverhalt zu erzielen. Andererseits wird eine Abmahnung vom Mitarbeiter auch eher akzeptiert werden, wenn es Ihnen gelingt, den Betriebsrat von der Richtigkeit der Abmahnung zu überzeugen.

Klage gegen die Abmahnung

Grundsätzlich haben Sie gegenüber Ihrem Mitarbeiter eine Fürsorgepflicht. Sie dürfen also nichts tun oder unterlassen, was dem Arbeitnehmer unberechtigte Nachteile zufügt. Wenn Sie unberechtigt eine Abmahnung erteilen und diese in der Personalakte ablegen, verletzen Sie Ihre Fürsorgepflicht. Die Verletzung dieser Fürsorgepflicht bildet den Ausgangspunkt für die Klagemöglichkeit des Arbeitnehmers gegen seine Abmahnung. Die Rechtsprechung erklärt das so:

Fürsorge-
pflicht

Entscheidung des Bundesarbeitsgerichts

„Der Arbeitnehmer kann verlangen, dass der Arbeitgeber eine missbilligende Äußerung aus den Personalakten entfernt, wenn diese unrichtige Tatsachenbehauptungen enthält, die den Arbeitnehmer in seiner Rechtsstellung und seinem beruflichen Fortkommen beeinträchtigen können. Dies folgt aus der allgemeinen Fürsorgepflicht des Arbeitgebers, die auf dem Gedanken von Treu und Glauben beruht.

Nach dem Grundsatz von Treu und Glauben hat der Arbeitgeber das allgemeine Persönlichkeitsrecht in Bezug auf Ansehen, soziale Geltung und berufliches Fortkommen zu beachten. Bei einem objektiv rechtswidrigen Eingriff in sein Persönlichkeitsrecht hat der Arbeitnehmer in entsprechender Anwendung von §§ 242, 1004 BGB Anspruch auf Widerruf bzw. Beseitigung der Beeinträchtigung." (BAG, Urteil vom 27.11.1985 – 5 AZR 101/84)

Der Arbeitnehmer kann also gegen die Abmahnung in der Weise klagen, dass er ihre Entfernung aus der Personalakte durch das Arbeitsgericht anordnen lässt.

Widerruf einer unwahren Behauptung

Bisweilen wird es der Arbeitnehmer jedoch nicht dabei bewenden lassen, dass der Arbeitgeber die erteilte Abmahnung aus der Personalakte entfernt. Unter Umständen wurde bereits anderen Personen über das angebliche Fehlverhalten des Arbeitnehmers berichtet. Wenn diese Voraussetzungen vorliegen, kann der Arbeitnehmer auch einen Widerrufsanspruch durchsetzen:

- unwahre Tatsachenbehauptung des Arbeitgebers
- auch anderen Personen gegenüber kundgegeben
- dadurch Persönlichkeitsrecht des Mitarbeiters verletzt
- kein bloßes Werturteil oder Meinungsäußerung

Grundsätzlich hat der Arbeitgeber das im Grundgesetz verbriefte Recht zur freien Meinungsäußerung (Art. 5 Grundgesetz), also auch die Möglichkeit, seine Meinung über einen Arbeitnehmer in der Öffentlichkeit frei zu äußern. Dieses Grundrecht des Arbeitgebers findet aber seine Schranken im Persönlichkeitsrecht des Arbeitnehmers.

Beispiel

Frau Schmidt ist die einzige Mitarbeiterin der Abteilung Controlling im Unternehmen. Der Arbeitgeber glaubt, sie dabei ertappt zu haben, dass sie ihre Arbeitszeit nicht ordnungsgemäß abgestempelt hat. Hierüber wird ihr eine Abmahnung erteilt. Gleichzeitig veröffentlicht der Arbeitgeber ein Rundschreiben, in dem er wegen eines entsprechenden Vorfalls in der Abteilung Controlling daran erinnert, dass die Arbeitnehmer ihre Arbeitszeit gewissenhaft abstempeln sollen. Die Abmahnung beruht jedoch auf einem Fehler des Arbeitgebers bei der Auswertung der Zeiterfassungslisten. Tatsächlich hat ein Mitarbeiter im Bereich Marketing seine Arbeitszeit nicht richtig abgestempelt.

In diesem Beispiel hat der Arbeitgeber wahrheitswidrig behauptet, Frau Schmidt habe ihre Arbeitszeit nicht ordnungsgemäß abgestempelt. Diese Behauptung ist auch gegenüber anderen Personen erfolgt, weil zwar Frau Schmidt nicht namentlich genannt wurde, sie jedoch durch den Verweis auf die Abteilung Controlling als einzige dort tätige Mitarbeiterin eindeutig identifizierbar war. Durch diese Behauptung hat der Arbeitgeber das Persönlichkeitsrecht von Frau Schmidt verletzt, weil bei ihren Kollegen der Eindruck entstand, sie verhalte sich nicht korrekt. Bei dem Vorwurf des Arbeitgebers handelte es sich auch nicht um eine bloße Meinungsäußerung, sondern um eine reine Tatsachenfeststellung.

Persönlichkeitsrecht

Sollte sich der Arbeitgeber weigern, mit einem erneuten Rundschreiben den Sachverhalt richtigzustellen, könnte Frau Schmidt neben dem Antrag auf Entfernung der Abmahnung aus der Personalakte einen weiteren Antrag auf Widerruf der unrichtigen Behauptung stellen.

Teilweise unrichtige Abmahnung

Erheben Sie in einer Abmahnung mehrere Vorwürfe und trifft nur ein einziger dieser Vorwürfe nicht zu, dann ist die Abmahnung insgesamt unwirksam. In diesem Fall kann die Entfernung der Abmahnung aus der Personalakte verlangt werden, obwohl vielleicht einige Punkte darin richtig sind.

Achtung: Bei einer teilweise unrichtigen und damit unwirksamen Abmahnung hat der Arbeitgeber die Möglichkeit, jederzeit eine neue Abmahnung zu erteilen, die den unzutreffenden Vorwurf nicht mehr enthält.

Klagemöglichkeit nach dem Ausscheiden

In der Regel kann nicht mehr auf Entfernung der Abmahnung aus der Personalakte geklagt werden, wenn der Arbeitnehmer bereits aus dem Unternehmen ausgeschieden ist. Denn in diesem Fall ist normalerweise das Persönlichkeitsrecht nicht mehr unzulässig beeinträchtigt. Nur in den seltenen Fällen, in denen bewiesen werden kann, dass trotzdem Nachteile im beruflichen Fortkommen bestehen, kann eine Entfernung der Abmahnung aus der Personalakte gefordert werden.

Beispiel

Herr Baumann ist in einem von vier deutschen Tochterunternehmen eines amerikanischen Konzerns beschäftigt. Hier hat er wegen eines angeblichen Fehlverhaltens, das in Wirklichkeit gar nicht vorlag, eine Abmahnung erhalten. Zwei Monate später wechselt er in eine andere Schwestergesellschaft im selben Konzern. Kann er sich noch gegen die erteilte Abmahnung wehren?

Diese Frage ist mit Ja zu beantworten, wenn die Schwestergesellschaften des amerikanischen Konzerns untereinander Personaldaten ihrer Mitarbeiter, insbesondere den Inhalt der Personalakten, austauschen. In diesem Fall besteht nachvollziehbar die Gefahr, dass auch der neue Arbeitgeber die fehlerhafte Information aus der rechtswidrigen Abmahnung erhält und daraus Nachteile für den weiteren Berufsweg des Arbeitnehmers entstehen.

5.4 Einen Aufhebungsvertrag verhandeln

Schnelle Sicherheit

Gerade in schwerwiegenden Konfliktfällen, in denen keine der genannten Lösungsmöglichkeiten erfolgreich war, bleibt meist nur die Beendigung des Arbeitsverhältnisses als Ultima Ratio. Besonders wichtig ist es dann für Personalchefs, ebenso schnell Sicherheit über die Rechtswirksamkeit der Beendigung von Arbeitsverhältnissen zu bekommen. Im Gegensatz zur Kündigung, bei der ein langwieriger Gerichtsprozess mit ungewissem Ausgang droht, ist durch einen Aufhebungsvertrag die Beendigung des Arbeitsverhältnisses besiegelt, sobald die Tinte unter dem Dokument getrocknet ist. Gerade deshalb ist bei Abschluss eines Aufhebungsvertrags besonders sorgfältig vorzugehen.

Die Vorbereitung

Die Konditionen des Aufhebungsvertrags, insbesondere die Höhe der zu zahlenden Abfindung, hängen ganz entscheidend davon ab, welche Erfolgsaussichten in einem alternativen Kündigungsschutzverfahren für den Arbeitgeber bestehen. Es liegt also auf der Hand, dass jede Partei in den Vertragsverhandlungen Argumente auf den Tisch legen wird, warum aus ihrer Sicht eine Kündigung unwirksam oder wirksam wäre. Gerade deshalb sollten Sie einen Aufhebungsvertrag nur anbieten, wenn Sie bei Ablehnung durch den Arbeitnehmer mit hoher Wahrscheinlichkeit eine rechtswirksame Kündigung aussprechen könnten.

Achtung: Häufig ist es sinnvoll, direkt eine Kündigung auszusprechen und mit dem Angebot eines sog. Abwicklungsvertrags zu verbinden. Der Abwicklungsvertrag unterscheidet sich vom Aufhebungsvertrag darin, dass er nicht den Arbeitsvertrag beendet, sondern nur die Abwicklung der wechselseitigen Ansprüche regelt. Die Kündigung ist gegenüber dem Arbeitnehmer ein unmissverständliches Signal, dass der Arbeitgeber das Arbeitsverhältnis auf jeden Fall beenden will. Hier gibt es kein Ausweichen mehr, während bei der Ablehnung eines Aufhebungsvertrags erst einmal alles beim Alten bleibt. Dieser druckvolle Weg empfiehlt sich allerdings nur, wenn die Kündigung auf einer fundierten Grundlage steht. Sollten Sie nur bluffen wollen, kann dieser Schuss leicht nach hinten losgehen.

Wichtig ist in diesem Zusammenhang ein professionelles und wertschätzendes Vorgehen der Führungskraft. In der Regel erwartet der Arbeitnehmer nicht, dass Sie sich von ihm trennen wollen. Entsprechend überrascht wird er sein und keinen klaren Gedanken fassen können. Sie werden nur dann eine nachhaltige Trennungsvereinbarung schließen können, wenn Sie folgende Regeln einhalten:

- Schaffen Sie eine positive Gesprächsatmosphäre.
- Nehmen Sie sich für das Gespräch ausreichend Zeit.
- Erklären Sie möglichst wertschätzend die Hintergründe für die Trennung.
- Bekräftigen Sie, dass es keine Alternativen zur Trennung gibt.
- Legen Sie einen professionell ausgearbeiteten Aufhebungsvertrag vor.
- Geben Sie eine Prüfungsfrist von einer Woche.
- Kommunizieren Sie, dass Sie nichts gegen eine Rechtsberatung des Mitarbeiters einzuwenden haben.

Ob der Mitarbeiter letztlich die Beratung durch einen Rechtsanwalt in Anspruch nehmen wird, steht auf einem anderen Blatt. Reagieren Sie jedoch ungehalten auf die entsprechende Ankündigung des Arbeitnehmers und werfen Sie ihm vielleicht sogar mangelndes Vertrauen vor, so kann der Mitarbeiter vermuten, dass Sie nichts Gutes im Schilde führen. Denn ist Ihr Angebot fair, haben Sie durch die Einschaltung eines Anwalts nichts zu befürchten. Sie haben im Gegenteil den Vorteil, dass die Verhandlungen professionell geführt werden.

Die wichtigsten Klauseln

Der Aufhebungsvertrag kommt nur wirksam zustande, wenn er schriftlich geschlossen wurde. Er regelt alle Bedingungen, zu denen das Arbeitsverhältnis beendet wird. Nachdem Arbeitgeber und Arbeitnehmer hieraus vielfältige Rechte und Pflichten herleiten können, gibt es natürlich vieles zu beachten. Diese Klauseln sollten in Ihrem Interesse in einem Aufhebungsvertrag nicht fehlen:

Schriftform

- Beendigungszeitpunkt
- Abfindung
- Freistellung
- vorzeitige Beendigung
- variable Vergütung
- Weihnachtsgeld, Urlaubsgeld
- Firmenwagen
- Urlaub
- Wettbewerbsverbot
- betriebliche Altersversorgung
- Arbeitszeugnis
- Erledigung

Folgende Musterformulierungen können ein Anhaltspunkt für die Erstellung des Aufhebungsvertrags sein:

> **Beispiel: Beendigung**
>
> „Arbeitgeber und Arbeitnehmer sind sich darüber einig, dass das Arbeitsverhältnis aus dringenden betrieblichen Gründen zur Vermeidung einer ansonsten unvermeidlichen Kündigung zum (…) endet."

Sperrzeit beim Arbeitslosengeld

Grundsätzlich führt der Abschluss eines Aufhebungsvertrags zu einer Sperrzeit beim Arbeitslosengeld. Unter Umständen besteht mit dieser Formulierung aber die Möglichkeit, dass die Agentur für Arbeit feststellt, dass der Arbeitnehmer keinen Beitrag zur Beendigung des Arbeitsverhältnisses geleistet hat, und sieht von der Verhängung einer Sperrzeit ab. Das ist allerdings nur dann anzunehmen, wenn zweifelsfrei feststeht, dass bei der Ablehnung eines Aufhebungsvertrags zwingend eine betriebsbedingte Kündigung ausgesprochen worden wäre.

Wichtig ist außerdem, dass die maßgebliche Kündigungsfrist eingehalten wird. Andernfalls wird die Agentur für Arbeit eine sogenannte Ruhenszeit verhängen mit der Folge, dass so lange kein Arbeitslosengeld gezahlt wird, bis die reguläre Kündigungsfrist abgelaufen ist.

> **Beispiel: Abfindung**
>
> „Für den Verlust des Arbeitsplatzes zahlt der Arbeitgeber dem Arbeitnehmer eine am (…) fällige, aber schon jetzt entstandene und damit vererbliche Abfindung in Höhe von 20.000 Euro brutto."

Der Anspruch auf Abfindung entsteht immer erst mit der Beendigung des Arbeitsverhältnisses. Gerade bei sehr langen Kündigungsfristen besteht die Gefahr, dass der Arbeitnehmer vor Fristablauf stirbt. Damit in diesem tragischen Fall zumindest die Angehörigen des Arbeitnehmers eine wirtschaftliche Absicherung erhalten, ist es aus Sicht des Arbeitnehmers wichtig, die Vererblichkeit der Abfindung bereits mit Unterzeichnung des Aufhebungsvertrags zu vereinbaren. Diesem Bedürfnis sollten Sie entsprechen, um positiv zu signalisieren, dass Ihnen die Versorgung der Familie Ihres Mitarbeiters wichtig ist.

> **Beispiel: Freistellung**
>
> „Der Arbeitnehmer wird mit sofortiger Wirkung unter Anrechnung von Freizeitguthaben von der Erbringung der Arbeitsleistung widerruflich freigestellt. Er nimmt seinen Urlaub im Zeitraum von (…) bis (…). Während dieser Zeit wird der Arbeitnehmer unwiderruflich freigestellt. Die Vergütung wird bis zur rechtlichen Beendigung des Arbeitsverhältnisses ungekürzt fortgezahlt."

Gerade wenn das Arbeitsverhältnis emotional stark belastet ist, empfiehlt es sich für beide Seiten, dass der Arbeitnehmer schnellstmöglich von seinen Arbeitspflichten entbunden wird. Hierauf besteht seitens des Arbeitnehmers jedoch kein Anspruch. Sie müssen letztlich abschätzen, wie viel die Arbeitskraft des Arbeitnehmers in der angespannten Situation noch wert ist.

> Achtung: Sollte aus Ihrer Sicht eine Beschäftigung des Arbeitnehmers bis zum Vertragsende möglich oder nötig sein, so kann eine Freistellung als Verhandlungspuffer vorgesehen werden.

Im Firmeninteresse sollte die Freistellung widerruflich sein. Dann haben Sie als Arbeitgeber die Möglichkeit, den Arbeitnehmer jederzeit an den Arbeitsplatz zurückzurufen. Das bietet Ihnen die Möglichkeit, im Bedarfsfall Arbeitskapazität zu gewinnen. Sie müssen aber bedenken, dass dieses „Damoklesschwert" für den Arbeitnehmer regelmäßig kein angenehmer Zustand ist. Denn er möchte vorrangig Abstand von seinem alten Arbeitgeber gewinnen, um sich voll und ganz auf seine neue Perspektive konzentrieren zu können. Erwähnenswert ist, dass nach neuerer höchstrichterlicher Rechtsprechung eine unwiderrufliche Freistellung keine sozialversicherungsrechtlichen Nachteile für den Arbeitnehmer nach sich zieht. Bitte weisen Sie Ihren Mitarbeiter bei Nachfrage darauf hin, dass es fair und üblich ist, während des Freistellungszeitraums Ansprüche auf Urlaub und Zeitguthaben anzurechnen.

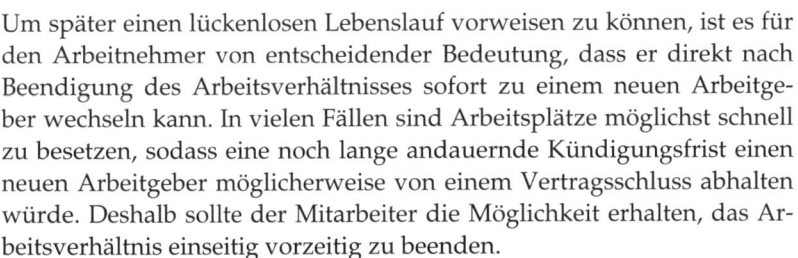

Beispiel: Vorzeitige Beendigung

„Der Arbeitnehmer hat die Möglichkeit, das Arbeitsverhältnis einseitig mit einer Ankündigungsfrist von zwei Wochen vorzeitig zu beenden. In diesem Fall zahlt der Arbeitgeber ein Drittel der noch ausstehenden Vergütung als zusätzliche Abfindung aus. Die Gesamtabfindung ist fällig mit der rechtlichen Beendigung des Arbeitsverhältnisses."

Um später einen lückenlosen Lebenslauf vorweisen zu können, ist es für den Arbeitnehmer von entscheidender Bedeutung, dass er direkt nach Beendigung des Arbeitsverhältnisses sofort zu einem neuen Arbeitgeber wechseln kann. In vielen Fällen sind Arbeitsplätze möglichst schnell zu besetzen, sodass eine noch lange andauernde Kündigungsfrist einen neuen Arbeitgeber möglicherweise von einem Vertragsschluss abhalten würde. Deshalb sollte der Mitarbeiter die Möglichkeit erhalten, das Arbeitsverhältnis einseitig vorzeitig zu beenden.

Natürlich stellt sich die Frage, was mit der eigentlich noch zu zahlenden Vergütung bis zum regulären Ende des Arbeitsverhältnisses passiert. Hier bestehen gegenläufige Interessen des Arbeitgebers und des Arbeitnehmers. Ersterer möchte natürlich Personalkosten sparen und freut sich über den vorzeitigen Ausstieg. Der Arbeitnehmer hingegen will durch seinen vorzeitigen Ausstieg keine Nachteile erleiden und seinen ausstehenden Lohn trotzdem erhalten. Ein Kompromiss wird häufig darin bestehen, dass der Arbeitgeber nur die Hälfte der ausstehenden Vergütung bezahlt. Sie sollten aber zunächst versuchen, Ihren Arbeitnehmer von einer Auszahlungsquote von einem Drittel mit dem Argument zu überzeugen, dass er durch seinen vorzeitigen Austritt die Abfindung einseitig erhöhen kann. Denn schließlich verdient er bei seinem neuen Arbeitgeber lückenlos weiter.

> **Beispiel: Variable Vergütung**
>
> „Der Arbeitnehmer hat für das laufende Geschäftsjahr Anspruch auf variable Vergütung nach den hierzu getroffenen Vereinbarungen nach Maßgabe der Zielerreichung des Vorjahres. Die variable Vergütung ist mit der rechtlichen Beendigung des Arbeitsverhältnisses zur Zahlung fällig. Wegen des unterjährigen Ausscheidens besteht dieser Anspruch nur zeitanteilig."

Die variable Vergütung beruht zumeist auf der Erfüllung vereinbarter Ziele. Wenn der Arbeitnehmer nun unterjährig aus dem Arbeitsverhältnis ausscheiden soll, kann nicht beurteilt werden, wie er die vereinbarten Ziele bis zum Jahresende erfüllt hätte. Aus diesem Grund ist es sinnvoll, die Höhe des auszuzahlenden Betrags festzulegen. Das kann dadurch geschehen, dass ein fester Zielerreichungsgrad, beispielweise der des Vorjahres, vereinbart wird.

> **Beispiel: Weihnachtsgeld, Urlaubsgeld**
>
> „Der Arbeitnehmer erhält Weihnachtsgeld und Urlaubsgeld nach Maßgabe der geltenden vertraglichen und betrieblichen Regelungen."

Der Arbeitsvertrag sieht üblicherweise vor, dass Urlaubsgeld und Weihnachtsgeld nur gezahlt werden, wenn das Arbeitsverhältnis zu einem bestimmten Stichtag besteht. Um sicherzustellen, dass diese Konditionen weitergelten, wäre hierauf Bezug zu nehmen.

> **Beispiel: Firmenwagen**
>
> „Der Arbeitnehmer ist berechtigt, den ihm zur Verfügung gestellten Firmenwagen weiterhin bis zur rechtlichen Beendigung des Arbeitsverhältnisses privat zu nutzen. Der Arbeitgeber übernimmt hierfür die Kosten entsprechend den vertraglichen Vereinbarungen."

Nachdem die private Nutzung eines Firmenwagens Entgeltcharakter hat, darf der Mitarbeiter das Auto so lange weiter nutzen, bis er endgültig aus dem Unternehmen ausscheidet.

Achtung: Die vereinbarte Firmenwagenregelung sollte allerdings vorsehen, dass das Auto nur in üblichem Umfang privat genutzt werden darf. Fehlt eine solche Regelung, wäre dies in den Aufhebungsvertrag aufzunehmen.

> **Beispiel: Urlaub**
>
> „Die Parteien sind sich darüber einig, dass der Arbeitnehmer seinen Urlaub im Zeit-
> raum von (…) bis (…) nehmen wird. Während dieser Zeit wird der Arbeitnehmer
> unwiderruflich freigestellt."

Sollten Sie eine Freistellung nicht anbieten wollen, sondern die Arbeitskraft des Arbeitnehmers bis zur Beendigung des Arbeitsverhältnisses be-
nötigen, ist es sinnvoll, die Lage des ausstehenden Urlaubs fest zu vereinbaren. Alternativ können Sie den Urlaub auch in einem separaten Schreiben oder auf dem betriebsüblichen Weg der Urlaubserteilung gewähren.

> **Beispiel: Wettbewerbsverbot**
>
> „Das vereinbarte Wettbewerbsverbot ist mit sofortiger Wirkung aufgehoben."
>
> oder:
>
> „Das vereinbarte Wettbewerbsverbot bleibt trotz dieses Aufhebungsvertrags un-
> verändert bestehen."

Diese Klausel kommt nur zur Anwendung, wenn im Arbeitsvertrag ein
nachvertragliches Wettbewerbsverbot vereinbart wurde. Dieses Wettbewerbsverbot untersagt dem Arbeitnehmer, nach Ende des Arbeitsverhältnisses bei einem Wettbewerbsunternehmen zu arbeiten. Allerdings
ist diese Vereinbarung nur wirksam, wenn als Entschädigung dafür ein
Geldbetrag in Höhe von einem halben Monatsgehalt für einen Zeitraum
von maximal zwei Jahren zugesagt wird.

Möglicherweise haben sowohl Sie als auch der Arbeitnehmer ein Interesse daran, das Wettbewerbsverbot nicht aufrechtzuerhalten. Alternativ
soll es vielleicht gerade bestehen bleiben. Je nachdem empfiehlt sich eine
der oben genannten Formulierungen.

> **Beispiel: Betriebliche Altersversorgung**
>
> „Der Arbeitnehmer hat das Recht, die für ihn bei der (…)-Versicherung abge-
> schlossene Direktversicherung (Nr. …) im eigenen Namen fortzuführen. Der Arbeit-
> geber wird gegenüber der Versicherung alle notwendigen Erklärungen abgeben."

Das Recht der betrieblichen Altersversorgung wurde mit dem Ziel re-
formiert, dass Arbeitnehmer leichter Versorgungsansprüche von einem
Arbeitgeber zu einem anderen übertragen können. Gerade die Direktversicherung, die bei einem externen Versicherungsunternehmen abgeschlossen wird, bietet sich hierfür an. Beim Abschluss eines Aufhebungsvertrags ist daher selbstverständlich, dass der Arbeitgeber seine Mit-
wirkungspflichten bei der Übertragung der Direktversicherung auf den
Arbeitnehmer erfüllt. Der Arbeitnehmer hat nun die Möglichkeit, diese
Versicherung bei einem neuen Arbeitgeber weiterlaufen zu lassen.

Beispiel: Arbeitszeugnis

„Der Arbeitnehmer erhält spätestens zwei Wochen nach Anforderung ein qualifiziertes Zwischenzeugnis und zum Zeitpunkt der rechtlichen Beendigung des Arbeitsverhältnisses ein qualifiziertes Endzeugnis, dass sich jeweils auf Führung und
Leistung erstreckt und die Bewertungsstufe XY enthält."

Häufig ist Unzufriedenheit mit der Leistung des Arbeitnehmers Grund
für die Beendigung. Diese Situation führt dann dazu, dass die Beurteilung
eines Arbeitsverhältnisses schlechter ausfällt, als der Arbeitnehmer selbst
seine Leistung einschätzt. Einem möglichen Zeugnisrechtsstreit kann man
vorbeugen, indem die Bewertungsstufe verbindlich vereinbart wird.

Beispiel: Geschäfts- und Betriebsgeheimnisse

„Der Arbeitnehmer ist verpflichtet, alle ihm während seiner Tätigkeit bekannt gewordenen vertraulichen betriebsinternen Angelegenheiten, vor allem Geschäfts-
und Betriebsgeheimnisse, geheim zu halten. Weiter sichert der Arbeitnehmer zu,
Stillschweigen über den finanziellen Inhalts dieser Vereinbarung gegenüber Dritten
zu wahren. Dies gilt nicht, sofern er gesetzlich zur Auskunft verpflichtet oder die
Auskunft aus steuerlichen oder sozialversicherungsrechtlichen Gründen gegenüber
Behörden oder zur Wahrung von Rechtsansprüchen gegenüber Gerichten erforderlich ist."

Nachdem Sie mit dem Arbeitnehmer eine individuelle Regelung getroffen haben, wollen Sie vermeiden, dass diese Vereinbarung nun zum Maßstab für zukünftige Trennungsfälle wird. Es soll sich beispielsweise nicht
herumsprechen, wie hoch die gezahlte Abfindung ausgefallen ist. Denn
wir haben oben bereits gesehen, dass viele unterschiedliche Faktoren in
die Abfindungsberechnung einfließen. Eine Vergleichbarkeit von Mitarbeitern scheidet dadurch meist aus. Es würde den Trennungsprozess behindern, wenn Sie dem Mitarbeiter zunächst erklären müssten, weshalb
Sie einem anderen Mitarbeiter eine höhere Abfindung gezahlt haben.

Beispiel: Firmeneigentum

„Der Arbeitnehmer wird am (Datum) sämtliche der Firma gehörende Gegenstände
und Unterlagen zurückgeben, insbesondere (…)."

Auch sind häufig noch Gegenstände oder Dokumente im Besitz des Mitarbeiters, die er zurückgeben muss. Die abschließende Erledigungsklausel (siehe unten) würde einen Rückforderungsanspruch ausschließen,
wenn dieser Punkt nicht an dieser Stelle geregelt wäre.

Beispiel: Spesen

„Eventuelle noch ausstehende Reise-/Spesenabrechnungen sind bis zum (Datum)
abzurechnen. Ein eventuell bestehender Reise- oder Spesenvorschuss muss bis zum
(Datum) zurückbezahlt werden."

Gleiches gilt für offene Spesenabrechnungen oder Rückforderungen von Spesenvorschüssen.

> **Beispiel: Erledigung**
>
> „Arbeitgeber und Arbeitnehmer sind sich einig, dass mit Erfüllung dieses Aufhebungsvertrags alle wechselseitigen Ansprüche, gleich aus welchem Rechtsgrund, seien sie bekannt oder unbekannt, erledigt sind."

Diese Formulierung dient der Rechtssicherheit für beide Seiten und stellt klar, dass damit alle Bereiche des Arbeitsverhältnisses erfasst sind, aus denen noch Ansprüche resultieren könnten. Nach der Unterschrift des Aufhebungsvertrags kann also nicht mehr nachverhandelt werden. Beide Seiten können sich darauf verlassen, dass nun keine Risiken mehr auf sie zukommen.

Den vollständigen Aufhebungsvertrag finden Sie als Muster auf Ihrer CD-ROM, direkt zum Übernehmen in Ihre Textverarbeitung.

Die besten Verhandlungsstrategien

Der Aufhebungsvertrag ist ein Vertrag. Das bedeutet, dass es darauf ankommt, auf den Inhalt der Vereinbarung so viel Einfluss wie möglich zu nehmen. In welchem Umfang Sie dem Verhandlungsergebnis Ihren Stempel aufdrücken können, hängt entscheidend davon ab, welche Alternativen Sie und der Arbeitnehmer zum Abschluss des Aufhebungsvertrags haben.

Strategie 1: Prüfen Sie vor Verhandlungsbeginn die Rechtmäßigkeit einer möglichen alternativen Kündigung.

Rechtmäßigkeit einer Kündigung prüfen

Sollte Ihre kündigungsschutzrechtliche Position sehr sicher sein, können Sie aus einer Position der Stärke heraus verhandeln. Denn in letzter Konsequenz können Sie eine rechtswirksame Kündigung aussprechen. Droht allerdings eine Kündigung vor Gericht zu scheitern, empfiehlt es sich sehr, bei den Konditionen des Aufhebungsvertrags größere Zugeständnisse zu machen, bevor Sie nach Ende des Gerichtsprozesses den Mitarbeiter wieder einstellen müssen.

Strategie 2: Definieren Sie zunächst Ihr Verhandlungsziel. Wollen Sie eine schnelle Einigung oder haben Sie Zeit? Ist Ihnen eine niedrige Abfindung wichtig oder eine möglichst geräuschlose Trennung? Welche Signale wollen Sie an die verbleibenden Mitarbeiter senden?

Verhandlungsziel definieren

Nur wenn Sie Klarheit über Ihr eigenes Verhandlungsziel haben, können Sie zielgerichtet Gespräche führen. Der von Ihnen vorgelegte Aufhebungsvertrag bildet den Ausgangspunkt für die Verhandlungen.

Strategie 3: Bleiben Sie in den Gesprächen mit Ihrem Mitarbeiter sachlich und verbindlich. Vermeiden Sie also jegliche Emotionalität. Wenn Sie befürchten, dass Ihnen das nicht gelingt, sollten Sie lieber einen Anwalt mit den Verhandlungen beauftragen.

Gefühle sind in Verhandlungen ein erheblicher Störfaktor. Sie überdecken Ihre Fähigkeit, zu den sachlichen Problemen eines Aufhebungsvertrags Lösungen zu finden. Sie werden Hemmungen haben, zu jeder Zeit konsequent zu agieren, weil Sie unter Umständen mit Ihrem Mitarbeiter aufgrund gemeinsamer Erfahrungen emotional verbunden sind. Es wird Ihnen zudem schwerfallen, kritische Punkte gegenüber Ihrem Mitarbeiter anzusprechen. In der Wahrnehmung der Angst des Mitarbeiters über dessen unsichere berufliche und wirtschaftliche Zukunft wird sich auch bei Ihnen der notwendige klare Blick auf die Fakten trüben.

Strategie 4: Versuchen Sie bereits mit Ihrem ersten Angebot einen Qualitätsstandard zu setzen, der dem Mitarbeiter zeigt, dass Sie ihn fair behandeln wollen. Das gilt nicht ausschließlich in wirtschaftlicher Hinsicht, denn die Abfindungshöhe ist nicht alles. Ausgeglichene Vertragsklauseln beschleunigen den Einigungsprozess enorm, weil sie bei dem Arbeitnehmer Vertrauen schaffen.

Haben Sie bereits ein faires Angebot unterbreitet, wäre es für den Arbeitnehmer nicht sinnvoll, mit einem überhöhten Gegenangebot aufzuwarten. Ihre negative Gegenreaktion wäre verständlich und würde den Verhandlungsverlauf erheblich stören. Wenn allerdings ein schlechtes Angebot auf dem Tisch liegt, wird sich der Arbeitnehmer davon nicht einschüchtern lassen und deutlich mehr Verhandlungsspielraum in seinen Gegenvorschlag einbauen.

Strategie 5: Strukturieren Sie den Verhandlungsverlauf in zeitlicher Hinsicht. Planen Sie ausreichend Zeit für die Verhandlungen ein und beginnen Sie den Trennungsprozess so, dass Sie nicht am Ende wegen ablaufender Kündigungstermine in Zeitnot geraten.

Legen Sie den Zeitpunkt fest, zu dem Sie spätestens eine Kündigung aussprechen würden. Beginnen Sie etwa vier Wochen vorher mit den Trennungsgesprächen. Setzen Sie klare Termine für die Rückmeldung des Mitarbeiters zu den Vertragsentwürfen. Bleiben Sie am Ball!

Strategie 6: Prüfen Sie, an welchen Stellen für Sie kein Verhandlungsspielraum verbleibt und wo Sie unter Umständen Ihrem Mitarbeiter entgegenkommen können. Bleiben Sie mit Ihren Vorstellungen flexibel.

Ebenso wie Sie hat Ihr Arbeitnehmer Grenzen, die er bei einem Aufhebungsvertrag nicht überschreiten kann. In aller Regel gibt es aber eine Kompromisslinie, welche die Interessen beider Parteien abdeckt. Diese gilt es zu finden. Sie müssen sich immer bewusst sein, dass Ihr Arbeitnehmer nur dann gerne mit Ihnen verhandelt, wenn Sie eine gewisse Bereitschaft zur Flexibilität mitbringen. Eine starre Haltung Ihrerseits wird eine ebenso starre Haltung bei Ihrem Mitarbeiter hervorrufen und damit ein erfolgreiches Verhandlungsergebnis verhindern.

Strategie 7: Halten Sie schriftlich fest, zu welchen Punkten bereits Konsens besteht.

Schriftlich festhalten

Damit die Verhandlungen nicht immer wieder von vorne beginnen, sollten Sie hinter die Klauseln des Aufhebungsvertrags einen Haken setzen, die zwischen Ihnen und dem Arbeitnehmer unstreitig sind. Damit wird auf einen Blick ersichtlich, zu welchen Passagen Sie noch eine Lösung finden müssen.

Strategie 8: Kommunizieren Sie klar Ihre Grenzen und zeigen Sie gleichzeitig alternative Möglichkeiten auf.

Grenzen, Alternativen

An den Stellen, an denen für Sie kein Verhandlungsspielraum verbleibt, sollten Sie dies Ihrem Mitarbeiter unmissverständlich deutlich machen. Wenn Sie ihm gleichzeitig ein Entgegenkommen an anderer Stelle signalisieren, fällt die drohende negative Reaktionen Ihres Arbeitnehmers auf die von Ihnen gesetzte Grenze weniger stark aus.

Strategie 9: Hinterlassen Sie keine verbrannte Erde.

Guten Ruf bewahren

Treiben Sie Ihre Verhandlungen nicht so auf die Spitze, dass der gute Ruf, den Sie sich als Arbeitgeber erworben haben, wieder zunichte gemacht wird. Nach alter Regel trifft man sich immer zweimal im Leben. Sie können nicht wissen, ob Sie später nicht einmal in einem anderen Zusammenhang erneut auf Ihren Verhandlungspartner treffen werden und dann ein zumindest neutrales Verhältnis zu ihm haben sollten. Bedenken Sie auch, dass eine kompromisslose Verhandlungsstrategie unter Umständen in der übrigen Belegschaft bekannt wird und dort Ängste auslöst.

Strategie 10: Geben Sie sich einen Ruck und machen Sie den Sack rechtzeitig zu.

Abschluss

Manchmal fehlt nur ein kleines Stückchen zum erfolgreichen Abschluss einer Verhandlung. Denken Sie an die langwierigen Auseinandersetzungen als Alternative zu einem einvernehmlichen Aufhebungsvertrag. Das wird Ihnen sicherlich den nötigen Mut geben, letztlich einer gemeinsamen Regelung zuzustimmen!

Eine Checkliste zu diesen zehn Verhandlungsstrategien finden Sie auf Ihrer CD-ROM, direkt zum Ausdrucken.

Negative Folgen für den Arbeitnehmer

Sie müssen für Ihre Verhandlungen wissen, dass ein Aufhebungsvertrag negative Folgen für Ihren Mitarbeiter haben kann. Vor allen Dingen in Bezug auf das Arbeitslosengeld können sich Nachteile ergeben.

Arbeitslosengeld

Wie bereits erwähnt führt der Abschluss eines Aufhebungsvertrags in aller Regel zu einer Sperrzeit von 12 Wochen durch die Agentur für Arbeit.

Auch die Bezugsdauer für das Arbeitslosengeld wird um ein Viertel gekürzt, was ältere Arbeitnehmer besonders trifft: Aus maximal 24 Monaten Arbeitslosengeldbezug werden nur noch 18 Monate.

Sie sollten deshalb immer in Betracht ziehen, dass dem Arbeitnehmer von der verhandelten Abfindung unterm Strich deutlich weniger übrig bleibt, wenn der Fall der Arbeitslosigkeit eintritt. Sollte der Mitarbeiter eine sehr lange Kündigungsfrist haben, ist das Risiko einer Sperrzeit natürlich wesentlich geringer als bei einer sehr kurzen Kündigungsfrist, weil dann die Wahrscheinlichkeit für einen Anschlussjob größer ist.

Ausgleich für Sperrzeit

Möglicherweise fordert Ihr Mitarbeiter also einen Ausgleich für eine drohende Sperrzeit. Beachten Sie, dass eine Sperrzeit von 12 Wochen einem finanziellen Verlust von einigen Tausend Euro netto entsprechen kann. Ein entsprechender Bruttoausgleich liegt dann etwa in doppelter Höhe.

Der Aufhebungsvertrag sollte eine Auflösung des Arbeitsverhältnisses nie zu einem Zeitpunkt festlegen, der vor dem Ende der regulären Kündigungsfrist liegt. Andernfalls riskiert der Arbeitnehmer den Eintritt einer Ruhenszeit bis zum Ablauf der Kündigungsfrist, während derer kein Arbeitslosengeld gezahlt wird.

5.5 Den Arbeitsvertrag kündigen

Sollte der Mitarbeiter mit dem Abschluss eines Aufhebungsvertrags nicht einverstanden sein, bleibt als letzte Möglichkeit nur noch, den Arbeitsvertrag zu kündigen. Idealerweise haben Sie diesen Schritt bereits vor den Verhandlungen über einen Aufhebungsvertrag sorgfältig rechtlich geprüft. Denn das Kündigungsrecht stellt sehr hohe Anforderungen an Arbeitgeber.

Formfehler vermeiden

Wir haben bereits bei der Abmahnung gesehen, dass der Arbeitgeber eine Reihe von Formalien einhalten muss. Ähnlich ist es bei der Kündigung. Allerdings liegt hier die Messlatte noch höher. Der Grund dafür ist einleuchtend: Eine Kündigung ist deutlich gravierender, denn sie greift in den Bestand des Arbeitsverhältnisses ein.

Schriftform

Manche Freundschaft wird gelegentlich per SMS beendet. So leicht geht es bei der Kündigung des Arbeitsverhältnisses aber nicht. Hier sind Rechtssicherheit und Rechtsklarheit gefragt. Auch soll der Arbeitnehmer vor einer übereilten Entscheidung des Arbeitgebers geschützt werden.

 Achtung: Jede Art der Kündigung des Arbeitsverhältnisses muss schriftlich erfolgen, um wirksam zu sein, § 623 BGB.

Das Schriftformerfordernis betrifft nicht nur die Beendigungskündigung, sondern auch die oben beschriebene Änderungskündigung durch den Arbeitgeber. Die fristgerechte Kündigung ist davon ebenso betroffen wie die fristlose. Die Schriftform ist eingehalten, wenn die Kündigung von einem Kündigungsberechtigten abgefasst und eigenhändig vollständig unterzeichnet wird, § 126 Absatz 1 BGB. Das bedeutet:

Schriftform

- keine Kündigung per Telefax, E-Mail, SMS oder Telegramm
- keine mündliche Kündigung mit anschließender schriftlicher Bestätigung
- keine Unterzeichnung mit bloßem Namenskürzel

Kündigungsberechtigung

Kündigungsberechtigter ist jeder, der vom Arbeitgeber zum Ausspruch von Kündigungen bevollmächtigt wurde. Typischerweise sind das:

- Geschäftsführer
- Personalleiter
- Prokuristen
- Generalbevollmächtigte
- Insolvenzverwalter

Diese Personen sind aufgrund ihres Aufgabenbereichs üblicherweise mit Kündigungen befasst. Ihre Vollmacht umfasst deshalb regelmäßig auch den Ausspruch von Kündigungen im Namen des Arbeitgebers. Bei folgenden Personen liegt ohne besondere Bevollmächtigung keine Kündigungsberechtigung vor:

- Personalreferenten
- Vorgesetzte
- einzelne Gesellschafter einer GbR
- Rechtsanwälte

Wollen diese Personen eine wirksame Kündigung aussprechen, müssen sie der Kündigung eine Originalvollmacht eines Kündigungsberechtigten vorlegen.

Beispiel

Frau Nagel ist als Bauzeichnerin in einem Architekturbüro angestellt. Das Büro betreiben drei Architekten als Gesellschaft bürgerlichen Rechts (GbR), die auch alle den Arbeitsvertrag von Frau Nagel unterschrieben haben. Die Kündigung hat nur einer der drei Inhaber unterzeichnet.

Hier hätte der Kündigung eine Vollmacht der anderen beiden Inhaber beigelegt werden müssen, um wirksam zu sein. Alternativ hätten alle drei Inhaber die Kündigung unterzeichnen müssen.

> **Beispiel**
>
> Die Firma X beauftragt ihren Rechtsanwalt mit der Kündigung des Mitarbeiters Frey. Der Rechtsanwalt unterzeichnet die Kündigung, fügt ihr eine von der Firma im Original unterzeichnete Prozessvollmacht bei und übergibt beides an den Mitarbeiter.

Auch hier ist die Kündigung nicht korrekt. Der Rechtsanwalt wurde durch die Prozessvollmacht nur zum Führen von Prozessen bevollmächtigt, nicht jedoch zur Abgabe von Kündigungserklärungen.

Achtung: Soll die Kündigung von einer Person ausgesprochen werden, die üblicherweise hierzu nicht berechtigt ist, muss der Kündigung eine Vollmacht beigefügt werden, die mit einer Originalunterschrift des Arbeitgebers versehen ist und die Kündigung von Arbeitsverhältnissen beinhaltet.

Möglicherweise vermutet der gekündigte Arbeitnehmer, dass die Kündigung nicht von einem Kündigungsberechtigten unterzeichnet wurde. Wenn in diesem Fall auch keine Originalvollmacht eines Kündigungsberechtigten beigefügt ist, wird der Mitarbeiter die Kündigung unter Umständen zurückweisen.

> **Beispiel**
>
> Sehr geehrter Herr …,
>
> ich weise die von Ihnen am (…) übergebene Kündigungserklärung mangels Vorlage einer Originalvollmacht gemäß § 174 Satz 1 BGB zurück. Das zurückgewiesene Kündigungsschreiben ist in Kopie beigefügt.

Hier sollten Sie zunächst prüfen, ob die Zurückweisung unverzüglich erfolgt ist. „Unverzüglich" bedeutet, dass dem Arbeitnehmer eine angemessene Zeit der Überlegung zugebilligt wird. Er soll die Gelegenheit haben, sich über die Rechtslage zu informieren und notwendige Maßnahmen einzuleiten. Wie lang die Zeitspanne ist, hängt vom Einzelfall ab. Vom Bundesarbeitsgericht wurde in einem Fall entschieden, dass die Zurückweisung einer Kündigung neun Tage nach deren Zugang nicht mehr unverzüglich ist.

Achtung: Wurde eine Kündigung später als eine Woche nach ihrem Zugang zurückgewiesen, ist die Zurückweisung in der Regel wirkungslos. Maßgeblich ist bei der Berechnung der Zeitpunkt des Zugangs des Zurückweisungsschreibens beim Arbeitgeber.

Die wirksame Zurückweisung der Kündigung hätte zur Folge, dass diese nichtig ist. Damit wäre es aus Sicht des Arbeitnehmers allerdings nicht getan: Er muss außerdem gegen die Kündigung gerichtlich vorgehen. Wie dies geschieht, sehen wir später.

Achtung: Im Fall einer Zurückweisung der Kündigung sollten Sie sicherheitshalber eine erneute Kündigung aussprechen, wenn Sie begründete Zweifel an der Kündigungsberechtigung hinsichtlich der ersten Kündigung haben.

Zeitpunkt der Kündigung

Grundsätzlich dürfen Sie dem Arbeitnehmer an jedem Ort und zu jeder Zeit die Kündigung aushändigen. Das gilt zum Beispiel auch während einer Krankheit, kurz nach dem Tod eines nahen Angehörigen, an Sonn- und Feiertagen und sogar an Heiligabend. Etwas anderes kann gelten, wenn Sie ganz bewusst gesellschaftliche Grenzen überschreiten und einen für den Mitarbeiter besonders beeinträchtigenden Zeitpunkt für die Übergabe des Kündigungsschreibens wählen.

Beispiel

Frau Gerber bekommt am „schönsten Tag ihres Lebens" ungebetenen Besuch. Ihr Chef taucht auf der Hochzeitsfeier auf und übergibt das Kündigungsschreiben kurz vor dem Anschneiden der Hochzeitstorte.

Damit überschreitet der Arbeitgeber wohl die Grenzen des Zulässigen. Die Kündigung dürfte in einem solchen Fall unwirksam sein. Konkret wurde gerichtlich entschieden, dass es nicht statthaft sei, einem Arbeitnehmer die Kündigung am Tag eines Arbeitsunfalls im Krankenhaus zu übergeben.

Formaler Inhalt eines Kündigungsschreibens

Zunächst muss das Kündigungsschreiben im Adressfeld oder in der Anrede den betroffenen Arbeitnehmer namentlich benennen. Wird ihm lediglich ein neutrales Formschreiben persönlich übergeben, so reicht das nicht aus.

Ein häufiger Irrtum besteht in der Annahme, eine Kündigung sei nur wirksam, wenn sie auch mit einer Begründung versehen sei. Dem ist nicht so. Grundsätzlich ist der Arbeitgeber nämlich nicht verpflichtet, im Kündigungsschreiben detaillierte Gründe anzugeben.

Begründung?

In folgenden Fällen ist eine Begründung der Kündigung verpflichtend und führt bei Fehlen zu deren Unwirksamkeit:

* im Berufsausbildungsverhältnis nach Probezeitende
* bei Regelung in einem Tarifvertrag, einer Betriebsvereinbarung oder im Arbeitsvertrag

In anderen Fällen müssen Sie zwar die ausgesprochene Kündigung näher begründen. Wenn Sie es aber unterlassen, bleibt die Kündigung trotzdem wirksam.

Diese Pflichten haben Sie auf Nachfrage des Arbeitnehmers:

- Nennung der Gründe für eine fristlose Kündigung
- Mitteilung der Kriterien der Sozialauswahl für betriebsbedingte Kündigung
- Begründung der Kündigung als arbeitsvertragliche Nebenpflicht

Achtung: Hat der Arbeitgeber trotz Nachfrage die Beweggründe für seine Kündigung nicht genannt, macht er sich unter Umständen schadensersatzpflichtig. Erhebt der Arbeitnehmer nämlich Kündigungsschutzklage und entstehen ihm dabei z. B. Rechtsanwaltskosten, so muss der Arbeitgeber diese Kosten erstatten, wenn der Arbeitnehmer in Kenntnis der Kündigungsgründe von einer Klageerhebung abgesehen hätte.

Betriebsrat

Gibt es in Ihrer Firma einen Betriebsrat, so sind Sie verpflichtet, dieses Gremium vor jeder Kündigung anzuhören. Sollte der Betriebsrat der Kündigung widersprochen haben, dann müssen Sie dessen Stellungnahme dem Kündigungsschreiben beifügen. Nur so kann der Arbeitnehmer seine Erfolgschancen in einem möglichen Kündigungsschutzprozess besser einschätzen. Auch hier bleibt die Kündigung trotz eines Verstoßes gegen diese Bestimmung wirksam.

Klarheit des Kündigungsschreibens

Die Kündigung greift erheblich in die Rechtsbeziehung zwischen Arbeitgeber und Arbeitnehmer ein. Der Kündigende ist deshalb gehalten, seine Erklärung so klar und unmissverständlich zu formulieren, dass der Empfänger auch weiß, woran er ist.

Beispiel

Herr Krause entwendet aus dem Spind seines Kollegen 100 Euro, weil er gerade knapp bei Kasse ist. Ein anderer Kollege beobachtet ihn dabei und meldet den Vorfall dem Firmeninhaber. Dieser möchte fristlos kündigen und händigt noch am selben Tag Herrn Krause ein Schreiben mit folgendem Inhalt aus:

„Sehr geehrter Herr Krause, hiermit kündigen wir das Arbeitsverhältnis."

Eine solche Kündigungserklärung ist nicht eindeutig. Herr Krause kann dem Schreiben nicht entnehmen, ob eine fristlose oder eine ordentliche Kündigung beabsichtigt ist. Folge: Eine fristlose Kündigung scheidet aus. Es ist allenfalls zu prüfen, ob eine ordentliche Kündigung wirksam ist.

Zulässig wäre es demgegenüber, eine „außerordentliche, hilfsweise ordentliche Kündigung zum nächstzulässigen Zeitpunkt" zu erklären. Hier ist die Rangfolge der beabsichtigten Kündigungsarten eindeutig: erst fristlos, dann fristgerecht.

> **Beispiel**
>
> Der Firma X-Logistik geht es wirtschaftlich schlecht. Sie muss sich von einer ganzen Reihe von Mitarbeitern trennen. Auch Frau Grünwald ist betroffen. Sie erhält ein Kündigungsschreiben mit folgendem Wortlaut:
>
> „Sehr geehrte Frau Grünwald, leider müssen wir Ihnen zum 30.09. kündigen. Wir bedauern diese Entscheidung sehr. Bitte geben Sie an Ihrem letzten Arbeitstag, also dem 31.08., sämtliches Firmeneigentum bei Ihrem Vorgesetzten ab."

Auch hier lässt die Kündigung die nötige Klarheit vermissen. Frau Grünwald kann nicht erkennen, welcher Beendigungszeitpunkt gemeint ist. In Betracht kommen sowohl der 30.09. als auch der 31.08. Die Kündigung ist deshalb unwirksam.

> **Beispiel**
>
> Die Security-Firma Y GmbH hat einen Großauftrag verloren, bewirbt sich aber aussichtsreich um einen Bewachungsauftrag bei der Z-Bank. Um kein Risiko einzugehen, kündigt Y allen im Rahmen des verlorenen Großauftrags beschäftigten Mitarbeitern mit folgendem Schreiben:
>
> „(…) kündigen wir Ihnen vorsorglich zum nächstmöglichen Termin für den Fall, dass wir den Auftrag der Z-Bank nicht erhalten."

Dies ist ein weiterer Fall einer unklaren und damit unwirksamen Kündigung. Durch die mit einer Bedingung versehene Kündigung werden die betroffenen Mitarbeiter in der Schwebe gehalten und wissen nicht, ob die Kündigung nun greifen soll oder nicht.

> Achtung: Eine Kündigung ist nur klar formuliert, wenn sie die Kündigungsart (fristlos, fristgerecht) angibt, einen eindeutigen Beendigungszeitpunkt nennt und keine Bedingung oder Rücknahmemöglichkeit enthält.

Zugang der Kündigung

Die Kündigung ist nur wirksam, wenn sie dem Arbeitnehmer auch zugegangen ist. Was als Selbstverständlichkeit erscheint, entpuppt sich häufig als ein Stolperstein für den Arbeitgeber. Denn erst mit Zugang der Kündigung beginnt die Kündigungsfrist zu laufen.

Kündigungsfrist

> **Beispiel**
>
> Im Arbeitsvertrag ist eine Kündigungsfrist von drei Monaten zum Quartalsende vereinbart. Sie verfassen und versenden am 30. September ein Kündigungsschreiben mit dem Beendigungsdatum 31. Dezember. Die Post stellt das Kündigungsschreiben durch Einwurf in den Hausbriefkasten des Arbeitnehmers am 2. Oktober zu. In diesem Fall beginnt die Kündigungsfrist am 3. Oktober zu laufen, also einen Tag nach Zugang der Kündigung. Bis zum 31. Dezember kann nun die Kündigungsfrist von drei Monaten nicht mehr eingehalten werden, sodass diese Kündigung erst zum 31. März des Folgejahres wirkt.

An diesem Beispiel kann man sehr gut erkennen, welche fatale Wirkung ein verspäteter Zugang des Kündigungsschreibens für den Arbeitgeber haben kann. Nachdem hier die Kündigung nur jeweils zum Ende eines Quartals möglich ist, verschiebt sich der nächstmöglichen Kündigungstermin bei Versäumnis des Arbeitgebers jeweils um drei Monate nach hinten.

Zugang am selben Tag

In folgenden Fällen geht das Kündigungsschreiben noch am selben Tag zu:

- persönliche Übergabe
- grundlose Verweigerung der Annahme
- Übergabe an Empfangsboten (Lebensgefährte, im Haushalt lebende Familienangehörige, Hausangestellte)
- grundlose Verweigerung der Annahme durch Empfangsboten, falls zuvor Einfluss auf Annahmeverweigerung genommen wurde
- Einwurf in Briefkasten innerhalb üblicher Postzustellzeit
- Einwurf in Briefkasten während des Urlaubs
- Einwurfeinschreiben
- bei der Post nicht abgeholtes Einschreiben trotz Kenntnis von bevorstehender Kündigung

Ein späterer Zugang des Kündigungsschreibens ist beispielsweise dann gegeben, wenn das Kündigungsschreiben außerhalb der üblichen Postzustellzeiten in den Hausbriefkasten eingeworfen wird. In diesem Fall geht das Kündigungsschreiben erst am nächsten Werktag zu.

Will der Postbote ein Einschreiben zustellen und trifft er den Arbeitnehmer nicht persönlich zu Hause an, wirft er in der Regel einen Benachrichtigungsschein über den Zustellungsversuch in den Hausbriefkasten ein. In diesem Fall geht das Kündigungsschreiben erst zu dem Zeitpunkt zu, zu dem das Einschreiben bei der Post abgeholt wird. Etwas anderes gilt, wenn der Arbeitnehmer von der bevorstehenden Kündigung Kenntnis hat und aus diesem Grund das Einschreiben bei der Post nicht abholt. In diesem Fall gilt das Kündigungsschreiben als zu dem Zeitpunkt zugegangen, zu dem üblicherweise das Einschreiben bei der Post abzuholen gewesen wäre.

Achtung: Der sicherste Weg, ein Kündigungsschreiben zuzustellen, ist das Einwurf-einschreiben, weil hier eine Annahmeverweigerung ausscheidet und ein Nachweis für den Zugangszeitpunkt vorliegt. Um die Beweiskette lückenlos zu gestalten, sollte nicht der Geschäftsführer, sondern ein Arbeitnehmer das Kündigungsschreiben bei der Post aufgeben, weil der Geschäftsführer in einem späteren Prozess nicht als Zeuge über den Inhalt des zweifelsfrei zugegangenen Schriftstücks aussagen kann.

Einhaltung der Kündigungsfrist

Die für den Arbeitnehmer maßgebliche Kündigungsfrist kann sich aus verschiedenen Rechtsquellen ergeben. Zum einen gibt es hierzu Bestimmungen in Gesetzen oder Tarifverträgen. Zum anderen ist sehr häufig die Dauer der jeweiligen Kündigungsfrist im Arbeitsvertrag festgelegt.

Um zu prüfen, welche Kündigungsfrist die maßgebliche ist, müssen Sie in einem ersten Schritt die verschiedenen möglichen Kündigungsfristen in Erfahrung bringen. In einem zweiten Schritt sind dann die verschiedenen Kündigungsfristen danach zu bewerten, welche Vorrang hat. Die Dauer der Kündigungsfrist wird nicht nur durch das Gesetz, sondern auch durch Tarifverträge und den Arbeitsvertrag bestimmt. In vielen Fällen kommt es dadurch zu einer Kollision verschieden langer Kündigungsfristen.

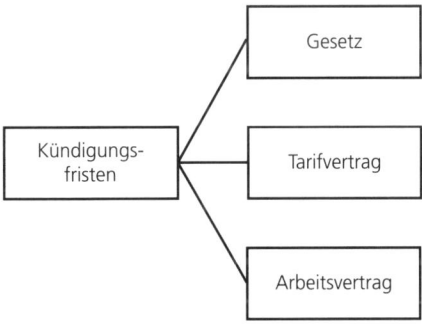

Quellen von Kündigungsfristen

Das Gesetz bestimmt in § 622 BGB für eine Kündigung folgende regelmäßigen Kündigungsfristen: Zu Beginn eines Arbeitsverhältnisses gilt die Grundkündigungsfrist von vier Wochen zum 15. eines Monats oder zum Monatsende. Im weiteren Verlauf des Arbeitsverhältnisses verlängert sich die Kündigungsfrist für den Arbeitgeber entsprechend der Dauer der Betriebszugehörigkeit:

Gesetzliche Kündigungsfristen	
Betriebszugehörigkeit (Jahre)	Kündigungsfrist (Monate zum Monatsende)
2	1
5	2
8	3
10	4
12	5
15	6
20	7

Diese verlängerten Kündigungsfristen gelten zunächst nicht für eine Kündigung durch den Arbeitnehmer. Zur Betriebszugehörigkeit zählen alle Beschäftigungsjahre, die der Arbeitnehmer bei seinem gegenwärtigen Arbeitgeber abgeleistet hat. Zu beachten ist dabei, dass es sich dabei um denselben rechtlichen Vertragspartner gehandelt haben muss.

Achtung: Zur Betriebszugehörigkeit hinzuzurechnen sind auch Zeiten, in denen das Arbeitsverhältnis ruht, z. B. die Elternzeit.

Bei der Versetzung innerhalb eines Konzerns, etwa von einer Muttergesellschaft in eine Tochtergesellschaft oder von einer Schwestergesellschaft in eine andere Schwestergesellschaft, werden die verschiedenen Betriebszugehörigkeiten nur dann zusammengerechnet, wenn in Ihrem Arbeitsvertrag die Anerkennung der Vordienstzeiten ausdrücklich zugesichert ist.

Ein Berufsausbildungsverhältnis, nach dessen Beendigung der Auszubildende in ein festes Arbeitsverhältnis übernommen wurde, ist grundsätzlich auch bei der Berechnung der Betriebszugehörigkeit zu berücksichtigen.

Achtung: Nach Eröffnung des Insolvenzverfahrens über einen Arbeitgeber kann das Arbeitsverhältnis nach § 113 der Insolvenzordnung von beiden Seiten mit einer Kündigungsfrist von drei Monaten zum Monatsende aufgelöst werden, falls nicht eine kürzere Frist gilt, die dann vorgeht. Längere gesetzliche oder tarifvertragliche Kündigungsfristen kommen in diesem Fall nicht zur Anwendung.

In Einzelfällen ergibt sich aus Tarifverträgen, dass die ordentliche Kündigung eines Arbeitsverhältnisses ausgeschlossen ist. Dies ist insbesondere dann der Fall, wenn das Arbeitsverhältnis schon sehr lange Zeit besteht und der Arbeitnehmer eine gewisse Altersgrenze überschritten hat. Es ist zu beachten, dass diese Unkündbarkeit in der Insolvenz des Arbeitgebers keine Rolle spielt, sondern auch in diesem Fall mit einer Höchstfrist von drei Monaten zum Monatsende durch den Insolvenzverwalter gekündigt werden kann.

Neben gesetzlichen Kündigungsfristen sind sehr häufig auch tarifliche Bestimmungen zu beachten. Allerdings gelten tarifliche Kündigungsfristen nur in folgenden Fällen:

Tarif-vertrag

- Der Arbeitnehmer ist Gewerkschaftsmitglied und der Arbeitgeber ist im Arbeitgeberverband organisiert.
- Der Arbeitsvertrag verweist auf einen einschlägigen Tarifvertrag.
- Der allgemeinverbindliche Tarifvertrag ist anwendbar.

Die Kündigungsfristen können durch einen Tarifvertrag sowohl verlängert als auch verkürzt werden. In beiden Fällen hat der Tarifvertrag Vorrang vor der gesetzlichen Regelung. Der Tarifvertrag kann auch vorsehen, dass neben dem Arbeitgeber auch der Arbeitnehmer bei längerer Betriebszugehörigkeit längere Kündigungsfristen einhalten muss.

Die weitaus häufigste vom Gesetz abweichende Regelung zu Kündigungsfristen ergibt sich aus dem Arbeitsvertrag. Unproblematisch ist es dabei, die oben genannten gesetzlichen Kündigungsfristen zu verlängern.

Arbeits-vertrag

Eine Möglichkeit der Verlängerung von Kündigungsfristen besteht im Vorbehalt des Arbeitgebers, dass seine verlängerten gesetzlichen Kündigungsfristen auch vom Arbeitnehmer einzuhalten sind. Eine entsprechende vertragliche Regelung könnte folgendermaßen lauten:

> **Beispiel**
>
> Für die Kündigung des Arbeitsverhältnisses gelten die gesetzlichen Bestimmungen. Gesetzliche Verlängerungen der Kündigungsfrist für den Arbeitgeber gelten entsprechend auch für Kündigungen durch den Arbeitnehmer.

Darüber hinaus kann im Arbeitsvertrag für Arbeitgeber und Arbeitnehmer eine längere Kündigungsfrist als die im Gesetz vorgesehene vereinbart werden. Dies kann auf zweierlei Weise geschehen. Zum einen kann die Dauer der Frist verlängert werden.

> **Beispiel**
>
> Die Kündigungsfrist beträgt für beide Vertragsparteien drei Monate.

Dies ist besonders zu Beginn des Arbeitsverhältnisses relevant, weil zu diesem Zeitpunkt die gesetzliche Kündigungsfrist bei nur vier Wochen zum 15. eines Monats oder zum Monatsende liegt. Hier wäre nun eine Frist von drei Monaten zu diesem Beendigungsterminen einzuhalten. Zum anderen kann auch der Zeitpunkt, zu dem gekündigt werden kann, modifiziert werden.

> **Beispiel**
>
> Die Kündigungsfrist beträgt für beide Vertragsparteien drei Monate zum Quartalsende.

In diesem Fall ist bereits von Beginn des Arbeitsverhältnisses an eine Kündigung zum 15. eines Monats oder zum Monatsende ausgeschlossen.

Kürzere Kündigungsfrist

Wir haben oben bereits gesehen, dass sich im Lauf eines Arbeitsverhältnisses mit steigender Betriebszugehörigkeit auch die Dauer der Kündigungsfrist zumindest für den Arbeitgeber verlängert. Es kann sich aber auch ergeben, dass bei einer sehr langen Betriebszugehörigkeit die zu Beginn des Arbeitsverhältnisses längere arbeitsvertragliche Kündigungsfrist nun kürzer ist als die gesetzliche.

> **Beispiel**
>
> Herr Kleinert ist seit 16 Jahren im Unternehmen beschäftigt und hat im Arbeitsvertrag folgende Regelung: „Die Kündigungsfrist beträgt für beide Vertragsparteien drei Monate zum Monatsende."

Zu Beginn des Arbeitsverhältnisses war diese arbeitsvertragliche Verlängerung der Kündigungsfrist für Herrn Kleinert vorteilhaft. Nun beträgt aber die gesetzliche Kündigungsfrist sechs Monate zum Monatsende und ist damit drei Monate länger als die arbeitsvertragliche Kündigungsfrist.

Achtung: In einem Arbeitsvertrag darf sich der Arbeitgeber nicht vorbehalten, dass die vom Arbeitnehmer einzuhaltende Kündigungsfrist länger ist als die von ihm einzuhaltende.

Eine Verkürzung der Kündigungsfristen im Arbeitsvertrag ist im Gegensatz zur Verlängerung der Kündigungsfristen nicht ohne Weiteres möglich. In Betracht kommen nur folgende Fälle:

- innerhalb einer Probezeit von längstens sechs Monaten: Verkürzung auf zwei Wochen
- vorübergehende Einstellung zur Aushilfe von längstens drei Monaten: keine Kündigungsfrist
- im Kleinbetrieb mit weniger als 20 Arbeitnehmern: Verkürzung auf vier Wochen

Achtung: Kommt es zu einer Kollision zwischen einzelvertraglichen und tarifvertraglichen Regelungen über die Kündigungsfrist, kommt es darauf an, welche dieser Regelungen in der konkreten Situation für den Arbeitnehmer günstiger ist.

Lassen Sie uns diesen Grundsatz anhand eines Beispiels betrachten:

> **Beispiel**
>
> Frau Breuer ist seit fünf Jahren im Unternehmen beschäftigt. Für sie gilt der Manteltarifvertrag der chemischen Industrie mit einer Kündigungsfrist von sechs Wochen zum Monatsende. Im Arbeitsvertrag ist eine Kündigungsfrist von drei Monaten zum Monatsende vereinbart.

In diesem Fall kollidierenden folgende Kündigungsfristen:

- Gesetz: zwei Monate zum Monatsende, § 622 Absatz 2 BGB
- Tarifvertrag: sechs Wochen zum Monatsende
- Arbeitsvertrag: drei Monate zum Monatsende

Grundsätzlich gilt die gesetzliche Kündigungsfrist. Hier haben aber die Tarifvertragsparteien in zulässiger Weise eine kürzere als die gesetzliche Kündigungsfrist vereinbart. Nachdem Frau Breuer mit ihrem Arbeitgeber im Arbeitsvertrag jedoch die für sie günstigere längere Kündigungsfrist von drei Monaten zum Monatsende vereinbart hat, hat diese Frist Vorrang vor der tarifvertraglichen Kündigungsfrist von sechs Wochen zum Monatsende.

Achtung: Sollten Sie in Ihrer Kündigung ein falsches Beendigungsdatum errechnet haben, so ist deswegen die Kündigung noch nicht unwirksam. Nach Auslegung der Kündigungserklärung kommt man nämlich zu dem Schluss, dass Sie das Arbeitsverhältnis in jedem Fall kündigen wollen und lediglich eine falsche Fristberechnung vorliegt. Folge der falschen Fristberechnung ist, dass die Kündigung erst mit Ablauf der zutreffenden Kündigungsfrist wirksam wird.

Besonderer Kündigungsschutz

Bevor wir uns der Frage zuwenden, ob die ausgesprochene Kündigung begründet ist, müssen wir zunächst klären, ob es nicht einen besonderen Kündigungsschutz gibt, also Gründe, die bereits zu einer Unwirksamkeit der Kündigung führen.

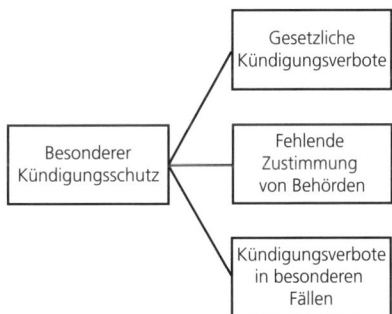

Fälle des besonderen Kündigungsschutzes

Unabhängig davon, ob Sie nachvollziehbare Gründe für den Ausspruch der Kündigung vorbringen können, ist eine Trennung von Ihrem Mitarbeiter ausgeschlossen, wenn eine Kündigung gesetzlich untersagt ist.

Absolutes Kündigungsverbot

Insbesondere für diese Personengruppen gilt ein absolutes Kündigungsverbot:

- Mitglieder von Betriebsrat und Personalrat
- Vertrauensleute der Schwerbehinderten
- zum Wehr- oder Zivildienst einberufene Arbeitnehmer

Der Grund für das Kündigungsverbot von Mitgliedern des Betriebsrats ist einleuchtend: Ein Betriebsrat kann nur funktionsfähig aufrechterhalten werden, wenn seine Mitglieder gegen Kündigung geschützt sind. Andernfalls hätte der Arbeitgeber die Möglichkeit, den Betriebsrat durch die Kündigung missliebiger Mitglieder zu schwächen. Andererseits kann das Amt des Betriebsrats kein Freibrief für Verstöße gegen die Pflichten aus dem Arbeitsverhältnis sein. Deshalb verbleibt dem Arbeitgeber hier die Möglichkeit, aus wichtigem Grund fristlos zu kündigen.

Auch die Interessenlage im Fall der Einziehung eines Arbeitnehmers zum Grundwehrdienst oder zu einer Wehrübung ist klar. Es kann nicht sein, dass der Arbeitnehmer seiner staatsbürgerlichen Pflicht der Ableistung des Wehrdienstes nachkommt und dadurch im Gegenzug Nachteile wie z. B. die Kündigung seines Arbeitsverhältnisses hinnehmen muss.

Erlaubnisvorbehalt

Folgende Arbeitnehmer haben keinen absoluten Kündigungsschutz, sondern ihnen steht ein öffentlich-rechtliches Verbot der Kündigung mit sogenanntem Erlaubnisvorbehalt zur Seite:

- Arbeitnehmerinnen im Mutterschutz
- Arbeitnehmer in Elternzeit
- Schwerbehinderte

In diesen Fällen müssen Sie vor Ausspruch der Kündigung bei der jeweils zuständigen Behörde deren Zustimmung zur Kündigung einholen. Nur wenn die Behörde mit der Kündigung einverstanden ist, dürfen Sie aktiv werden und kündigen. In diesem Fall müssen Sie in Ihrer schriftlichen Kündigung den zulässigen Kündigungsgrund angeben.

Achtung: Sollte eine zu kündigende Arbeitnehmerin schwanger sein, sich in Elternzeit befinden oder eine Schwerbehinderung mit einem Grad von mindestens 50 % haben (bis auf die erste Bedingung gilt das natürlich auch für männliche Arbeitnehmer), müssen Sie vor einer Kündigung die zuständige Behörde um Zustimmung zur Kündigung ersuchen.

Schließlich gibt es weitere Kündigungsverbote, die sich auf bestimmte Umstände beziehen, unter denen eine Kündigung ausgesprochen wird.

- Kündigung wegen eines Betriebsübergangs
- Kündigung bei Anspruch auf Altersrente
- Kündigung wegen Inanspruchnahme von Altersteilzeit
- Kündigung bei Massenentlassungen

Unzulässig ist zunächst eine Kündigung allein deshalb, weil ein Arbeitnehmer bereits in Altersrente gehen oder Altersteilzeit beantragen könnte. Denn Sie dürfen diese Arbeitnehmer nicht zu ihrem „Glück" zwingen.

Im Fall eines Betriebsübergangs, also wenn eine wirtschaftlich abgrenzbare Einheit, die eine eigene wirtschaftliche Zwecksetzung verfolgt, aus dem alten Unternehmen herausgelöst und auf ein neues Unternehmen übertragen wird, gehen die betroffenen Arbeitnehmer auf den neuen Eigentümer über. Ähnlich wie bei einem Mietvertrag im Fall des Verkaufs einer Mietwohnung hat auch der Arbeitsvertrag weiterhin Bestand und muss vom neuen Eigentümer erfüllt werden. Dieser Schutz des übergehenden Arbeitnehmers hätte keinen Wert, wenn der alte oder der neue Arbeitgeber wegen des stattfindenden Betriebsübergangs das Arbeitsverhältnis kündigen könnten. Deshalb gilt hier ein Kündigungsverbot zugunsten der Arbeitnehmer.

Betriebsübergang

Gerade in wirtschaftlich sehr schwierigen Zeiten sind Arbeitgeber häufig gezwungen, einer großen Anzahl von Mitarbeitern zu kündigen. Werden hierbei bestimmte Schwellenwerte überschritten, so ist der Arbeitgeber vor Ausspruch der Kündigungen verpflichtet, der Agentur für Arbeit hierüber Anzeige zu erstatten. In diesem Fall spricht man von Massenentlassungen. Wann solche Massenentlassungen vorliegen, ergibt sich aus folgender Übersicht:

Massenentlassungen

Übersicht: Massenentlassungen im Betrieb	
Anzahl der Betriebsangehörigen	Anzahl der Entlassungen
21–59	mindestens 6
60–499	10 % der Belegschaft oder mindestens 26
über 500	mindestens 30

Diese Entlassungen müssen innerhalb von 30 Kalendertagen erfolgen. Dabei werden nicht nur klassische Kündigungen, sondern auch andere Beendigungsformen, z. B. Aufhebungsverträge, eingerechnet.

Achtung: Die Anzeige an die Agentur für Arbeit muss zwingend vor Ausspruch der Kündigungen erfolgen. Andernfalls sind die ausgesprochenen Kündigungen nichtig. Der Arbeitgeber hat auch nicht die Möglichkeit, die Anzeige an die Agentur für Arbeit nachzuholen und damit die Kündigungen zu heilen.

In Unternehmen, in denen ein Betriebsrat besteht, ist der Arbeitgeber verpflichtet, vor Ausspruch der Kündigung den Betriebsrat hierzu anzuhören. Das bedeutet, er muss ihm die Gründe für die Kündigung mitteilen, andernfalls ist die ausgesprochene Kündigung unwirksam (§ 102 BetrVG).

Betriebsrat

Mit dieser Regelung verfolgt der Gesetzgeber den Zweck, den Arbeitnehmer bereits im Vorfeld einer Kündigung dadurch zu schützen, dass der Betriebsrat als die Interessenvertretung der Arbeitnehmer im Betrieb die Wirksamkeit der Kündigung überprüft und dem Arbeitgeber seine

Rechtsauffassung hierzu mitteilt. Dadurch wird dem Arbeitgeber die Gelegenheit gegeben, nochmals zu überdenken, ob er die Kündigung wirklich aussprechen oder nicht etwa einen Vorschlag des Betriebsrats zur Vermeidung der Kündigung umsetzen will.

> **Beispiel**
>
> Frau Fleischer ist als Verkäuferin in einem Kaufhaus tätig. Der Arbeitgeber muss zehn Mitarbeitern in diesem Bereich kündigen, um die Personalkosten zu senken. Die Wahl fällt schließlich auch auf Frau Fleischer. Die Personalabteilung hört den Betriebsrat zur Kündigung von Frau Fleischer an. Zwei Tage später erfährt der Betriebsrat davon, dass ein Kollege von Frau Fleischer, Herr Baumüller, soeben seine Kündigung in der Personalabteilung abgegeben hat. Der Betriebsrat äußert sich nun im Rahmen der Anhörung zur Kündigung von Frau Fleischer dahin gehend, dass eine Kündigung von Frau Fleischer nicht notwendig sei, weil diese auf Herrn Baumüllers Arbeitsplatz weiterbeschäftigt werden könne. Der Arbeitgeber sieht dies ein und nimmt von einer Kündigung Abstand.

Der Betriebsrat hat im Rahmen seiner Anhörung die Möglichkeit, der beabsichtigten Kündigung zu widersprechen. Hierfür muss er aber gute Gründe haben, beispielsweise die oben beschriebene Möglichkeit, den zu kündigenden Mitarbeiter an einem anderen Arbeitsplatz weiterzubeschäftigen.

Dabei ist zu beachten, dass Sie nicht gezwungen sind, den Widerspruch des Betriebsrats zu befolgen und die Kündigung zu unterlassen. Sie bleiben in Ihrer Entscheidung frei, ob Sie dem Arbeitnehmer kündigen wollen oder nicht. Trotzdem hat ein Widerspruch des Betriebsrats für den Arbeitnehmer wichtige Auswirkungen.

Kündigungsschutzklage

Wehrt sich der Arbeitnehmer mit einer Kündigungsschutzklage gegen die Kündigung, dann hat er trotz formaler Beendigung des Arbeitsverhältnisses während des Kündigungsschutzverfahrens einen Anspruch auf Weiterbeschäftigung im Betrieb. Auf diese Weise bleibt der Arbeitnehmer durch den Widerspruch des Betriebsrats im Betrieb integriert und kann nahtlos an seinem Arbeitsplatz weiterarbeiten, wenn er den Kündigungsschutzprozess gewinnt.

Gerade wenn der Betriebsrat der Kündigung widerspricht, weil er meint, dass der Arbeitnehmer an einem anderen Arbeitsplatz weiterbeschäftigt werden kann, hat die Intervention des Betriebsrats für den Arbeitnehmer positive Folgen. Denn stellt das Gericht im Kündigungsschutzprozess später fest, dass der Betriebsrat der Kündigung zu Recht widersprochen hat, ist die Kündigung in jedem Fall rechtswidrig, ohne im Einzelfall eine Abwägung der Interessen des Arbeitgebers und des Arbeitnehmers gegeneinander vorzunehmen.

Achtung: Kündigt der Arbeitgeber, obwohl der Betriebsrat der Kündigung widersprochen hat, so hat er dem Arbeitnehmer mit der Kündigung eine Abschrift der Stellungnahme des Betriebsrats zuzuleiten.

Die Kündigung ist nicht nur unwirksam, wenn die Anhörung des Betriebsrats insgesamt unterblieben ist, sondern auch wenn sie nicht ordnungsgemäß durchgeführt wurde. Der Arbeitgeber muss folgenden Ablauf des Anhörungsverfahrens einhalten:

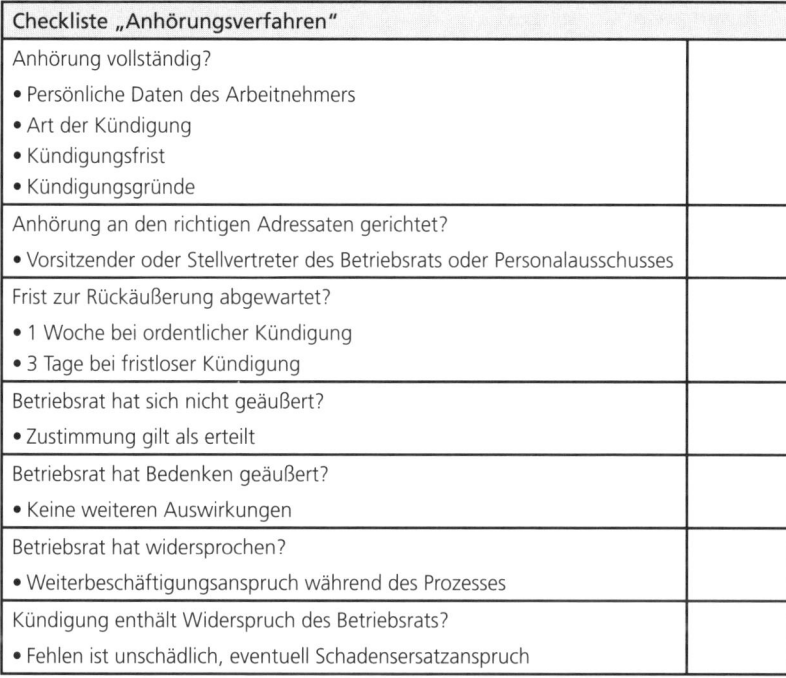

Checkliste „Anhörungsverfahren"	
Anhörung vollständig? • Persönliche Daten des Arbeitnehmers • Art der Kündigung • Kündigungsfrist • Kündigungsgründe	
Anhörung an den richtigen Adressaten gerichtet? • Vorsitzender oder Stellvertreter des Betriebsrats oder Personalausschusses	
Frist zur Rückäußerung abgewartet? • 1 Woche bei ordentlicher Kündigung • 3 Tage bei fristloser Kündigung	
Betriebsrat hat sich nicht geäußert? • Zustimmung gilt als erteilt	
Betriebsrat hat Bedenken geäußert? • Keine weiteren Auswirkungen	
Betriebsrat hat widersprochen? • Weiterbeschäftigungsanspruch während des Prozesses	
Kündigung enthält Widerspruch des Betriebsrats? • Fehlen ist unschädlich, eventuell Schadensersatzanspruch	

Das Kündigungsschutzgesetz

Wenn Sie alle formalen Hürden für den Ausspruch einer Kündigung genommen haben, stellt sich die Frage, ob die Kündigung eventuell deshalb unwirksam ist, weil es für sie keinen triftigen Grund gibt.

Hierzu ist zunächst zu bemerken, dass für eine Kündigung nicht zwingend ein aus der Sicht des Arbeitnehmers nachvollziehbarer Grund vorliegen muss. Dieser Grundsatz schützt zunächst den Arbeitgeber in seinem Grundrecht auf Eigentum. Andererseits gibt es Situationen, in denen der betroffene Arbeitnehmer schutzwürdiger ist als der kündigende Arbeitgeber. Der Gesetzgeber hat hierzu eine Vielzahl von Regelungen entwickelt, die einen gerechten Ausgleich zwischen den Interessen des Arbeitgebers und des Arbeitnehmers schaffen sollen. Eine zentrale Rolle spielt hierbei das Kündigungsschutzgesetz.

Ausgleich der Interessen

Aus diesem Gesetz ergibt sich, dass nicht jeder Arbeitnehmer Kündigungsschutz genießt und hierfür zudem bestimmte Voraussetzungen erfüllt sein müssen. In diesem Abschnitt werden wir sehen, ob sich Ihr Mitarbeiter in seiner konkreten Situation auf die kündigungsschutzrechtlichen Bestimmungen berufen kann.

Ist das Kündigungsschutzgesetz anwendbar?

Um herauszufinden, ob Ihrer Kündigung das Kündigungsschutzgesetz entgegensteht, müssen Sie drei verschiedene Punkte prüfen:

• Fällt der Arbeitnehmer in den persönlichen Geltungsbereich des Kündigungsschutzgesetzes?

• Fallen Sie als Arbeitgeber in den Geltungsbereich des Kündigungsschutzgesetzes?

• Hat der Arbeitnehmer die Wartezeit erfüllt?

Gilt nur für Arbeitnehmer

Das Kündigungsschutzgesetz schützt nur Arbeitnehmer. Falls Sie die Kündigung gegenüber einem Teammitglied aussprechen wollen, von dem Sie glauben, dass er kein Arbeitnehmer, sondern lediglich ein freier Mitarbeiter ist, lohnt es sich, den Status dieses Mitarbeiters zu prüfen. Entscheidend dafür ist, wie der Begriff des Arbeitnehmers definiert ist.

Maßgeblich ist hierbei das Kriterium der Unselbstständigkeit. Nur derjenige, dessen Vorgesetzter Weisungen zu Arbeitsort, Arbeitszeit und Arbeitsinhalten erteilen darf, ist abhängig beschäftigt und damit Arbeitnehmer. Von Belang ist dabei nicht nur die Formulierung des Arbeitsvertrags, sondern vor allem die praktische Durchführung im Arbeitsalltag. Selbst wenn ein Vertrag über freie Mitarbeit besteht, bedeutet das nicht, dass kein Kündigungsschutz vorhanden ist. Klären Sie anhand der folgenden Checkliste, ob Ihr Mitarbeiter Arbeitnehmer ist:

Checkliste „Arbeitnehmer"	
Besteht ein schriftlicher Arbeitsvertrag?	
Gibt es eine schriftliche Stellenbeschreibung?	
Geben Sie als Vorgesetzter klare Arbeitszeiten vor?	
Gibt es im Betrieb eine Gleitzeitregelung, an die sich der Mitarbeiter halten muss?	
Weisen Sie Ihren Mitarbeiter gelegentlich an, länger zu bleiben?	
Beantragt Ihr Mitarbeiter seinen Urlaub bei Ihnen?	
Geben Sie Ihrem Mitarbeiter vor, was er tun muss?	
Schließen Sie mit Ihrem Mitarbeiter eine Zielvereinbarung ab?	
Sprechen Sie mit Ihrem Mitarbeiter Dienstreisen ab?	
Nutzt Ihr Mitarbeiter eine betriebliche Telefonnummer und E-Mail-Adresse?	
Bekommt Ihr Mitarbeiter monatlich eine Gehaltsabrechnung?	

Je mehr dieser Punkte Sie bejahen können, desto wahrscheinlicher ist Ihr Mitarbeiter Arbeitnehmer und unterfällt deshalb dem Kündigungsschutzgesetz. Eine Prüfung im Einzelfall kann trotzdem in Grenzfällen notwendig sein.

Auch leitende Angestellte wie z. B. Bereichsleiter, Betriebsleiter, Filialleiter oder Geschäftsstellenleiter unterfallen dem Kündigungsschutzgesetz.

Für sie gilt nur die Besonderheit, dass in einem Kündigungsschutzprozess der Arbeitgeber die Auflösung des Arbeitsverhältnisses gegen Zahlung einer Abfindung beantragen darf, ohne dies besonders begründen zu müssen. Bei dieser Mitarbeitergruppe wird das Kündigungsschutzrecht nahezu zu einem reinen Abfindungsrecht, bei dem es weniger auf die Frage der Rechtmäßigkeit der Kündigung ankommt als vielmehr auf die Höhe der zu zahlenden Abfindung.

> Achtung: Leitende Angestellte sind Mitarbeiter, die die Letztentscheidung zur Einstellung oder Entlassung von Arbeitnehmern selbstständig und eigenverantwortlich treffen. Nicht ausreichend ist, dass sie als leitende Angestellte nicht an Betriebsratswahlen teilgenommen haben oder im Arbeitsvertrag vermerkt ist, dass sie leitende Angestellte sind.

Das Kündigungsschutzgesetz gilt nicht für Vorstandsmitglieder einer AG oder Geschäftsführer einer GmbH, die als Organe der Gesellschaft nicht gleichzeitig Arbeitnehmer sein können.

Das Kündigungsschutzgesetz setzt weiterhin voraus, dass Ihr Unternehmen mehr als 10 Arbeitnehmer beschäftigt. Dabei sind Teilzeitbeschäftigte mit bis zu 20 Wochenarbeitsstunden mit einem Faktor von 0,5 und solche mit bis zu 30 Wochenarbeitsstunden mit einem Faktor von 0,75 zu berücksichtigen. Bei der Berechnung der Beschäftigtenzahl werden Auszubildende, Praktikanten oder Volontäre nicht mitgerechnet. Ebenfalls nicht mitgerechnet werden Arbeitnehmer in Mutterschutz oder Elternzeit, wenn gleichzeitig für sie eine Ersatzkraft eingestellt wurde, die dann bei der Ermittlung der Beschäftigtenzahl eingerechnet wird. Der gekündigte Arbeitnehmer wird hinzugezählt.

Mehr als 10 Arbeitnehmer

> **Beispiel**
>
> In der Blitzblank GmbH sind neben dem Geschäftsführer insgesamt 13 Mitarbeiter mit unterschiedlich langer Arbeitszeit beschäftigt. Die Anzahl der Mitarbeiter nach dem Kündigungsschutzgesetz errechnet sich hier wie folgt:
>
> Geschäftsführer: zählt nicht mit
>
> Reinigungskräfte:
>
> 1 Mitarbeiter Vollzeit: 1,0
>
> 2 Mitarbeiter 30 Wochenstunden: 2,0
>
> 2 Mitarbeiter 25 Wochenstunden: 1,5
>
> 5 Mitarbeiter 15 Wochenstunden: 2,5

> Bürokräfte:
>
> 1 Mitarbeiter Vollzeit: 1,0
>
> 1 Mitarbeiter 22 Wochenstunden: 0,75
>
> 1 Mitarbeiter 15 Wochenstunden: 0,5
>
> Gesamt: 9,25
>
> Obwohl insgesamt 13 Mitarbeiter beschäftigt sind, unterfällt dieses Unternehmen nicht dem Kündigungsschutzgesetz, weil gemessen an der Arbeitszeit nicht mehr als 10 Arbeitnehmer beschäftigt sind.

Der jetzt maßgebliche Schwellenwert von 10 Arbeitnehmern gilt erst seit dem 1.1.2004. Davor betrug er 5 Arbeitnehmer.

> Achtung: Für Arbeitnehmer, deren Arbeitsverhältnis vor dem 31.12.2003 begonnen hat, gilt eine komplizierte Übergangsregelung zum Schwellenwert. Hierauf sollten Sie im Bedarfsfall Ihren Rechtsberater hinweisen.

In einem Kündigungsschutzprozess muss der Arbeitnehmer zunächst behaupten, dass im Betrieb mehr als 10 Arbeitnehmer beschäftigt sind. Wenn der Arbeitgeber das Gegenteil beweist, muss der Arbeitnehmer konkret Personen benennen, die der Arbeitgeber bei der Berechnung der Beschäftigtenzahl vergessen haben könnte.

Probezeit   Das Kündigungsschutzgesetz gilt für den Arbeitnehmer erst, wenn er ohne Unterbrechung länger als sechs Monate beschäftigt ist. In dieser Zeit ist Ihnen gestattet, den neuen Arbeitnehmer zunächst zu erproben. Die Bindung des Arbeitnehmers zu Ihrem Unternehmen ist noch nicht so stark, dass daraus ein besonderer Kündigungsschutz erwachsen könnte.

> Achtung: Auch wenn im Arbeitsvertrag eine kürzere Probezeit von z. B. 3 Monaten vereinbart ist, beginnt der Kündigungsschutz erst nach Ablauf von 6 Monaten. Die arbeitsvertragliche Probezeit bedeutet in diesem Fall nur eine kürzere Kündigungsfrist für beide Parteien. Es ist also zwischen arbeitsvertraglicher und gesetzlicher Probezeit zu unterscheiden.

Für den Ablauf der Wartezeit ist allein der rechtliche Bestand des Arbeitsverhältnisses maßgeblich. Irrelevant ist beispielsweise eine längere Krankheit während der Probezeit. Nicht eingerechnet wird eine vorherige Beschäftigung als freier Mitarbeiter oder als Leiharbeitnehmer. Demgegenüber wird eine vorhergehende Berufsausbildung angerechnet.

Auch sind hintereinandergeschaltete Arbeitsverhältnisse zusammenzurechnen, wenn sie entweder unmittelbar aufeinanderfolgen oder im Fall einer verhältnismäßig kurzen Lücke zwischen den verschiedenen Arbeitsverhältnissen ein enger sachlicher Zusammenhang besteht.

> **Beispiel**
>
> Klaus Berger hat während seines Studiums als Praktikant bei einem Zeitungsverlag begonnen. Nach vier Monaten schließt er sein Studium ab und bekommt ab dem 1. Oktober einen auf drei Monate befristeten Arbeitsvertrag. Dieser läuft am 31. Dezember ab. Ab dem 7. Januar erhält er einen unbefristeten Vertrag und wird am 30. Mai gekündigt. Der Verlag ist der Meinung, Klaus Berger habe noch keinen Kündigungsschutz, weil das Arbeitsverhältnis erst am 7. Januar begann und deshalb noch keine sechs Monate bestand.

Die Zeit als Praktikant wird auf die Beschäftigungsdauer tatsächlich nicht angerechnet, weil es sich um kein Arbeitsverhältnis handelte. Das Arbeitsverhältnis begann aber am 1. Oktober und dauerte bis zum 30. Mai. Die Unterbrechung zum Jahreswechsel ändert daran nichts, weil zwischen dem befristeten und dem unbefristeten Arbeitsverhältnis ein enger sachlicher Zusammenhang besteht. Klaus Berger hat deshalb Kündigungsschutz.

Liegen Kündigungsgründe vor?

Das Kündigungsschutzgesetz lässt die Kündigung nur in drei bestimmten Fällen zu: betriebliche Gründe, Ursachen in der Person, zum Beispiel Krankheit, oder der Arbeitnehmer hat durch ein bestimmtes Verhalten Anlass zur Kündigung gegeben.

Drei Arten von Gründen

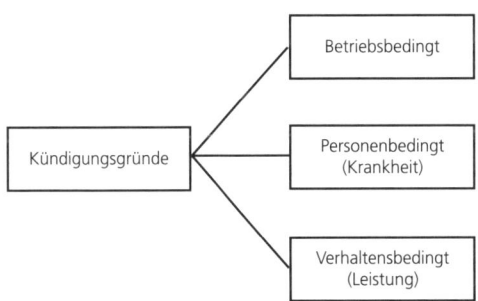

Kündigungsgründe nach dem Kündigungsschutzgesetz

Die betriebsbedingte Kündigung

Betriebliche Gründe sind zwar selten Ursache eines Konflikts und damit Auslöser für eine Kündigung. Umgekehrt jedoch kann ein Konflikt unter Mitarbeitern gelegentlich Auslöser für eine betriebliche Umstrukturierung sein. Nachdem die betriebsbedingte Kündigung in der Praxis außerdem am häufigsten vorkommt, soll sie an dieser Stelle genauer betrachtet werden.

Die betriebsbedingte Kündigung unterliegt einer Vielzahl von Voraussetzungen, deren Vorliegen sorgfältig geprüft werden muss.

Checkliste „Betriebsbedingte Kündigung"	
Ist der Arbeitsplatz weggefallen?	
Wurde hierzu eine Unternehmerentscheidung getroffen?	
Welchen Inhalt hat sie?	
Liegen innerbetriebliche Gründe vor?	
Liegen außerbetriebliche Gründe vor?	
Sind die Gründe für den Wegfall dringend?	
Ist die Kündigung unmittelbare Folge des Wegfalls?	
Bleibt es bei dem Wegfall bis zum Austritt?	
Gibt es einen freien gleichwertigen Arbeitsplatz?	
Wurde eine Sozialauswahl mit vergleichbaren Mitarbeitern durchgeführt?	

Die erste Frage, die Sie sich stellen müssen, ist, ob der Arbeitsplatz des betreffenden Mitarbeiters überhaupt weggefallen ist. Sollten Sie nur mit der Leistung des Arbeitnehmers unzufrieden sein und ihm deshalb kündigen wollen, so ist der Arbeitsplatz nicht weggefallen. Er wird als solcher auch in Zukunft benötigt. In diesem Fall kommt eine betriebsbedingte Kündigung nicht in Betracht.

Beispiel

Der Geschäftsführer einer Werbeagentur beschäftigt seit vielen Jahren zu seiner Unterstützung eine Assistentin. Mit der derzeitigen Stelleninhaberin ist er jedoch unzufrieden, weil die Chemie zwischen ihnen nicht stimmt. Nach einigen erfolglosen Versuchen, eine gemeinsame Basis für die Zusammenarbeit zu finden, gibt der Geschäftsführer auf und kündigt der Assistentin. Vor Gericht begründet er, dass der Arbeitsplatz der Assistentin weggefallen sei, obwohl er direkt im Anschluss an den Austritt seiner alten Assistentin eine neue Mitarbeiterin eingestellt hat.

Da der Arbeitsplatz der Assistentin des Geschäftsführers ohne Zweifel auch in Zukunft benötigt wird, kann die Kündigung der Assistentin nicht mit dem Vorliegen betriebsbedingter Gründe untermauert werden.

Beispiel

Aus wirtschaftlichen Gründen entscheidet der Geschäftsführer der Werbeagentur diesmal, dass die Mitarbeiterin am Empfang zugleich die Assistenzaufgaben für ihn übernehmen soll. Der Arbeitsplatz seiner persönlichen Assistentin soll wegfallen.

Hier ist in der Tat der Arbeitsplatz der Assistentin weggefallen. Die Position der Assistentin des Geschäftsführers wurde grundsätzlich gestrichen. Der Arbeitgeber hat entschieden, die Organisation im Bereich Geschäftsführungsassistenz zu ändern. Darin ist er frei, weshalb es von Gerichten nicht überprüft werden kann, ob diese unternehmerische Entscheidung sinnvoll ist oder nicht. Nur in ganz besonderen Ausnahmefällen, wenn sie offensichtlich unsachlich, unvernünftig oder willkürlich wäre, könnte das Gericht eine Kündigung als unwirksam qualifizieren.

Folgende Umstände wurden beispielsweise von den Gerichten als betriebliche Erfordernisse für den Wegfall eines Arbeitsplatzes anerkannt:

- Auftragsmangel
- freie Mitarbeiter statt Festangestellte
- Zusammenlegung von Arbeitsgebieten
- Streichung einer Hierarchieebene
- Vollzeitarbeitsplatz statt Teilzeitarbeitsplatz
- Betriebsstilllegung
- Rationalisierung
- Stelleneinsparungen im Haushaltsplan
- Witterungsgründe

Betriebliche Erfordernisse

Das bloße Vorliegen betrieblicher Gründe reicht aber nicht aus. Die Gründe müssen dringend sein, um eine Kündigung zu rechtfertigen. Dringend ist ein betrieblicher Grund dann, wenn es dem Arbeitgeber nicht möglich ist, seine unternehmerische Zielsetzung auf andere Weise, also durch andere Maßnahmen auf technischem, wirtschaftlichem, organisatorischem oder personellem Gebiet, ohne Personalabbau zu erreichen. Das wäre dann der Fall, wenn der Arbeitgeber durch ein milderes Mittel die Kündigung des Arbeitnehmers verhindern könnte.

Dringend?

Keine Dringlichkeit betrieblicher Gründe liegt vor, wenn der Arbeitgeber anstelle der Kündigung diese Möglichkeiten hat:

- unveränderte Weiterbeschäftigung in demselben oder einem anderen Betrieb
- Weiterbeschäftigung nach Änderung der Arbeitsbedingungen durch Änderungskündigung
- Weiterbeschäftigung nach Qualifizierungsmaßnahmen
- Abbau von Überstunden
- Abbau von Leiharbeitnehmern auf Arbeitsplätzen, die für den Arbeitnehmer geeignet sind

Ein letzter kniffliger Punkt ist die korrekte Durchführung der Sozialauswahl vor Ausspruch der Kündigung. Denn eine betriebsbedingte Kündigung ist sozialwidrig, wenn der Arbeitgeber bei der Auswahl des gekündigten Arbeitnehmers die Dauer seiner Betriebszugehörigkeit, sein Le-

Sozialauswahl

bensalter, seine Unterhaltspflichten und seine Schwerbehinderung nicht oder nicht ausreichend berücksichtigt hat.

Wie plant man nun die korrekte Durchführung der Sozialauswahl? Diese Frage ist höchst komplex, weil die Gerichte hierzu Regeln aufgestellt haben, die Laien nicht und Experten nur bedingt nachvollziehen können. Vereinfacht dargestellt sind folgende Fragen zu beantworten:

Die folgenden Fragen finden Sie als Checkliste auf Ihrer CD-ROM, direkt zum Ausdrucken und Beantworten.

Frage 1: Mit welchen anderen Arbeitnehmern ist der zu kündigende Arbeitnehmer hinsichtlich seiner tatsächlich ausgeübten Tätigkeit vergleichbar?

Hier sollten Sie eine Liste aufstellen, welche Tätigkeiten im konkreten Arbeitsbereich des Arbeitnehmers anfallen. Anschließend wäre zu überlegen, welche Arbeitnehmer in Ihrem Betrieb gleiche oder ähnliche Tätigkeiten ausüben.

Beispiel

Frau Schiller ist in ihrem Betrieb als technische Einkäuferin für EDV-Produkte (Hardware) beschäftigt. Neben ihr sind noch Herr Kohl und Herr Schmidbauer in diesem Tätigkeitsbereich eingesetzt. Nachdem in diesem Bereich ein Arbeitsplatz abgebaut werden muss, eröffnen Sie Frau Schiller als Vorgesetzter, dass sie die Kündigung erhalten soll.

Vor Ausspruch der Kündigung hätten Sie jetzt eine Sozialauswahl zwischen den bezüglich ihrer Tätigkeit miteinander vergleichbaren Arbeitnehmern Schiller, Kohl und Schmidbauer durchzuführen.

Frage 2: Gibt es unter den vergleichbaren Arbeitnehmern einen sozial Stärkeren?

Sozialauswahl heißt, dass Sie nun als Arbeitgeber diese drei Arbeitnehmer in Bezug auf ihre soziale Schutzwürdigkeit miteinander vergleichen müssen. Dabei haben Sie die Kriterien Dauer der Betriebszugehörigkeit, Lebensalter, Unterhaltspflichten und Schwerbehinderung zu berücksichtigen.

Punkte-
schema

Sie können hierzu ein Punkteschema aufstellen, wonach Sie diese Kriterien gewichten. Dabei haben Sie einen eigenen Beurteilungsspielraum, in dem Sie die sozialen Kriterien ausreichend zu berücksichtigen haben. Diesen Beurteilungsspielraum dürfen die Arbeitsgerichte nicht dadurch einengen, dass sie ihre eigenen Vorstellungen von einer Gewichtung an die Stelle der Vorstellungen des Arbeitgebers setzen.

> **Beispiel**
>
> Frau Schiller ist 8 Jahre im Betrieb beschäftigt, 42 Jahre alt und hat 1 Kind. Herr Kohl wurde vor 13 Jahren eingestellt, ist 40 Jahre alt, verheiratet und hat 2 minderjährige Kinder. Herr Schmidbauer ist 9 Jahre im Unternehmen, 42 Jahre alt und hat 2 Kinder. Keiner der drei Arbeitnehmer ist schwerbehindert.
>
> Sie legen der Sozialauswahl folgendes Punkteschema zugrunde:
>
> je Kind laut Eintrag Steuerkarte: 7 Punkte;
>
> je vollendetes Beschäftigungsjahr: 1,5 Punkte;
>
> je vollendetes Jahr nach dem 18. Lebensjahr: 1 Punkt
>
> Nach diesem Schema erhält Frau Schiller 43 Punkte, Herr Kohl 55,5 Punkte und Herr Schmidbauer 51,5 Punkte.

In diesem Fall wäre Frau Schiller zu Recht ausgewählt worden, denn sowohl Herr Kohl als auch Herr Schmidbauer kommen auf mehr Sozialpunkte und sind deshalb sozial schutzwürdiger als Frau Schiller.

Hätte in dem obigen Beispiel Frau Schiller mehr als 51,5 Punkte erhalten, wäre die Sozialauswahl fehlerhaft durchgeführt worden und die Kündigung damit unwirksam. Denn dann wäre Herr Schmidbauer mit weniger Sozialpunkten sozial stärker als Frau Schiller gewesen.

Frage 3: Ist der zu kündigende Arbeitnehmer der sozial stärkste?

Im Unterschied zum ersten Arbeitnehmervergleich, wo es auf die tatsächlich ausgeübte Tätigkeit ankam, ist jetzt ein zweiter Arbeitnehmervergleich anzustellen, für den die im Arbeitsvertrag vereinbarte Tätigkeit relevant ist.

> **Beispiel**
>
> In Frau Schillers Arbeitsvertrag heißt es: „Sie werden in unserem Unternehmen als Einkäuferin beschäftigt." Es ist also nicht nur für den engeren Bereich des „technischen Einkäufers" eine Sozialauswahl vorzunehmen, sondern für den weiteren Bereich des „Einkäufers". Neben technischen Einkäufern gibt es im Unternehmen noch den kaufmännischen Einkäufer, Herrn Landau, und eine Einkäuferin für Dienstleistungen, Frau Grün.

Diese drei Arbeitnehmer sind jetzt ebenfalls mit Frau Schiller hinsichtlich der sozialen Schutzwürdigkeit zu vergleichen.

Frage 4: Gibt es unter den jetzt mit dem zu kündigenden Arbeitnehmer vergleichbaren Arbeitnehmern einen sozial stärkeren?

Auch hier ist anhand der bereits genannten Sozialkriterien eine Rangfolge unter den miteinander zu vergleichenden Mitarbeitern herzustellen.

> **Beispiel**
>
> Nach dem Schema des Arbeitgebers erhält Herr Landau 48 Punkte und Frau Grün 39 Punkte.

Frau Grün ist mit dieser Punktzahl sozial stärker als Frau Schiller, die auf 43 Punkte kommt.

In unserem Fall wurde die Sozialauswahl fehlerhaft durchgeführt, weil der Arbeitgeber sich darauf beschränkt hat, mit Frau Schiller lediglich ihre direkten Kollegen im technischen Einkauf zu vergleichen. Er hätte darüber hinaus im Arbeitsvertrag von Frau Schiller nachsehen müssen, wie dort ihr Arbeitsbereich definiert wurde. Dies hätte ihn dazu veranlassen müssen, den Kreis der vergleichbaren Arbeitnehmer weiter zu ziehen und in einem zweiten Schritt auch Einkäufer aus anderen Bereichen mit Frau Schiller zu vergleichen.

Wäre in unserem Beispiel die Punktzahl der anderen Mitarbeiter im Einkauf jeweils höher als die Punktzahl von Frau Schiller, dann hätte der Arbeitgeber in letzter Konsequenz Frau Schiller im Rahmen der Sozialauswahl als die richtige Mitarbeiterin für die Kündigung ausgewählt. Die Sozialauswahl wäre dann korrekt gewesen.

Achtung: Die Sozialauswahl ist eine hohe Hürde für betriebsbedingte Kündigungen. Denn neben den oben dargestellten Grundregeln gibt es eine Vielzahl von Einzelfällen, die bisher von den Gerichten entschieden wurden und die in jedem individuellen Fall geprüft und berücksichtigt werden müssen.

Die leistungsbedingte Kündigung

Der wichtigste Unterfall der verhaltensbedingten Kündigung ist die Kündigung wegen unzureichender Arbeitsleistung.

**Leistungs-
pflicht**

Der Arbeitnehmer ist aufgrund seines Arbeitsvertrags verpflichtet, als Gegenleistung für sein Gehalt eine entsprechende Arbeitsleistung zu erbringen. Kommt er dieser Verpflichtung nicht nach, kann dies im schlimmsten Fall zur Kündigung des Arbeitsverhältnisses führen. Ob letztendlich eine Verletzung des Arbeitsvertrags vorliegt, hängt davon ab, zu welcher Arbeitsleistung er verpflichtet ist.

Hierüber gibt der Arbeitsvertrag Aufschluss. Darin ist geregelt, in welchem Arbeitsbereich der Arbeitnehmer eingesetzt ist. Diese Regelung kann sehr allgemein ausfallen, oder auch sehr detailliert.

Beispiel

Eine allgemeine Regelung könnte lauten: „Sie werden in unserem Unternehmen als kaufmännischer Angestellter eingesetzt."

Eine detaillierte Regelung könnte lauten: „Sie werden in unserem Unternehmen als Sachbearbeiter Controlling für den Geschäftsbereich Maschinenbau eingesetzt."

Der Arbeitgeber kann zur Konkretisierung der Arbeitspflichten sein gesetzlich verankertes Weisungsrecht ausüben. Damit werden die vom

Arbeitnehmer im Einzelnen auszuführenden Tätigkeiten in Bezug auf Inhalt, Ort und Zeit genau definiert.

Jetzt stellt sich die Frage, in welchem Fall eine schlechte Arbeitsleistung vorliegt. Qualität und Quantität der Arbeitsleistung beurteilt sich durch einen Vergleich mit der durchschnittlichen Arbeitsleistung von Kollegen mit gleichartigem Arbeitsgebiet. Das Bundesarbeitsgericht sagt dazu: „Eine längerfristige deutliche Unterschreitung der durchschnittlichen Arbeitsleistung kann ein Anhaltspunkt dafür sein, dass der Arbeitnehmer weniger arbeitet, als er könnte."

Schlechte Arbeitsleistung?

Beispiel

Frau Peters arbeitet als Verpackerin in einem Versandhaus. Ihre Aufgabe ist es, die Bestellungen von Kunden zu konfektionieren und anschließend in einen Karton für den Postversand zu verpacken. Ihr Arbeitgeber kann anhand von Reklamationen genau feststellen, wie hoch die Fehlerquote der einzelnen Verpacker bei der Konfektionierung und Verpackung ist. Außerdem kann er feststellen, welche Arbeitsmenge von jedem einzelnen Mitarbeiter erledigt wird.

Frau Peters hatte in den letzten sechs Monaten eine durchschnittliche Fehlerquote von 3,5 % und eine durchschnittliche Arbeitsmenge von 352 verpackten Artikeln pro Arbeitstag. Ihre Kollegen weisen Durchschnittswerte in der Fehlerquote von 1,8 % und in der Arbeitsmenge von 450 Artikeln auf.

Die Arbeitsleistung von Frau Peters weicht zumindest in der Fehlerquote erheblich von der Durchschnittsleistung ihrer Arbeitskollegen ab.

In diesem Fall kann die schlechte Arbeitsleistung zu einer Kündigung des Arbeitsverhältnisses führen. Allerdings ist es erforderlich, dass dem Arbeitnehmer die Möglichkeit gegeben wird, sein Verhalten zu ändern. Nachdem die Kündigung des Arbeitsverhältnisses nur die letzte Konsequenz sein darf, muss der Arbeitgeber zuvor mildere Mittel anwenden, um den Arbeitnehmer zu einer besseren Arbeitsleistung anzuhalten.

Achtung: Vor Ausspruch einer leistungsbedingten Kündigung ist der Arbeitgeber verpflichtet, dem Arbeitnehmer eine Abmahnung auszusprechen und ihn darin zu einer besseren Arbeitsleistung aufzufordern. Erst bei einer weiteren erheblichen Unterschreitung der durchschnittlichen Arbeitsleistung ist es dem Arbeitgeber nicht mehr zumutbar, das Arbeitsverhältnis fortzuführen.

Eine wichtige Frage ist auch hier, wer beweisen muss, ob eine arbeitsvertragliche Pflichtverletzung des Arbeitnehmers vorliegt.

Das Bundesarbeitsgericht hat diese Frage so entschieden: „Im Prozess hat der Arbeitgeber dabei im Rahmen der abgestuften Darlegungslast zunächst nur die Minderleistung vorzutragen. Ist dies im Prozess geschehen, so muss der Arbeitnehmer erläutern, warum er trotz unterdurchschnittlicher Leistungen seine Leistungsfähigkeit ausschöpft bzw. woran die Störung des Leistungsgleichgewichts liegen könnte und ob in Zukunft eine Besserung zu erwarten ist."

Hieran scheitert oft eine leistungsbedingte Kündigung vor Gericht, denn der Arbeitgeber ist selten in der Lage, die exakte Leistung von Arbeitnehmern zu messen. Auch sind selten Arbeitnehmer hinsichtlich ihres Aufgabengebiets genau miteinander vergleichbar. Schließlich gelingt es dem Arbeitgeber nicht immer, diejenige Qualität oder Quantität der Leistung zu bestimmen, die man üblicherweise von einem Arbeitnehmer erwarten darf.

Die krankheitsbedingte Kündigung

Die Krankheit für sich ist noch kein Kündigungsgrund. Erst wenn dadurch die vertraglich geschuldete Leistung des Arbeitnehmers nicht erbracht wird und die betrieblichen und wirtschaftlichen Belange des Arbeitgebers erheblich beeinträchtigt werden, kommt eine krankheitsbedingte Kündigung in Betracht, die einen Unterfall der personenbedingten Kündigung darstellt.

Andererseits ist die Krankheit auch kein Kündigungshindernis. Dem Arbeitgeber steht es frei, dem Arbeitnehmer auch während einer Krankheit zu kündigen. Ausnahmsweise gilt etwas anderes, wenn in einem Tarifvertrag geregelt ist, dass der Ausspruch einer Kündigung während der Krankheit untersagt ist.

Eine Kündigung wegen Krankheit ist zulässig, wenn folgende Voraussetzungen erfüllt sind:

Voraus-
setzungen

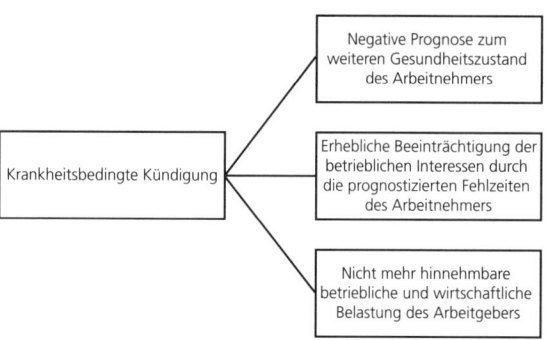

Voraussetzungen der krankheitsbedingten Kündigung

Dem Arbeitgeber ist es nicht erlaubt, den Arbeitnehmer für krankheitsbedingte Fehlzeiten in der Vergangenheit mit einer Kündigung zu bestrafen. Jedoch kann aus ihnen mittelbar geschlossen werden, wie der Gesundheitszustand des Arbeitnehmers in der Zukunft sein wird. Immerhin spricht eine gewisse Wahrscheinlichkeit dafür, dass ein Arbeitnehmer, der im letzten Jahr 60 Fehltage aufwies, auch im nächsten Jahr verhältnismäßig lange krank sein wird.

> **Beispiel**
>
> Herr Steinbach hatte im vergangenen Jahr Pech: Zuerst verletzte er sich beim Ski-
> fahren das Knie und fiel dadurch acht Wochen aus, dann fuhr ihn ein Gabelstapler
> im Lager an, was ihn weitere sechs Wochen außer Gefecht setzte. Seinem Arbeit-
> geber ist das nun zu viel. Er möchte ihm krankheitsbedingt kündigen.

Von einer negativen Gesundheitsprognose kann hier nicht gesprochen werden. Die Verletzung des Knies ist ein einmaliges Ereignis, das nicht unbedingt zu einer weiteren Beeinträchtigung der Leistungsfähigkeit des Arbeitnehmers führt. Auch einen Arbeitsunfall kann der Arbeitgeber nicht zum Anlass für eine krankheitsbedingte Kündigung nehmen. Schließlich hat der Arbeitnehmer diese gesundheitliche Beeinträchtigung erlitten, während er seine Arbeitsverpflichtung erfüllte.

Liegt kein einmaliges Krankheitsereignis vor, sondern häufige Kurzer-krankungen oder auch eine lang andauernde Krankheit, so sind diese zumindest ein erstes Indiz dafür, dass die Zukunftsprognose zur gesund-heitlichen Situation des Arbeitnehmers negativ ausfällt.

Achtung: Der Arbeitgeber muss zunächst nur die Fehlzeiten in der Vergangenheit darlegen und beweisen. Auch weitere Umstände für eine negative Zukunftsprogno-se wie z. B. Äußerungen des Arbeitnehmers, ihm sei die bisherige Arbeit zu schwer, können herangezogen werden. Anschließend muss der Arbeitnehmer belegen, dass er tatsächlich in der Lage ist, seine Arbeit wie bisher zu tun. Dieser Beleg kann mit ärztlichen Attesten erbracht werden.

Empfiehlt ein ärztliches Attest, dass der Arbeitnehmer einen körperlich weniger belastenden Arbeitsplatz einnehmen soll, dann muss der Arbeit-geber prüfen, ob er den Arbeitsplatz mit zumutbarem Aufwand umge-stalten kann. Er muss außerdem in Betracht ziehen, ob eine Versetzung an einen anderen Arbeitsplatz möglich ist. Eine dringende ärztliche Emp-fehlung zum Arbeitsplatzwechsel gibt dem Arbeitgeber dann aber auch die Möglichkeit, dem Arbeitnehmer einen anderen Arbeitsbereich zuzu-weisen.

Die betrieblichen Interessen des Arbeitgebers werden durch die Krank-heit des Arbeitnehmers dann unzumutbar beeinträchtigt, wenn die Be-triebsabläufe dadurch erheblich gestört werden und nicht durch mögli-che Überbrückungsmaßnahmen abgemildert werden können.

> **Beispiel**
>
> Frau Grün ist als Leiterin des Bereichs Controlling bei einem amerikanischen Unternehmen beschäftigt. Die Muttergesellschaft in den USA benötigt am Ende jedes Quartals einen kaufmännischen Abschluss, den das Controlling erstellt. Die Anwesenheit der Abteilungsleiterin jeweils in der Woche vor Quartalsende ist deshalb unbedingt erforderlich.
>
> Es gibt im Unternehmen niemanden, der ihre Aufgaben übernehmen könnte. Eine chronische Asthmaerkrankung führt zu häufigen Kurzerkrankungen von Frau Grün, die aufgrund der Arbeitsbelastung gerade zum Quartalsende auftreten. Nun gibt es schon beim dritten Quartalsabschluss hintereinander Probleme wegen Frau Grüns Krankheit. Der Arbeitgeber möchte krankheitsbedingt kündigen.

Hier ist es nicht möglich, dass Ersatzkräfte die Aufgaben der Arbeitnehmerin übernehmen, um die erhebliche Störung der Betriebsabläufe zu vermeiden. Diese Störungen sind auch für die Zukunft zu erwarten, weil es sich um eine chronische Krankheit handelt.

Letztlich ist die krankheitsbedingte Kündigung aber nur dann sozial gerechtfertigt, wenn sich im Einzelfall im Rahmen einer umfassenden Abwägung der Interessen des Arbeitgebers und des Arbeitnehmers eine unzumutbare betriebliche oder wirtschaftliche Belastung des Arbeitgebers ergibt. Für diese Abwägung sind alle Umstände des Einzelfalls heranzuziehen, weshalb man nicht pauschal sagen kann, in welchem Fall die Krankheit eines Arbeitnehmers für den Arbeitgeber nicht mehr hinzunehmen ist. Man kann aber sagen, dass diese Kriterien zugunsten des Arbeitnehmers in die Abwägung des Arbeitgebers einfließen sollen:

Kriterien zugunsten des Arbeitnehmers

- betriebliche Ursachen der Erkrankung
- hohe Ausfallquote bei vergleichbaren Kollegen
- Schwerbehinderteneigenschaft liegt vor
- lange Dauer des ungestörten Arbeitsverhältnisses
- hohes Alter
- viele Unterhaltspflichten
- schlechte Arbeitsmarktsituation
- mögliche Überbrückungsmaßnahmen vorhanden
- niedrige Entgeltfortzahlungskosten

Die fristlose Kündigung aus wichtigem Grund

In besonders drastischen Konfliktfällen mit einem Mitarbeiter kann das härteste Mittel gerechtfertigt sein: die fristlose Kündigung aus wichtigem Grund.

Wenn Sie als Führungskraft vor eine Situation gestellt werden, von der Sie annehmen, dass sie Anlass für eine fristlose Kündigung geben kann, sollten Sie einen kühlen Kopf bewahren und mit der schwierigen Lage sachlich umgehen.

Formale Voraussetzungen einer fristlosen Kündigung

Als Erstes müssen Sie wissen, welche Formalien für eine fristlose Kündigung einzuhalten sind. Neben den oben bei der ordentlichen Kündigung beschriebenen Formvorschriften gelten für die fristlose Kündigung wegen ihrer drastischen Wirkung besondere Voraussetzungen.

Folgende Fragen sind zu beantworten:

Zu beantwortende Fragen

- Muss die Kündigung begründet werden?
- Welche Fristen muss der Arbeitgeber einhalten?
- Muss der Arbeitnehmer angehört werden?
- Wurde der Betriebsrat angehört?
- Haben die Aufsichtsbehörden zugestimmt?
- Ist eine Abmahnung erforderlich?

Auch für die fristlose Kündigung gilt, dass sie nicht unbedingt begründet werden muss, um wirksam zu sein. Allerdings ist zu beachten, dass Sie dem Arbeitnehmer den Kündigungsgrund unverzüglich schriftlich mitteilen müssen, wenn er Sie dazu auffordert. Das ermöglicht ihm die Prüfung der Vorwürfe und der Erfolgsaussichten einer etwaigen Kündigungsschutzklage.

Auch bei der fristlosen Kündigung gilt der Grundsatz der Rechtssicherheit. Der Arbeitnehmer soll möglichst frühzeitig Klarheit darüber gewinnen, ob ein angebliches Fehlverhalten von seinem Arbeitgeber als so drastisch angesehen wird, dass dieser nicht bereit ist, das Arbeitsverhältnis fortzuführen. Andererseits soll der Arbeitgeber zeitlich nicht so stark unter Druck gesetzt werden, dass er möglicherweise, ohne sorgfältig zu überlegen, eine Kündigung ausspricht und dadurch überreagiert. In diesem Spannungsfeld hat der Gesetzgeber folgende Regelung getroffen:

Zweiwochenfrist

Fristlose Kündigung aus wichtigem Grund, § 626 BGB

„Die Kündigung kann nur innerhalb von zwei Wochen erfolgen. Die Frist beginnt mit dem Zeitpunkt, in dem der Kündigungsberechtigte von den für die Kündigung maßgebenden Tatsachen Kenntnis erlangt."

Es ist also erforderlich, dass derjenige, der zum Ausspruch der Kündigung berechtigt ist, alle Umstände kennt, die für und gegen das Vorliegen eines wichtigen Grundes sprechen. Es reicht nicht aus, wenn der Kündigungsberechtigte nur Vermutungen hierzu hat. Er muss diesen Vermutungen aktiv nachgehen und sich ernsthaft darum bemühen, den kündigungsrelevanten Sachverhalt aufzuklären. Dabei muss er zügig handeln und alle notwendig erscheinenden Maßnahmen ergreifen.

Beispiel

In einer der Kassen eines Supermarkts fehlen nach Geschäftsschluss 420 Euro. Das stellt der Filialleiter bei einer routinemäßigen Kassenkontrolle fest. Frau Schneider, die als Kassiererin zuletzt an der betreffenden Kasse gesessen war, wird vom Filialleiter zu einem Gespräch gerufen und erhält sofort die fristlose Kündigung ausgehändigt, obwohl sie alle Vorwürfe vehement abstreitet. Der Filialleiter hört sich Frau Schneiders Argumente nicht einmal an.

Vier Wochen später prüft der Filialleiter wieder einmal routinemäßig die Videoaufnahmen der einzelnen Kassen und stellt dabei fest, dass Frau Kleiber, eine der anderen Kassiererinnen, die an diesem Tag an der betreffenden Kasse gearbeitet hatte, das Geld aus der Kasse entwendete. Er nimmt die Kündigung gegenüber Frau Schneider zurück und händigt Frau Kleiber eine fristlose Kündigung aus.

In diesem Fall hat der Kündigungsberechtigte nicht die erforderliche Zweiwochenfrist eingehalten. Es wäre ihm zumutbar gewesen, zügig alle Möglichkeiten auszuschöpfen, um entlastende Umstände für Frau Schneider und belastende Umstände für den wirklichen Täter aufzudecken. Dabei war es naheliegend, die Aufnahmen der eigens für die Feststellung von Unregelmäßigkeiten an den Kassen installierten Videokameras auszuwerten.

Anhörung

Es war zwar für die rechtliche Wirksamkeit der fristlosen Kündigung nicht erforderlich, dass Frau Schneider als mutmaßliche Täterin angehört wurde. Unterlässt der Kündigungsberechtigte aber die Anhörung des gekündigten Arbeitnehmers, so geht er das Risiko ein, den falschen Täter ermittelt zu haben und hinsichtlich des wirklichen Täters die erforderliche Zweiwochenfrist nicht mehr einhalten zu können.

Achtung: Verdächtigt der Arbeitgeber einen Arbeitnehmer, eine Straftat begangen zu haben, dann darf er vor Ausspruch der fristlosen Kündigung das Ergebnis der staatsanwaltschaftlichen Ermittlungen abwarten, ohne dass er dadurch die erforderliche Zweiwochenfrist versäumt.

Hat der Arbeitgeber die Zweiwochenfrist versäumt, ist zwar eine fristlose Kündigung nicht mehr möglich. Er hat aber weiterhin die Möglichkeit, eine ordentliche, fristgerechte Kündigung auszusprechen.

Betriebsrat

Auch bei der fristlosen Kündigung ist zwingende Wirksamkeitsvoraussetzung die vorherige Anhörung des Betriebsrats. Allerdings ist zu beachten, dass der Betriebsrat in diesem Fall nur drei Tage Zeit hat, sich zur fristlosen Kündigung des Arbeitnehmers zu äußern, nicht eine Woche, wie bei der ordentlichen Kündigung. Trotzdem muss der Arbeitgeber bei der Einhaltung der Zweiwochenfrist diese Anhörungsfrist des Betriebsrats einkalkulieren.

Mutterschutz, Elternzeit

Will der Arbeitgeber einer Mitarbeiterin im Mutterschutz oder einem Arbeitnehmer in Elternzeit fristlos kündigen, so reicht es aus, wenn er den Antrag auf Zustimmung der Behörde innerhalb der Zweiwochenfrist nach Kenntnis der Kündigungsgründe stellt. Auch wenn die Zustim-

mung der Behörde erst später vorliegt, hat er die gesetzliche Frist eingehalten.

Wir haben bereits gesehen, dass vor jeder ordentlichen Kündigung, die
auf verhaltensbedingte Gründe gestützt wird, eine Abmahnung als milderes Mittel erforderlich ist. Was für die ordentliche Kündigung gilt,
muss erst recht für das härtere Mittel der fristlosen Kündigung gelten.

Abmah-nung?

Allerdings kann eine fristlose Kündigung nur ausgesprochen werden,
wenn eine besonders schwerwiegende Vertragsverletzung des Arbeitnehmers vorliegt. In diesen Fällen kann aber die Abmahnung ihren
Zweck in der Regel nicht mehr erfüllen, dass der Arbeitnehmer durch sie
angehalten wird, das beanstandete Verhalten zu ändern und sich in der
Zukunft vertragstreu zu verhalten. Nachdem eine Abmahnung bei besonders schweren Pflichtverletzungen deshalb meistens zwecklos ist und
das Vertrauen des Arbeitgebers in den Arbeitnehmer bereits unwieder-
bringlich zerstört ist, ist eine Abmahnung bei der fristlosen Kündigung in
den allermeisten Fällen nicht erforderlich.

Kündigungsgründe von A bis Z

An dieser Stelle muss noch einmal betont werden, dass jeder Kündigungssachverhalt individuell betrachtet werden muss. Ob ein wichtiger
Grund für eine fristlose Kündigung vorliegt, hängt von sehr vielen Rahmenbedingungen ab und kann nicht von einem Fall auf den anderen eins
zu eins übertragen werden. Die folgenden Beispiele aus der Praxis von
Arbeitsgerichten sollen Ihnen Anhaltspunkte dafür geben, welche Arten
von Kündigungsgründen es gibt.

Wichtige Gründe für eine fristlose Kündigung		
Abwerbung von Arbeitskollegen	Alkohol- und Drogenkonsum (ekzessiv)	Androhung des Krankfeierns
Anzeige gegen den Arbeitgeber	Arbeitsverweigerung, beharrlich betrieben	Ausländerfeindliche Hetze
Beleidigungen des Arbeitgebers und von Kollegen	Betrug bei Arbeits-unfähigkeitsbescheinigung	Computermissbrauch und Pornografie
Datenschutzverstoß	Diebstahl von Betriebs-eigentum, selbst wenn es nur geringwertig ist	Hochstapelei bei der Stellenbewerbung
Manko bei Kassen- oder Warenbestand verschuldet	Mobbing in extremen Fällen	Nebenbeschäftigung beeinträchtigt Arbeits-verhältnis erheblich
Privatfahrten mit dem Dienstfahrzeug	Rauchverbot bei akuter Brandgefahr missachtet	Schäden durch vorsätzliche Schlechtleistung
Schmiergeldannahme	Sexuelle Belästigungen	Spesenbetrug

Wichtige Gründe für eine fristlose Kündigung		
Stempeluhr manipuliert	Tätlichkeiten im Betrieb	Untersuchungshaft und Freiheitsstrafe
Unpünktlichkeit in besonders schweren Fällen	Urlaub eigenmächtig angetreten	Verrat von Betriebsgeheimnissen
Weisungen hartnäckig nicht befolgt	Wilder Streik	Zeugnisfälschung

Der Arbeitgeber muss in einem Kündigungsschutzverfahren das Vorliegen von wichtigen Gründen für die fristlose Kündigung vollständig darlegen und beweisen. Er muss auch beweisen, dass er die Zweiwochenfrist zum Ausspruch der Kündigung eingehalten hat, wenn Zweifel daran bestehen oder der Arbeitnehmer einen Fristablauf geltend macht.

Folgen einer fristlosen Kündigung

Eine fristlose Kündigung hat für den Arbeitnehmer einschneidende Auswirkungen, nicht nur in emotionaler Hinsicht, sondern auch finanziell.

Keine Zahlungen mehr

Einerseits endet das Arbeitsverhältnis sofort, mit der Folge, dass der Arbeitgeber regelmäßige Lohnzahlungen und Sonderzahlungen wie beispielsweise Weihnachtsgeld einstellen kann. Dabei spielt es keine Rolle, ob sich der Arbeitnehmer gegen die fristlose Kündigung mit einer Kündigungsschutzklage wehrt. Die Kündigung gilt zunächst als wirksam. Wenn der Arbeitnehmer allerdings den Rechtsstreit nach einigen Monaten gewinnt, muss der Arbeitgeber den Lohn nachzahlen. Das hilft dem Arbeitnehmer jedoch im Augenblick nichts, denn er ist in der Regel auf laufende Lohnzahlungen zur Deckung seiner finanziellen Verpflichtungen angewiesen.

Der Arbeitnehmer verliert außerdem vielfach den Anspruch auf Urlaubs- oder Weihnachtsgeld oder muss bereits geleistete Zahlungen rückerstatten. Dies hängt davon ab, ob der Arbeitsvertrag entsprechende Klauseln enthält.

Beispiel

„Arbeitnehmer, die am 30. November eines Jahres in einem ungekündigten Arbeitsverhältnis stehen, haben Anspruch auf Weihnachtsgeld."

Fristlose Kündigungen vor diesem Stichtag führen zu einem Verlust des Weihnachtsgeldes.

Beispiel

„Der Arbeitnehmer ist verpflichtet, die Sonderzahlung zurückzuzahlen, wenn das Arbeitsverhältnis aufgrund außerordentlicher Kündigung innerhalb von drei Monaten nach Auszahlung endet."

Hier wäre der Arbeitnehmer verpflichtet, das bereits ausgezahlte Weihnachts- oder Urlaubsgeld an den Arbeitgeber zurückzuzahlen. Häufig wird der Arbeitgeber seinen Rückzahlungsanspruch gegen noch ausstehende Lohnzahlungen verrechnen.

Die Regelungen zum Arbeitslosengeld sehen vor, dass eine Sperrzeit von zwölf Wochen eintritt, wenn der Arbeitnehmer durch ein arbeitsvertragswidriges Verhalten Anlass für die Lösung des Beschäftigungsverhältnisses gegeben und dadurch vorsätzlich oder grob fahrlässig die Arbeitslosigkeit herbeigeführt hat. Als Arbeitgeber müssen Sie entsprechend wahrheitsgemäße Angaben in der für die Arbeitsagentur bestimmten Bescheinigung machen.

Arbeitslosengeld: Sperrzeit

> **Beispiel**
>
> Herrn Kleinschmidt wurde fristlos gekündigt. Er verdiente monatlich 3.000 € und hatte Anspruch auf ein 13. Monatsgehalt. Er ist verheiratet und hat ein Kind. Für ihn gilt die Lohnsteuerklasse III. Sein Arbeitslosengeld beträgt täglich 73,07 € netto. Eine Sperrzeit von 12 Wochen führt in diesem Fall zu einer finanziellen Einbuße in Höhe von 2.045,96 €.

Eine weitere negative Auswirkung der fristlosen Kündigung ist das ungerade Austrittsdatum. Nachdem das Arbeitszeugnis wahrheitsgemäß erstellt werden muss, werden Sie dort den Zeitpunkt der fristlosen Kündigung als Austrittsdatum vermerken.

Arbeitszeugnis

> **Beispiel**
>
> „Herr Peter Kleinschmidt, geboren am 7.12.1959, trat am 01.03.2004 in unser Unternehmen ein. (…) Herr Kleinschmidt hat das Unternehmen am 17.03.2010 verlassen."

Zwar müssen sie als Arbeitgeber die Arbeitsleistung über den gesamten Beschäftigungszeitraum gerecht beurteilen und dürfen dabei nicht in jedem Fall die Gründe, die zur fristlosen Kündigung geführt haben, benennen. Sie sind jedoch verpflichtet, zum Schutz künftiger Arbeitgeber Ihres Mitarbeiters Hinweise auf relevante arbeitsvertragliche Pflichtverstöße zu geben. Insbesondere bei Straftaten gegenüber dem Arbeitgeber ist das der Fall.

> **Beispiel**
>
> Herr Kleinschmidt hat als Kassierer einer Bank Geld in erheblichem Umfang veruntreut und wurde deshalb rechtskräftig zu einer Haftstrafe von zwei Jahren verurteilt. Trotz langjähriger beanstandungsfreier Tätigkeit formuliert der Arbeitgeber nun im Arbeitszeugnis.
>
> „Herr Peter Kleinschmidt hat die Vermögensinteressen der Bank verletzt."

Bei gravierenden Straftaten, die in engem Zusammenhang mit der Tätigkeit stehen, haben künftige Arbeitgeber einen Anspruch auf wahrheitsgemäße Bescheinigung im Arbeitszeugnis. Kommt der Arbeitgeber dem nicht nach, setzt er sich der Gefahr von Schadensersatzansprüchen neuer Arbeitgeber des Gekündigten aus, sollte es dort zu gleichgelagerten Straftaten kommen.

Weiterhin ist bereits aus dem „krummen" Beendigungsdatum ersichtlich, dass eine fristlose Kündigung Ursache für den Austritt war. Es liegt auf der Hand, dass dadurch Nachfragen potenzieller neuer Arbeitgeber provoziert werden und der Arbeitnehmer in Erklärungsnöte kommen kann.

5.6 Umsetzung am Praxisfall Gisela Weiß

Sie erinnern sich noch an Gisela Weiß und ihr Problem, als neu ernannte Chefin die Akzeptanz ihres Teams zu gewinnen? Zwei vielversprechende Wege hat sie bereits in Kapitel 3 mit dem Selbstmanagement und in Kapitel 4 mit einer Mediation versucht. Nehmen wir einmal an, dass beide Versuche gescheitert sind. Trotz weiter anhaltender Querelen im Team hält Herr Dr. Braun immer noch zu Gisela Weiß. Immer neue Konfliktherde tun sich auf. Die Mitarbeiter tanzen ihr auf der Nase herum und untergraben mit immer neuen Aktionen ihre Position als disziplinarische Vorgesetzte. Dr. Braun rät Gisela Weiß, nun endlich durchzugreifen.

Weisungsrecht

Gisela Weiß war trotz ihrer Beförderung in ihrem alten Büro zusammen mit ihrer Kollegin geblieben. Ihre Bitten an die ehemaligen Arbeitskollegen bezüglich eines Bürotauschs blieben ohne Erfolg. Nachdem alle konsensorientierten Lösungsmöglichkeiten ohne Erfolg geblieben waren, beschließt Gisela Weiß, sich nun in diesem Punkt durchzusetzen.

Nachdem sie von Dr. Braun mit dem disziplinarischen Weisungsrecht gegenüber ihren Mitarbeitern ausgestattet wurde, hat sie die Kompetenz, den Arbeitsort ihrer Mitarbeiter festzulegen. Hierbei ist das Einverständnis des Mitarbeiters nicht erforderlich. Gisela Weiß sucht sich das Büro ihrer Mitarbeiterin Hildegard Graumann aus. Es liegt zentral und gleich weit von allen anderen Büros entfernt. So kann sie den optimalen Kontakt zu ihren Mitarbeitern halten.

Als sie Frau Graumann ihr Ansinnen mitteilt, weigert sich diese, ihr Einzelbüro zu verlassen. Sie meint, sie habe ein angestammtes Recht auf dieses Büro, schließlich sei sie dort schon seit fünf Jahren untergebracht. Gisela Weiß erläutert Frau Graumann, dass sie aufgrund ihres Weisungsrechts befugt sei, den Arbeitsort eines Mitarbeiters nach billigem Ermessen frei zu bestimmen. Nachdem der Umzug von Frau Graumann in das alte Zweierbüro von Gisela Weiß auch zumutbar sei und ihr keine besonderen Nachteile bringe, müsse sie dieser Weisung Folge leisten.

Keinesfalls stellt dieser Umzug für Hildegard Graumann eine unbillige Härte dar. Nachdem es sich auch um eine individuelle Maßnahme handelt, hat der Betriebsrat des Unternehmens bei der Zuweisung eines neuen Büros für Hildegard Graumann kein Mitbestimmungsrecht. Auch eine Versetzung nach § 99 des Betriebsverfassungsgesetzes liegt nicht vor, weil keine erhebliche Änderung der Arbeitsumstände oder eine Änderung des Arbeitsbereichs vorliegt. Der Zuweisung des neuen Büros für Hildegard Graumann steht somit nichts entgegen.

Versetzung

Auch mit Herrn Blau hat Gisela Weiß ihre Probleme. Blau betreut gegenwärtig einen Arbeitsbereich, der eng mit der Nachbarabteilung Underwriting verzahnt ist. Das führt dazu, dass er mindestens die Hälfte seiner Arbeitszeit nicht für Gisela Weiß' Abteilung verwendet, sondern für die Nachbarabteilung. Dadurch bleibt viel abteilungsbezogene Arbeit liegen. Nicht das erste Mal müssen Kollegen einspringen, um Blaus Defizite aufzuarbeiten. Gisela Weiß entschließt sich, ein klärendes Gespräch mit Herrn Blau zu führen. Dabei kommt heraus, dass dieser sehr viel Freude an der Tätigkeit des Bereichs Underwriting hat. Daher vernachlässigt er seine eigentlichen Aufgaben.

Gisela Weiß beschließt, diese Situation mit ihrem Vorgesetzten Dr. Braun und dem Abteilungsleiter des Bereichs Underwriting zu besprechen. Alle Beteiligten sind der Auffassung, dass es besser sei, wenn Herr Blau in die Abteilung Underwriting wechselt. Dort kann er voll seine Stärken ausspielen und das dortige Team ideal ergänzen. Nachdem die Abteilung Underwriting sowieso um einen Mitarbeiter aufgestockt werden sollte, steht diesem Schritt auch aus Kostengründen nichts entgegen. Gleichzeitig hat Gisela Weiß die Möglichkeit, die dadurch offene Stelle neu zu besetzen und die frei gewordenen Aufgaben so zu strukturieren, dass sich innerhalb der Abteilung eine optimale Aufgabenverteilung ergibt.

In einem Gespräch mit Gisela Weiß zeigt sich Herr Blau aufgeschlossen gegenüber einer Versetzung in die Nachbarabteilung. Er freut sich schon auf seine neue Aufgabe und würde am liebsten so schnell wie möglich wechseln. Nachdem er von Gisela Weiß als Chefin nicht so begeistert war, kommt ihm dieser Schritt zusätzlich entgegen. Auch Gisela Weiß hatte das Gefühl, dass die Chemie zwischen ihnen beiden nicht stimmt und trotz mehrmaliger Gespräche keine optimale gemeinsame Basis für eine Zusammenarbeit gefunden werden konnte. Beide Seiten kommen also überein, den Arbeitsvertrag, der sich von seinem Tätigkeitsgebiet her auf die Abteilung von Gisela Weiß bezog, zu ändern. Die Personalabteilung bereitet für Herrn Blau folgendes Versetzungsschreiben vor:

Aufgaben vernachlässigt

> *Sehr geehrter Herr Blau,*
>
> *wir freuen uns, Ihnen mitteilen zu dürfen, dass wir sie ab 01.03. in unserer Abteilung Underwriting als Sachbearbeiter beschäftigen werden. Ihre übrigen Vertragsbedingungen bleiben davon unberührt.*
>
> *Wir freuen uns über eine weitere gute Zusammenarbeit und bitten Sie um Unterzeichnung dieses Schreibens zum Zeichen Ihres Einverständnisses mit der Versetzung.*
>
> *Mit freundlichen Grüßen*
>
> *Personalabteilung*

Durch dieses Schreiben wird der Arbeitsvertrag von Herrn Blau, der einen anderen Tätigkeitsbereich vorsah, modifiziert. Es ist nicht erforderlich, einen neuen Arbeitsvertrag zu schließen. Ausreichend ist es, in einem separaten Schreiben eine Änderung des Vertrags vorzunehmen.

Bevor diese Vertragsänderung allerdings wirksam werden kann, muss die Zustimmung des Betriebsrats eingeholt werden. Nachdem Herr Blau einen anderen Arbeitsbereich für einen Zeitraum zugewiesen bekommt, der die Dauer von einem Monat überschreitet und zudem mit einer erheblichen Änderung der Umstände verbunden ist, unter denen die Arbeit zu leisten ist, hat der Betriebsrat ein Mitbestimmungsrecht. Nachdem die Versetzungsmitteilung beim Betriebsrat eingegangen ist, prüft dieser, ob etwaige Zustimmungsverweigerungsgründe bestehen. Nachdem keine Stellenausschreibung im Betrieb vorgenommen wurde, verweigert der Betriebsrat offiziell die Zustimmung zur Versetzung von Herrn Blau. Die Personalabteilung holt allerdings die Stellenausschreibung im Betrieb nach, sodass nach weiteren zwei Wochen alle Voraussetzungen für eine wirksame Versetzung Blaus in den Bereich Underwriting vorliegen.

Abmahnung

Mangelnder Respekt

Der ältere Mitarbeiter von Gisela Weiß, der sich ebenfalls Hoffnungen auf die Position des Abteilungsleiters gemacht hatte, kommt nach wie vor mit seiner neuen jungen Chefin nicht zurecht. Er hatte in dem vorangegangenen Mediationsverfahren ja zugegeben, dass er Gisela Weiß als junge Chefin nicht akzeptieren könne, weil sie zu wenig Seniorität aufweise. Dieser mangelnde Respekt äußerte sich insbesondere darin, dass er Gisela Weiß in diversen Meetings auflaufen ließ. Nun reicht es Gisela Weiß. Sie will sich gegen diesen renitenten Mitarbeiter zur Wehr setzen. Zusammen mit der Personalabteilung formuliert sie folgende Abmahnung:

Sehr geehrter Herr …,

am 17.04. fand um 15.00 Uhr eine Abteilungsbesprechung statt, an der alle Mitarbeiter der Abteilung teilnahmen. In dieser Besprechung haben Sie bei der Verteilung der Arbeitspakete gegenüber Gisela Weiß wörtlich geäußert:

„Sie junger Hüpfer können mir überhaupt nichts sagen, ich mache, was ich will. Schließlich mache ich das schon 20 Jahre. Da brauche ich mir von Ihnen doch nicht sagen lassen, wie ich meine Arbeit zu erledigen habe."

Diese Äußerung wurde von allen Teilnehmern des Meetings gehört. Sie stellt eine schwerwiegende Verletzung Ihrer arbeitsvertraglichen Pflichten dar. Zum einen handelt es sich dabei um eine Arbeitsverweigerung, denn Sie haben den Weisungen Ihrer Vorgesetzten hinsichtlich der Erfüllung Ihrer Aufgaben nicht Folge geleistet. Des Weiteren stellt Ihre Äußerung eine Beleidigung Ihrer Vorgesetzten dar. Wir sind nicht bereit, diese arbeitsvertragliche Pflichtverletzung hinzunehmen, und fordern Sie deshalb auf, sich zukünftig vertragsgerecht zu verhalten. Sollte es erneut zu einem ähnlich gelagerten Vorkommnis kommen, müssen Sie mit arbeitsrechtlichen Konsequenzen bis hin zur Kündigung des Arbeitsverhältnisses rechnen.

Mit freundlichen Grüßen

Personalabteilung

Zwar ist es formal keine zwingende Voraussetzung, dass die Abmahnung schriftlich abgefasst wird. Jedoch aus Beweis- und Dokumentationsgründen ist dies sinnvoll, zumal die Warnfunktion der schriftlichen Abmahnung eine größere Wirkung entfaltet als eine mündlich ausgesprochene Abmahnung. Diese Abmahnung wird Gisela Weiß' Mitarbeiter in einem persönlichen Gespräch mit der Personalleiterin übergeben. Eine Kopie der Abmahnung wird in der Personalakte abgelegt. Nachdem hier auch ein eindeutig abmahnungswürdiger Sachverhalt vorliegt, hat der Mitarbeiter keine Möglichkeit, eine Entfernung der Abmahnung aus der Personalakte zu fordern. Es steht ihm allenfalls frei, eine Gegendarstellung zu dieser Abmahnung in die Personalakte zu geben. Dadurch steht allerdings seine Aussage gegen die Aussage aller übrigen Teilnehmer des Meetings. Es bleibt ihm wohl nichts anderes übrig, als sich mit Gisela Weiß als neuer Chefin allmählich abzufinden. Andernfalls riskiert er, dass beim nächsten Verstoß eine Kündigung ausgesprochen wird.

Aufhebungsvertrag

Das Verhalten ihres älteren Mitarbeiters, der bereits wegen ungebührlichen Verhaltens Gisela Weiß gegenüber abgemahnt wurde, hat sich in den letzten Wochen nicht wesentlich verbessert. Immer wieder stichelt er öffentlich gegen Gisela Weiß, allerdings nicht mehr so unangemessen wie beim Teammeeting, das die Abmahnung auslöste. Heute geht allerdings der Gaul wieder mit ihm durch. Er ist über eine Anweisung von Gisela Weiß so verärgert, dass er sie als „blöde Kuh" beschimpft und seinen Arbeitsplatz verlässt. Er erscheint erst drei Tage später wieder am Arbeitsplatz.

> Beschimpfung und Arbeitsverweigerung

Gisela Weiß hat sich zwischenzeitlich mit der Personalabteilung beraten, welche Schritte unternommen werden sollen. Die Personalleiterin schlägt vor, zur schnellen Erledigung dieses Falles dem betreffenden Mitarbeiter einen Aufhebungsvertrag anzubieten. Angesichts seiner langen Betriebszugehörigkeit von über 20 Jahren würde es eine besondere Härte darstellen, wenn man ihm aufgrund seines Verhaltens einfach kündigen würde. Die Personalleiterin entwirft einen solchen Vertrag und geht ihn mit Gisela Weiß durch.

Abfindung

Der Aufhebungsvertrag regelt zunächst den Beendigungszeitpunkt des Arbeitsverhältnisses. Dabei berücksichtigt die Personalleiterin die gesetzliche Kündigungsfrist von sieben Monaten zum Monatsende, nachdem der Mitarbeiter bereits mehr als 20 Jahre im Unternehmen beschäftigt ist. Weiter wird eine Abfindung in Höhe von einem halben Monatsgehalt pro Beschäftigungsjahr angeboten. Die Personalleiterin weiß, dass es sich hierbei um eine gängige Berechnungsformel der Arbeitsgerichte handelt. Sie möchte diesen Abfindungsfaktor als erstes Angebot unterbreiten, wohl wissend, dass unter Umständen noch durch Verhandlungen ein höherer Faktor entstehen kann.

Frei-stellung

Nachdem die Atmosphäre im Team und vor allem gegenüber Gisela Weiß vergiftet ist, wird eine Klausel zur Freistellung aufgenommen. Sie soll allerdings widerruflich sein, um auf den Mitarbeiter bis zum Vertragsende gegebenenfalls doch noch zurückgreifen zu können. Auch soll der Mitarbeiter die Gelegenheit erhalten, aus freien Stücken das Arbeitsverhältnis vorzeitig zu beenden. In diesem Fall soll er die dann noch ausstehenden Bezüge zur Hälfte zusätzlich als Abfindung ausbezahlt bekommen. Als weiterer Anreiz enthält der Aufhebungsvertrag eine Klausel, wonach er das Weihnachtsgeld trotz seines vorzeitigen Ausscheidens noch in voller Höhe erhalten soll. Während der Freistellung soll sein Gleitzeitguthaben und sein kompletter Urlaubsanspruch angerechnet werden.

Nachdem das Unternehmen über eine betriebliche Altersversorgung verfügt, wird dem Mitarbeiter im Aufhebungsvertrag zugesichert, dass er eine Aufstellung der Rentenanwartschaften ausgehändigt erhält.

Hinsichtlich des Arbeitszeugnisses wird ihm versprochen, dass er einen Vorschlag für die Formulierung unterbreiten darf. Das Unternehmen soll von diesem Vorschlag lediglich aus wichtigen Gründen abweichen dürfen.

Zum Schluss wird in einer Erledigungsklausel dokumentiert, dass mit Erfüllung dieses Aufhebungsvertrags sämtliche gegenseitigen Ansprüche erledigt sein sollen.

Personal-gespräch

Gisela Weiß führt mit ihrem Mitarbeiter nach seiner Rückkehr ein Personalgespräch, worin sie ihm unmissverständlich mitteilt, dass sie nicht beabsichtige, weiter mit ihm zusammenzuarbeiten. Sie konfrontiert ihn damit, dass sie seine letzte Entgleisung für absolut inakzeptabel hält. Dieses Verhalten wäre normalerweise Anlass für eine verhaltensbedingte Kündigung. Nachdem er schon eine entsprechende Abmahnung erhalten habe, wäre diese Kündigung auch erfolgreich. Nachdem er jedoch schon so viele Jahre im Unternehmen sei, wolle sie ihm aus Fairnessgründen eine soziale Absicherung zukommen lassen. Aus diesem Grund biete sie ihm den folgenden Aufhebungsvertrag an. Gisela Weiß informiert ihren Mitarbeiter darüber, dass das Unternehmen sich an dieses Angebot eine Woche lang gebunden fühlt. Bis dahin muss er mitgeteilt haben, ob er damit einverstanden ist.

Der Mitarbeiter geht zu einem Rechtsanwalt und lässt sich hinsichtlich des weiteren Vorgehens beraten. Nachdem er dem Rechtsanwalt den Sachverhalt vollständig und ehrlich geschildet hat, wird ihm mitgeteilt, dass seine kündigungsschutzrechtlichen Karten sehr schlecht seien, weil ein verhaltensbedingter Kündigungsgrund vorliege, der außerdem vorher bereits einmal abgemahnt wurde. Der Rechtsanwalt rät dem Mitarbeiter, keine zu hohen Erwartungen hinsichtlich der Aufbesserung des Aufhebungsvertragsangebots zu hegen. Er könne froh sein, dass das Unternehmen ihm dieses Angebot unterbreitet habe. Zerknirscht bittet der Mitarbeiter den Rechtsanwalt, Kontakt zu seinem Arbeitgeber aufzunehmen, um die endgültige Version des Aufhebungsvertrags zu verhandeln. In diesen Gesprächen erreicht der Rechtsanwalt, dass die Abfindung noch etwas erhöht wird und der Mitarbeiter im Fall des vorzeitigen Ausscheidens seine ausstehenden Bezüge nicht nur zu 50 %, sondern in voller Höhe als zusätzliche Abfindung ausbezahlt bekommt. Mit diesem Ergebnis kann er zufrieden sein und unterzeichnet den Aufhebungsvertrag.

Beendigungskündigung

Nehmen wir einmal an, im geschilderten Fall wäre der Mitarbeiter nicht bereit gewesen, den Aufhebungsvertrag zu unterzeichnen. Vielleicht war er der Auffassung, dass nach einer so langen Betriebszugehörigkeit die Abfindung deutlich höher hätte ausfallen müssen. Hier wäre als nächste Konsequenz die Beendigungskündigung gefolgt. Die in Schriftform abgefasste Kündigung hätte dem Mitarbeiter entweder persönlich oder (idealerweise) durch Einwurfeinschreiben übergeben werden müssen. Nicht etwa Gisela Weiß, sondern die Personalleiterin oder der Geschäftsführer des Unternehmens hätten die Kündigung zu unterzeichnen gehabt. Nachdem es sich um eine ordentliche verhaltensbedingte Kündigung handelt, müsste auch hier die Kündigungsfrist von sieben Monaten zum Monatsende eingehalten werden. Das Kündigungsschreiben hätte also gelautet:

> *Sehr geehrter Herr ...,*
>
> *hiermit kündigen wir das mit Ihnen bestehende Arbeitsverhältnis ordentlich zum 31.12.2011.*
>
> *Die Kündigungsgründe haben wir Ihnen in einem persönlichen Gespräch erläutert. Der Betriebsrat hat der Kündigung zugestimmt; seine Stellungnahme fügen wir bei.*
>
> *Mit freundlichen Grüßen*
>
> *Personalabteilung*

Wie bereits beschrieben, ist bei einer Kündigung des Arbeitnehmers die Anhörung des Betriebsrats zwingende Wirksamkeitsvoraussetzung. Dies bedeutet, dass die Personalleiterin die Personaldaten des zu kündigenden Mitarbeiters und den gesamten Kündigungssachverhalt so detailliert wie möglich in die Anhörung aufnimmt. Sollten nicht alle Kündigungsgründe in der Betriebsratsanhörung enthalten sein, kann sich der Arbeitgeber später in einem Kündigungsprozess nicht auf Kündigungsgründe außerhalb der Betriebsratsanhörung berufen. Hinsichtlich dieser nicht aufgenommenen Kündigungsgründe würde es nämlich an einer wirksamen Betriebsratsanhörung fehlen.

Schließlich muss die Personalabteilung noch die Reaktion des Betriebsrats abwarten, die innerhalb einer Woche erfolgen muss. Nachdem der Betriebsrat der Kündigung zugestimmt hat, kann die Kündigung ausgesprochen werden. Jedoch auch wenn der Betriebsrat der Kündigung widersprochen hätte, wäre eine Kündigung rechtswirksam gewesen. Einzige Rechtsfolge des Widerspruchs des Betriebsrats ist ein Weiterbeschäftigungsanspruch des Mitarbeiters während eines etwaigen Kündigungsschutzprozesses vor dem Arbeitsgericht.

Literaturverzeichnis

Bandura, A. (1991): Social cognitive theory of self-regulation. Organizational Behavior and Human Decision 50, 248–287.

Bauer, J.; Lingemann, S.; Diller, M.; Haußmann, K. (2011): Anwaltsformularbuch Arbeitsrecht. Verlag Dr. Otto Schmidt, Köln.

Budde, A. (2003): Mediation und Arbeitsrecht. Ulrich Leutner Verlag, Berlin.

Diez, H. (2005): Werkstattbuch Mediation. Centrale für Mediation, Köln.

Fisher, R.; Ury, W.; Patton, B. (1984–2004): Das Harvard-Konzept. Campus Verlag, Frankfurt am Main.

Gerin, W. et al. (2006): The Role of Angry Romination and Distraction in Blood Pressure Recovery from Emotional Arousal. In: Psychosomatic Medicine, Bd. 68/1, 64–72.

Gigerenzer, G. (2008): Bauchentscheidungen: Die Intelligenz des Unbewussten und die Macht der Intuition. Bertelsmann, München.

Grawe, K. (1998): Psychologische Therapie. Hogrefe, Göttingen.

Harris, T. A. (1975): Ich bin o. k. – Du bist o. k. Wie wir uns selbst besser verstehen und unsere Einstellung zu anderen verändern können. Eine Einführung in die Transaktionsanalyse. Rowohlt, Reinbek.

Harss, C. (2008–2009): Der Ältestenrat. Befragung von 25 über Achtzigjährigen zu ihren berufsbezogenen Lebenserfahrungen mit Querbezügen zu Philosophie und moderner Forschung. 7-teilige Serie in: Manager-Magazin, Juni 2008–Mai 2009.

Hofstede, G. (1980): Culture's Consequence: International Differences in Work Related Values. Sage Publications, Newbury Park – London – New Delhi.

Holmes, T. H.; Rahe, R. H. (1967): The social readjustment rating scale. In: Journal of Psychosomatic Research, 11/2, 13–18.

House, R. J.; Hanges, P. J.; Javidan, M.; Dorfmann, P. W.; Gupta, V. (Hrsg.) (2004): Culture, Leadership and Organizations: The GLOBE Study of 62 Societies. Sage Publications, Thousand Oaks – London – New Delhi.

Hümmerich, K. (2007): Arbeitsrecht. Nomos Verlagsgesellschaft, Baden-Baden.

Küttner, W. (Hrsg.) (2010): Personalbuch 2010. Verlag C. H. Beck, München.

Lembke, M. (2001): Mediation im Arbeitsrecht. Verlag Recht und Wirtschaft, Heidelberg.

Maslow, A. H. (2002): Motivation und Persönlichkeit. Rowohlt TB, Reinbek.

Mayer, C. (2010): Mit Fokus-Karten zum Ziel. Ein Navigationssystem für Psychotherapeuten und Coaches. Jungfermann, Paderborn.

Michalka, M. (2010): Abmahnung und Kündigung. Verlag C. H. Beck, München.

Müller-Glöge, R.; Preis, U.; Schmidt, I. (Hrsg.) (2010): Erfurter Kommentar zum Arbeitsrecht. Verlag C. H. Beck, München.

Neef , W.; Schabel, S. (2004): Auf der Suche nach dem Karrierekandidaten. In: Personalwirtschaft, Bd. 9, S. 44–47.

Pöhlmann, S.; Roethe, A. (2004–2008): Streiten will gelernt sein. Verlag Herder, Freiburg.

Risse, J. (2003): Wirtschaftsmediation. Verlag C. H. Beck, München.

Schwenkmetzger, P.; Hodapp, V. (1987): Die deutsche Adaptation der Anger Expression Scale nach C. D. Spielberger. Trierer psychologische Berichte, 13 (1).

Spitzer, M.; Bertram, W. (Hrsg.) (2007): Braintertainment. Expeditionen in die Welt von Geist und Gehirn. Schattauer, Stuttgart.

Steiger, T.; Lippmann, E. (Hrsg.) (2003): Handbuch angewandte Psychologie. Springer-Verlag, Berlin/Heidelberg/New York.

Stolzenburg; Domschke (2005): Mehr Mut täte gut. In: Personal, Heft 9.